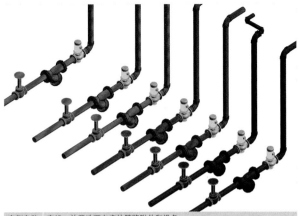

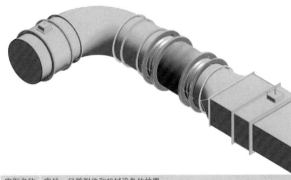

实例名称	实战：放置地下车库的管路附件和设备
视频名称	实战：放置地下车库的管路附件和设备.mp4
学习目标	掌握项目中清扫口、喷头、消火栓、水泵、Y型过滤器和阀门的放置方法
所在页码	第123页

实例名称	实战：风管附件和机械设备的放置
视频名称	实战：风管附件和设备的放置.mp4
学习目标	掌握项目中风口、阀门和风机的放置方法
所在页码	第175页

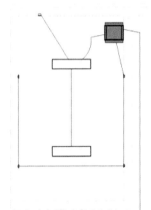

实例名称	实战：导线的绘制与电气装置、设备的连接
视频名称	实战：导线的绘制与电气装置、设备的连接.mp4
学习目标	掌握电气装置、设备的连接方法
所在页码	第193页

实例名称	项目案例：创建并放置参数化百叶风口
视频名称	项目案例：创建并放置参数化百叶风口.mp4
学习目标	掌握暖通族中百叶风口的创建方法
所在页码	第364页

实例名称	项目案例：创建并放置参数化支吊架
视频名称	项目案例：创建并放置参数化支吊架.mp4
学习目标	熟练掌握形状创建工具
所在页码	第342页

实例名称	项目案例：创建并放置参数化水龙头
视频名称	项目案例：创建并放置参数化水龙头.mp4
学习目标	掌握给排水族中水龙头的创建方法
所在页码	第355页

实例名称	项目案例：创建并放置参数化壁灯
视频名称	项目案例：创建并放置参数化壁灯.mp4
学习目标	掌握电气族中壁灯的创建方法
所在页码	第378页

管线综合设计总说明

1.本项目是某小区地下车库，一层，建筑面积5000m²。地上有4栋主楼，地下车库连通。

2.本项目管线综合设计内容包括建筑、结构、给排水、消防和电气等专业的BIM模型搭建，以及各专业模型的碰撞分析。

3.管线避让调整。

4.管线综合施工图设计基础图。

5.本工程由原设计单位出具CAD二维图纸，然后经过BIM咨询单位完成各专业模型的搭建，并完成深化设计后的BIM施工图。

6.本设计满足国家现行的机电设计相关标准。

7.本设计满足BIM技术应用相关的标准。

注意：本套图纸仅适用于教学参考，不能直接应用于施工指导。如需应用到实际工程，应对模型及图纸进一步深化。

名称	可见性	投影/表面	
		线	填充图案
01E	R		
02E	R		
01P生活给水系统	R		
04P自喷灭火给水系统	R		
04P消防给水系统	R		
04P消火栓给水系统	R		
12P废水系统	R		
15P污水系统	R		
17P雨水系统	R		
01M送风系统	R		
03M排风系统	R		
04M新风系统	R		
05M排烟系统	R		
31MP空调冷凝系统	R		
35MP冷媒系统	R		

管件材料清单

族	类型	尺寸	系统缩写	合计
×BY-J-T形三通-螺纹-变径	标准	150mm-150mm-65mm	XF	1
×BY-卡箍-三通-丝接	标准	150mm-150mm-65mm	XF	1
×BY-卡箍-三通-丝接	标准	150mm-150mm-150mm	XF	1
×BY-卡箍-三通-常规	标准	100mm-100mm-100mm	W	2
×BY-卡箍-三通-常规	标准	150mm-150mm-100mm	W	7
×BY-卡箍-三通-常规	标准	100mm-100mm-100mm	XF	4
×BY-卡箍-三通-常规	标准	150mm-150mm-65mm	XF	1
×BY-卡箍-三通-常规	标准	150mm-150mm-100mm	XF	1
×BY-卡箍-三通-常规	标准	150mm-150mm-150mm	XF	10
×BY-卡箍-弯头-常规	标准	100mm-100mm	W	14
×BY-卡箍-弯头-常规	标准	150mm-150mm	W	3
×BY-卡箍-弯头-常规	标准	65mm-65mm	XF	1
×BY-卡箍-弯头-常规	标准	100mm-100mm	XF	39
×BY-卡箍-弯头-常规	标准	150mm-150mm	XF	44
×BY-卡箍-过渡件-常规	标准	100mm-100mm	W	4
×BY-卡箍-过渡件-常规	标准	150mm-150mm	W	2
×BY-卡箍-过渡件-常规	标准	100mm-100mm	XF	1
×BY-卡箍-过渡件-常规	标准	150mm-100mm	XF	1
不锈钢变径_卡压	标准	40mm-32mm	J	1
不锈钢变径_卡压	标准	65mm-50mm	J	1
变径三通 - 卡压 - 不锈钢	标准	40mm-40mm-40mm	J	1
变径三通 - 卡压 - 不锈钢	标准	50mm-50mm-40mm	J	1
变径三通 - 卡压 - 不锈钢	标准	65mm-65mm-65mm	J	2
变径管 - 螺纹 - 钢塑复合1	标准	150mm-100mm	XF	1
弯头 - 卡压 - 不锈钢	标准	32mm-32mm	J	1
弯头 - 卡压 - 不锈钢	标准	40mm-40mm	J	1
弯头 - 卡压 - 不锈钢	标准	65mm-65mm	J	19
弯头 - 常规	标准	32mm-32mm	J	2
弯头 - 常规	标准	40mm-40mm	J	19
弯头 - 常规	标准	50mm-50mm	J	20
弯头 - 常规	标准	65mm-65mm	J	20
弯头 - 螺纹 - 钢塑复合1	标准	65mm-65mm	XF	4
镀锌三通_卡箍连接	标准	150mm-150mm-25mm	ZP	1
镀锌三通_卡箍连接	标准	150mm-150mm-32mm	ZP	7
镀锌三通_卡箍连接	标准	150mm-150mm-40mm	ZP	2
镀锌三通_卡箍连接	标准	150mm-150mm-80mm	ZP	1
镀锌三通_卡箍连接	标准	150mm-150mm-150mm	ZP	1
镀锌三通_螺纹连接	标准	25mm-25mm-25mm	LM	1
镀锌三通_螺纹连接	标准	32mm-32mm-25mm	LM	8
镀锌三通_螺纹连接	标准	40mm-40mm-32mm	LM	2
镀锌三通_螺纹连接	标准	40mm-40mm-40mm	LM	1
镀锌三通_螺纹连接	标准	50mm-50mm-40mm	LM	1

电缆桥架明细表

族与类型	标记	长度	尺寸	合计
带配件的电缆桥架：01E_槽式_弱电桥架	905	2471mm	500mm×200mmø	1
带配件的电缆桥架：01E_槽式_弱电桥架	907	1350mm	500mm×200mmø	1
带配件的电缆桥架：01E_槽式_弱电桥架	908	8572mm	500mm×200mmø	1
带配件的电缆桥架：01E_槽式_弱电桥架	909	3440mm	400mm×200mmø	1
带配件的电缆桥架：01E_槽式_弱电桥架	910	12012mm	400mm×200mmø	1
带配件的电缆桥架：01E_槽式_弱电桥架	911	2024mm	600mm×200mmø	1
带配件的电缆桥架：01E_槽式_弱电桥架	912	957mm	400mm×200mmø	1
带配件的电缆桥架：01E_槽式_弱电桥架	992	230mm	400mm×200mmø	1
带配件的电缆桥架：01E_槽式_弱电桥架	999	12439mm	400mm×200mmø	1
带配件的电缆桥架：01E_槽式_弱电桥架	1007	5419mm	400mm×200mmø	1
带配件的电缆桥架：01E_槽式_弱电桥架	1010	188mm	400mm×200mmø	1
带配件的电缆桥架：01E_槽式_弱电桥架	1011	3330mm	400mm×200mmø	1
带配件的电缆桥架：01E_槽式_弱电桥架	1012	9254mm	400mm×200mmø	1
带配件的电缆桥架：01E_槽式_弱电桥架	1018	1769mm	400mm×200mmø	1
带配件的电缆桥架：01E_槽式_弱电桥架	1025	471mm	400mm×200mmø	1
带配件的电缆桥架：01E_槽式_弱电桥架	1027	1003mm	400mm×200mmø	1
带配件的电缆桥架：01E_槽式_弱电桥架	1029	5849mm	400mm×200mmø	1
带配件的电缆桥架：01E_槽式_弱电桥架	1030	400mm	400mm×200mmø	1
带配件的电缆桥架：01E_槽式_弱电桥架	1031	621mm	400mm×200mmø	1
带配件的电缆桥架：01E_槽式_弱电桥架	1070	2742mm	400mm×200mmø	1
带配件的电缆桥架：01E_槽式_弱电桥架	1074	293mm	400mm×200mmø	1
带配件的电缆桥架：01E_槽式_弱电桥架	1078	764mm	400mm×200mmø	1
带配件的电缆桥架：01E_槽式_弱电桥架	1079	293mm	400mm×200mmø	1
带配件的电缆桥架：01E_槽式_弱电桥架	1083	24044mm	400mm×200mmø	1
带配件的电缆桥架：01E_槽式_弱电桥架	1084	293mm	400mm×200mmø	1
带配件的电缆桥架：01E_槽式_弱电桥架	1085	859mm	400mm×200mmø	1
带配件的电缆桥架：01E_槽式_弱电桥架	1086	453mm	400mm×200mmø	1
带配件的电缆桥架：01E_槽式_弱电桥架	1087	1724mm	400mm×200mmø	1
带配件的电缆桥架：01E_槽式_弱电桥架	1089	453mm	400mm×200mmø	1

风管管件明细表			
族	类型	尺寸	合计
HY-矩形变径管 - 角度 - 法兰	45 度	1000mm×400mm-800mm×400mm	1
HY-矩形接头 - 45 度接入 - 法兰	标准	500mm×200mm-500mm×200mm	3
M_矩形弯头 - 斜接 - 变径	标准	1000mm×400mm-1000mm×400mm	1
弯通_圆形_弧形等径	定制标准	630mmø-630mmø	3
接头_矩形_等径	定制标准	500mm×200mm-500mm×200mm	1
接头_矩形_等径	定制标准	630mm×320mm-630mm×320mm	1
接头_矩形_等径	定制标准	1000mm×320mm-1000mm×320mm	1
接头_矩形_等径	定制标准	1000mm×400mm-1000mm×400mm	1
接头_矩形_等径	定制标准	1250mm×400mm-1250mm×400mm	1
矩形Y型三通-变径	矩形Y形三通-变径	630mm×320mm-500mm×320mm-500mm×320mm	1
矩形变径管 - 角度 - 法兰	45 度	630mm×400mm-500mm×400mm	1
矩形变径管 - 角度 - 法兰	45 度	630mm×630-800mm×400mm	1
矩形变径管 - 角度 - 法兰	45 度	800mm×200mm-500mm×200mm	1
矩形变径管 - 角度 - 法兰	45 度	800mm×400mm-630mm×400mm	2
矩形变径管 - 角度 - 法兰	60 度	630mm×200mm-400mm×200mm	1
矩形变径管 - 角度 - 法兰	60 度	630mm×200mm-500mm×200mm	1
矩形变径管 - 角度 - 法兰	60 度	630mm×400mm-500mm×400mm	3
矩形变径管 - 角度 - 法兰	60 度	800mm×200mm-500mm×200mm	1
矩形变径管 - 角度 - 法兰	60 度	800mm×200mm-630mm×200mm	1
矩形变径管 - 角度 - 法兰	60 度	800mm×400mm-630mm×400mm	4
矩形变径管 - 角度 - 法兰	60 度	1000mm×400mm-800mm×400mm	5
矩形变径管 - 角度 - 法兰	60 度	1250mm×400mm-630mm×400mm	1
矩形变径管 - 角度 - 法兰	60 度	1250mm×400mm-800mm×200mm	1
矩形变径管 - 角度 - 法兰	60 度	1250mm×400mm-800mm×400mm	1
矩形变径管 - 角度 - 法兰	120度	800mm×320mm-500mm×320mm	1
矩形变径管 - 角度 - 法兰	120度	800mm×320mm-630mm×320mm	1
矩形变径管 - 角度 - 法兰	120度	800mm×400mm-630mm×400mm	1
矩形四通 - 弧形 - 过渡件 - 底对齐 - 法兰	标准	1000mm×400mm-1000mm×400mm-800mm×400mm-800mm×400mm	1
矩形弯头 - 半径 - 法兰	0.6 W	200mm×500mm-200mm×500mm	4
矩形弯头 - 半径 - 法兰	0.6 W	500mm×200mm-500mm×200mm	1
矩形弯头 - 半径 - 法兰	0.6 W	500mm×400mm-500mm×400mm	1
矩形弯头 - 半径 - 法兰	0.6 W	630mm×200mm-630mm×200mm	2
矩形弯头 - 半径 - 法兰	0.6 W	800mm×200mm-800mm×200mm	2
矩形弯头 - 半径 - 法兰	0.6 W	800mm×400mm-800mm×400mm	3
过渡件_天圆地方	定制标准	500mmø-500mm×200mm	3
过渡件_天圆地方	定制标准	630mm×630mm-630mmø	1
过渡件_矩形_变径	定制标准	630mm×200mm-400mm×200mm	1
过渡件_矩形_变径	定制标准	630mm×200mm-500mm×200mm	1
过渡件_矩形_变径	定制标准	630mm×320mm-500mm×320mm	3
过渡件_矩形_变径	定制标准	630mm×400mm-500mm×400mm	1
过渡件_矩形_变径	定制标准	800mm×200mm-500mm×200mm	1
过渡件_矩形_变径	定制标准	800mm×250mm-400mm×250mm	1
过渡件_矩形_变径	定制标准	800mm×250mm-500mm×250mm	1
过渡件_矩形_变径	定制标准	800mm×320mm-630mm×320mm	4
过渡件_矩形_变径	定制标准	800mm×400mm-630mm×320mm	1
过渡件_矩形_变径	定制标准	800mmø×400mm-630mm×400mm	2
过渡件_矩形_变径	定制标准	1000mm×320mm-630mm×320mm	2
过渡件_矩形_变径	定制标准	1000mm×320mm-800mm×320mm	3

项目名称：
项目名称

图纸名称：
管线综合设计总说明

图纸编号：
管综01

设计签字栏	
设计	设计者
审核	审图员
审定	审核者
制图	作者
专业	项目编号

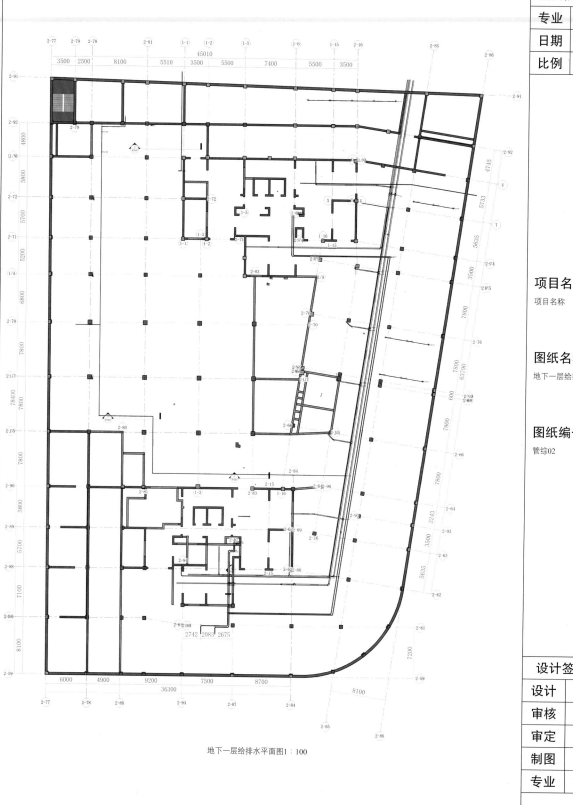

地下一层给排水平面图1：100

某某建筑设计
研究院BIM部

专业	
日期	
比例	1：100

项目名称：

项目名称

图纸名称：

地下一层给排水平面图

图纸编号：

管综02

设计签字栏	
设计	设计者
审核	审图员
审定	审核者
制图	作者
专业	项目编号

A AUTODESK.

实例名称	实战：绘制地下车库的给排水管道
视频名称	实战：绘制地下车库的给排水管道.mp4
学习目标	掌握项目中污水管道、有压管道的布置
实例页码	第96页

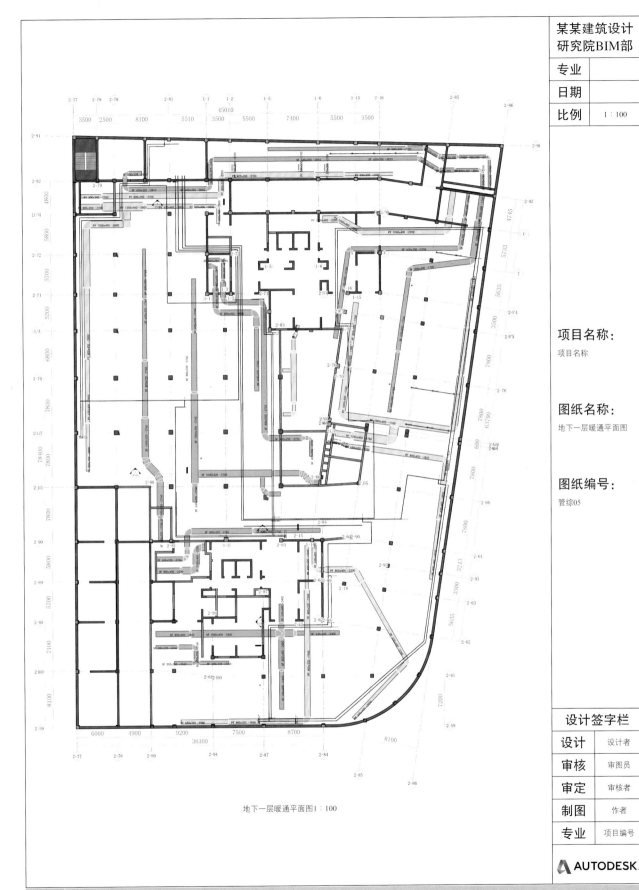

地下一层暖通平面图1:100

项目名称：

项目名称

图纸名称：

地下一层暖通平面图

图纸编号：

管综05

设计签字栏	
设计	设计者
审核	审图员
审定	审核者
制图	作者
专业	项目编号

A AUTODESK.

实例名称	实战：绘制地下车库的风管
视频名称	实战：绘制地下车库的风管.mp4
学习目标	掌握项目中暖通风管、软风管的布置方法
实例页码	第160页

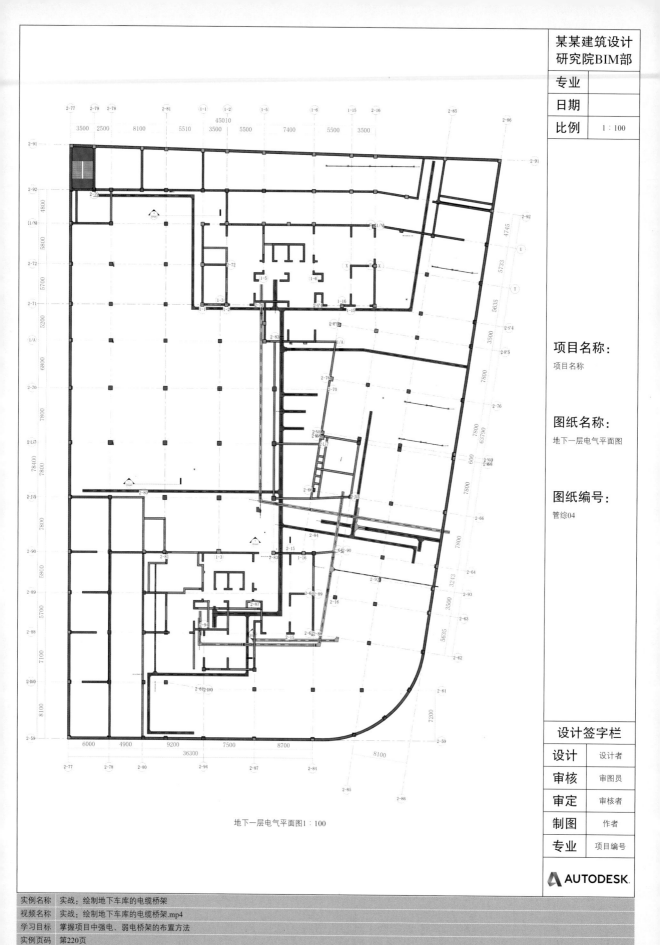

地下一层电气平面图1：100

项目名称：

项目名称

图纸名称：

地下一层电气平面图

图纸编号：

管综04

设计签字栏

设计	设计者
审核	审图员
审定	审核者
制图	作者
专业	项目编号

AUTODESK.

实例名称	实战：绘制地下车库的电缆桥架
视频名称	实战：绘制地下车库的电缆桥架.mp4
学习目标	掌握项目中强电、弱电桥架的布置方法
实例页码	第220页

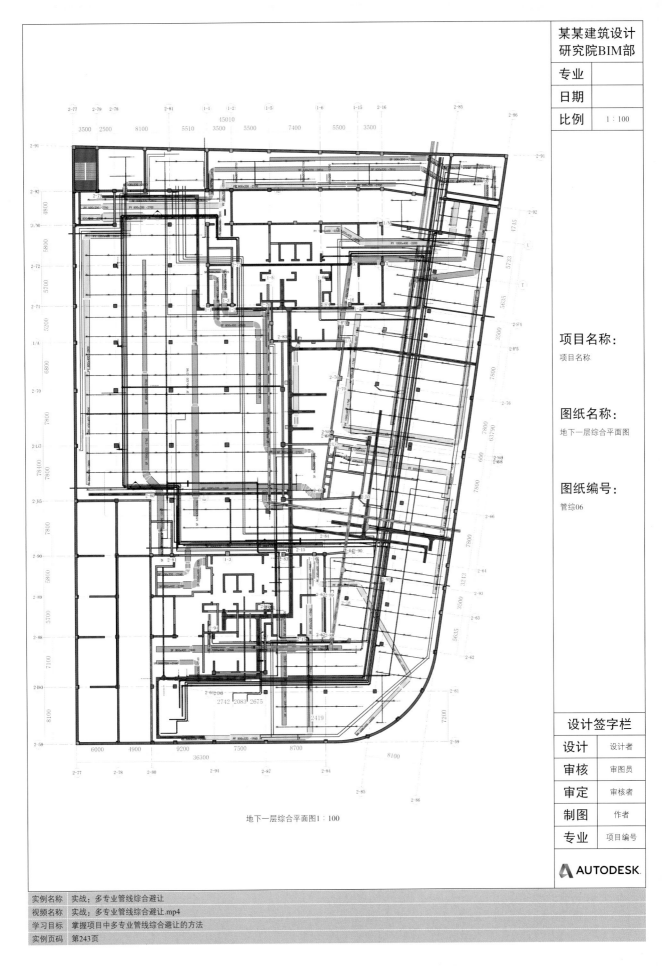

地下一层综合平面图1：100

某某建筑设计研究院BIM部	
专业	
日期	
比例	1：100

项目名称：

项目名称

图纸名称：

地下一层综合平面图

图纸编号：

管综06

设计签字栏	
设计	设计者
审核	审图员
审定	审核者
制图	作者
专业	项目编号

AUTODESK.

实例名称	实战：多专业管线综合避让
视频名称	实战：多专业管线综合避让.mp4
学习目标	掌握项目中多专业管线综合避让的方法
实例页码	第243页

建筑工程设计信息模型制图标准中的模型颜色设置要求

一级系统	颜色设置值				二级系统	颜色设置值			
	R	G	B	色块		R	G	B	色块
消防场地	160	0	0	■	–	–	–	–	–
救援窗口	255	0	0	■	–	–	–	–	–
水系统	0	0	255	■	给水系统	0	191	255	■
					排水系统	0	0	205	■
					中水系统	176	196	222	■
					循环水系统	0	0	128	■
					消防系统	255	0	0	■
					雨水利用系统	106	90	205	■
					室外水系统	135	206	235	■
暖通系统	0	255	0	■	暖通系统	124	252	0	■
					通风系统（消防排烟系统除外）	0	205	0	■
					通风系统（消防排烟系统）	192	0	0	■
					空气调节系统	0	139	69	■
					除尘与有害气体净化系统	180	238	180	■
					冷热源系统	154	205	50	■
动力系统	–	–	–	–	热力系统	139	139	139	■
					燃气系统	205	92	92	■
					气体系统	193	205	193	■
					真空系统	224	238	238	■
					油系统	105	105	105	■
					燃煤系统	190	190	190	■
电气系统	255	0	255	■	供配电系统	160	32	240	■
					照明系统	238	130	238	■
					防雷接地系统	208	32	144	■
智能化系统	255	255	0	■	信息化应用系统	255	215	0	■
					智能化集成系统	238	221	130	■
					信息设施系统	255	246	143	■
					安全系统（火灾自动报警及消防联动控制系统除外）	255	165	0	■
					安全系统（火灾自动报警及消防联动控制系统）	238	0	0	■
					机房工程	139	105	20	■

某企业数字楼宇构建机电颜色参照标准

序号	缩写	系统名称	类型注释	系统颜色		序号	缩写	系统名称	类型注释	系统颜色
1	01P	生活给水系统	J		0,255,0	44	40MP	过热蒸汽系统	ZG		125,85,195
2	02P	热水回水系统	RJ		0,176,240	45	41MP	饱和蒸汽系统	ZB		160,240,200
3	03P	热水给水系统	RH		245,245,245	46	42MP	二次汽管系统	Z2		140,85,120
4	04P	水幕灭火给水系统	XF		145,200,240	47	43MP	凝结水系统	N		230,150,215
5	04P	水炮灭火给水系统	XF		145,200,240	48	44MP	给水系统	J		100,145,80
6	04P	消火栓给水系统	XF		145,200,240	49	45MP	软化水系统	SR		185,240,155
7	04P	自喷灭火给水系统	XF		145,200,240	50	46MP	除氧水系统	CY		135,225,100
8	04P	雨淋灭火给水系统	XF		145,200,240	51	47MP	锅炉进水系统	GG		165,135,170
9	05P	中水给水系统	ZJ		195,230,245	52	48MP	加药系统	JY		60,75,40
10	06P	循环冷却给水系统	XJ		145,185,245	53	49MP	盐溶液系统	YS		210,140,185
11	07P	循环冷却回水系统	XH		120,210,245	54	50MP	连续排污系统	XI		45,80,240
12	08P	热媒给水系统	RM		240,120,115	55	51MP	定期排污系统	XD		170,165,240
13	09P	热媒回水系统	RMH		5,240,70	56	52MP	泄水系统	XS		240,160,80
14	10P	蒸汽系统	Z		200,240,195	57	53MP	溢水（油）系统	YS		195,165,240
15	11P	凝结水系统	N		70,200,240	58	54MP	一次热水供水系统	RIG		155,50,40
16	12P	废水系统	F		60,175,150	59	55MP	一次热水回水系统	RIH		155,200,115
17	13P	压力废水系统	YF		230,190,240	60	56MP	放空系统	F		110,100,170
18	14P	通气系统	T		100,240,125	61	57MP	安全放空系统	FAQ		160,110,245
19	15P	污水系统	W		190,220,230	62	58MP	柴油供油系统	O1		165,90,245
20	16P	压力污水系统	W		110,90,120	63	59MP	柴油回油系统	O2		205,200,235
21	17P	雨水系统	Y		170,60,160	64	60MP	重油供油系统	OZ1		70,45,225
22	18P	压力雨水系统	YY		200,190,245	65	61MP	重油回油系统	OZ2		175,150,135
23	19P	虹吸雨水系统	HY		150,200,125	66	62MP	排油系统	PO		170,240,115
24	20P	膨胀系统	PZ		160,120.245	67	01M	送风系统	SF		155,140,250
25	21MP	采暖热水供水系统	RG		95,150,100	68	02M	回风系统	HF		5,35,240
26	22MP	采暖热水回水系统	RH		125,170,240	69	03M	排风系统	PF		150,220,250
27	23MP	空调冷水供水系统	LG		35,50,240	70	04M	新风系统	XF		215,140,245
28	24MP	空调冷水回水系统	LH		85,170,140	71	05M	消防排烟系统	PY		245,240,165
29	25MP	空调热水供水系统	KRG		135,175,225	72	06M	加压送风系统	ZY		255,240,130
30	26MP	空调热水回水系统	KRH		95,35,145	73	07M	排风排烟兼用系统	P（Y）		140,125,235
31	27MP	空调冷热水供水系统	LRG		220,190,180	74	08M	消防补风系统	XB		230,25,40
32	28MP	空调冷热水回水系统	LRH		85,245,75	75	09M	送风兼消防补风系统	S（B）		225,135,5
33	29MP	冷却水供水系统	LQG		200,215,80	76	01E	高压配电	GY		0,80,255
34	30MP	冷却水回水系统	LQH		80,90,235	77	02E	低压配电	DY		145,155,235
35	31MP	空调冷凝水系统	N		200,235,210	78	03E	直流配电	ZL		240,185,245
36	32MP	膨胀水系统	PZ		35,110,10	79	04E	工艺配电	GYD		185,145,215
37	33MP	补水系统	BS		180,150,160	80	05E	普通照明	ZM		185,240,130
38	34MP	循环管系统	X		130,90,110	81	06E	应急照明	YJ		245,200,185
39	35MP	冷媒系统	LM		220,125,140	82	07E	值班照明	ZB		240,120,70
40	36MP	乙二醇供水系统	YG		55,65,160	83	08E	警卫照明	JW		20,125,230
41	37MP	乙二醇回水系统	YH		190,235,160	84	09E	景观照明	JG		0,55,225
42	38MP	冰水供水系统	BG		60,40,200	85	10E	供配电	GPD		140,170,125
43	39MP	冰水回水系统	BH		180,150,120	86	11E	智能化	ZN		85,65,185

基于BIM模型的详图创建（详图1）

某某建筑设计
研究院BIM部

专业

日期

比例　作为说明

2-61　　　　　2-88　　　　2-89

SL -0.0500
一层　-0.050

J DN65 mm 4000
W DN100 mm 3800
J DN65 mm 4150
J DN65 mm 3850
400 mmx200 mmø -900
J DN65 mm 3850
J DN65 mm 4000
ZP DN80 mm 3850
ZP DN150 mm 3850
J DN65 mm 3850
J DN65 mm 3850
XF DN100 mm 3850
XF DN150 mm 3850
400 mmx200 mmø
-1300
SF 1000x400 -2400

0.300 FL
0.000　FL 0.300 (室外地面)
SL -0.0500
-1.100　FL
-1.100(板面)

-5.000 FL -5.00
-5.300　地下二层

2950　　5090　　　5700
13700

2-61　　　　2-304　　　2-305

剖面1

2-81　　　　1-1　　　1-2

405 440 495 385 615 380　1100　1700　395

XF DN150 mm 3050
XF DN150 mm 2850
N DN50 mm -2030
LM DN50 mm -2030
N DN50 mm -2030
LM DN40 mm -2030
LM DN40 mm -2030
ZP DN80 mm 2700　PY 400x630 -2800
W DN65 mm 2750
400 mmx200 mmø
-2200

-1.100　FL
-1.100(板面)

-5.000 FL -5.00
-5.300　地下二层

5510　　3500
9010

2-81　　　1-1　　　1-2

剖面2

项目名称：

项目名称

图纸名称：

节点详图1

图纸编号：

管综07

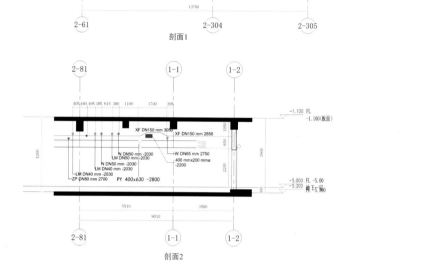

2-168　　　　　　　　　　2-85

X1/NR

ZP DN25 mm 2750
ZP DN40 mm 2780
ZP DN40 mm 3750
ZP DN25 mm 4150
LM DN32 mm -1450
PY 1000x400 -2200　　PY 1000x400 -2200
PY 1000x400 -2200
F DN65 mm 3650　F DN65 mm 3650
W DN100 mm 3802
W DN100 mm 3802
XF DN100 mm 4350　XF DN100 mm 4350
XF DN150 mm 4354　XF DN150 mm 4354
ZP DN150 mm 4350
SF 630x200 -2100　ZP DN25 mm 4200　SF 630x200 -2100
N DN32 mm -800
ZP DN32 mm 4200
W DN50 mm 4000　W DN100 mm 3850
J DN50 mm 4000

X　　X

U

T

楼层平面 - 地下一层综合平面图

2-168　　　　　　　　2-85

设计签字栏

设计　设计者
审核　审图员
审定　审核者
制图　作者
专业　项目编号

AUTODESK.

基于BIM模型的详图创建（详图2）

某某建筑设计
研究院BIM部

专业	
日期	
比例	1：25

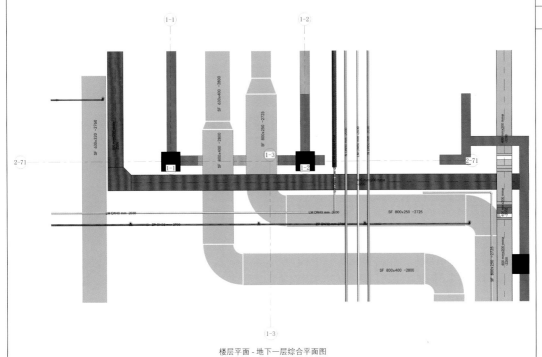

楼层平面 - 地下一层综合平面图

项目名称：

项目名称

图纸名称：

节点详图2

图纸编号：

管综08

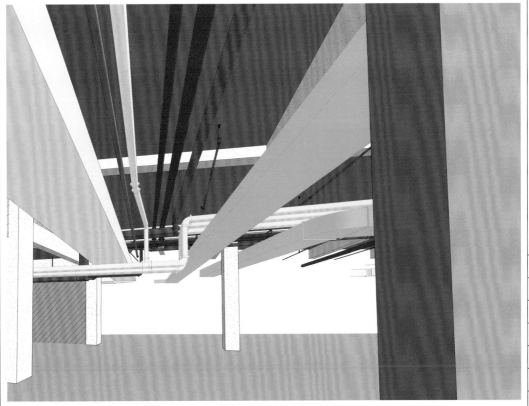

三维视图

设计签字栏	
设计	设计者
审核	审图员
审定	审核者
制图	作者
专业	项目编号

A AUTODESK.

基于BIM模型的详图创建（详图3）

三维视图

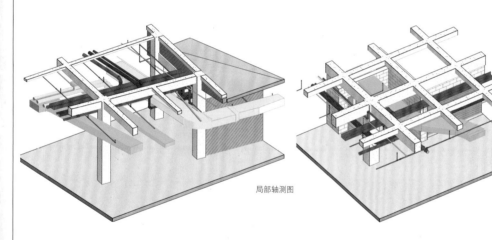

局部轴测图

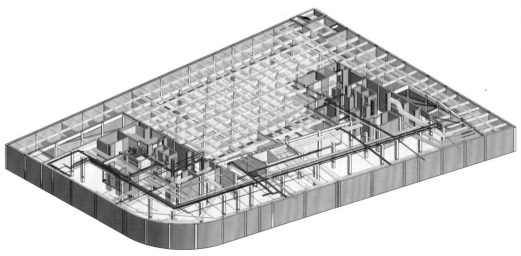

整体三维视图

1000分钟
全视频教学

BIM
机电深化

李林 吴晗 刘丹 孙景轶 编著

Revit 系统管线避让／优化／排布工程应用实战

人民邮电出版社
北 京

图书在版编目（CIP）数据

BIM机电深化 ：Revit系统管线避让/优化/排布工程
应用实战 / 李林等编著. -- 北京 ：人民邮电出版社，
2023.7
ISBN 978-7-115-58492-2

Ⅰ．①B… Ⅱ．①李… Ⅲ．①房屋建筑设备－机电设
备－管线设计－应用软件 Ⅳ．①TU85-39

中国版本图书馆CIP数据核字(2022)第094585号

内 容 提 要

本书主要讲解 BIM 技术综合应用，旨在指导初学者快速掌握 Revit 2020 机电专业建模及模型深化设计。

全书通过 9 章的内容讲解机电建模及出图的方法，内容覆盖 BIM 应用基础知识，机电建模前的准备工作，给排水、暖通和电气专业 BIM 模型的创建方法，机电多专业模型的协同深化、基于深化模型的施工图纸设计和设计成果输出的方法，以及 Revit 中给排水、暖通及电气专业的参数化族的创建方法。

书中的实例和技法讲解都配备了相应的教学视频，读者可以通过观看在线教学视频进行学习。另外，本书配套提供了书中所有的实战、综合实战和项目案例的全部实例文件和素材文件，可以辅助读者学习及强化练习。

本书可作为本科及高职院校、培训机构的 BIM 机电相关课程的教材，也可作为设计院、施工单位和 BIM 咨询单位的机电相关从业人员的学习用书，还适用于零基础 BIM 爱好者学习与参考。

◆ 编　著　李　林　吴　晗　刘　丹　孙景轶
责任编辑　杨　璐
责任印制　马振武

◆ 人民邮电出版社出版发行　北京市丰台区成寿寺路 11 号
邮编　100164　电子邮件　315@ptpress.com.cn
网址　http://www.ptpress.com.cn
北京市艺辉印刷有限公司印刷

◆ 开本：787×1092　1/16　　　彩插：6
印张：24　　　　　　　　　2023 年 7 月第 1 版
字数：806 千字　　　　　　2023 年 7 月北京第 1 次印刷

定价：99.00 元

读者服务热线：(010)81055410　印装质量热线：(010)81055316
反盗版热线：(010)81055315
广告经营许可证：京东市监广登字 20170147 号

随着BIM专业人才培养模式的转变及教学方法的改革，人才培养主要以综合技能型人才为主，BIM技术的发展也不再局限于模型本身，而是需要结合专业特色展开深层次的应用。本书围绕机电类技术专业标准、人才培养方案及主干课程教学大纲的基本要求，并结合以往教程建设方面的宝贵经验，尝试将信息化手段融入传统的教学，在内容上以项目化案例驱动教学，采取一课一练的形式将理论和实践相结合，从而有效地解决课堂教学与实训环节脱节的问题，达到培养综合技能型人才的目的。

目前BIM建模类图书种类繁多，但大部分以单专业小模型的创建为主。本书在编写时综合考虑读者学习所用计算机性能的局限性和机电建模专业的齐全性，选择以一个地下车库项目作为教学案例贯穿全书。这个案例是一个以真实项目为基础，结合BIM应用相关标准规范进行的项目实践，模型体量适当，并且涉及机电建模的多个专业。本书还向读者介绍了基于Revit 2020的机电建模、协同设计、管线综合和参数化设计等BIM应用。

本书第1章参考了较多专家发表的论文和出版的图书，并结合编者自身的工作经验，对BIM的概念、BIM在机电中的应用进行归纳总结，便于读者对BIM有更加深入的了解，同时还介绍了市场占有率极高的BIM建模软件Revit的基础知识，为后续章节做好铺垫；第2章为机电建模的准备工作，详细介绍了如何确定协同方式、如何定制标准的建模环境等内容，掌握本章内容能避免后期大量的重复工作，大大提高机电建模及出图的效率；第3~5章分别为给排水、暖通和电气专业的建模，并详细介绍了管道、风管、桥架和相关的机械设备、附件的建模和编辑方法，为后面学习管线避让打好基础；第6~8章为机电各专业的综合应用，讲解如何将各专业的模型进行合并，如何调整管线的碰撞问题，并基于优化后的模型进行出图，最终导出可用于指导施工的深化设计成果文件；第9章为拓展学习内容，介绍了Revit参数化族的创建方法，便于读者理解管道和机械设备之间的连接关系，也为读者解决实际项目中遇到的特殊问题提供了参照方法。

本书在内容上分为知识技能讲解和强化练习两部分。知识技能讲解部分详细地介绍了知识点的概念和软件的各项操作技巧，内容篇幅较多。强化练习部分包括实战、综合实战和项目案例等，是对软件操作技巧的综合应用，该部分内容主要将基于BIM在机电项目中的应用思路作为重点，其中细节之处还需读者结合在线教学视频细细体会。

本书由李林、吴晗、刘丹、孙景轶编著，其中，第1章、第2章、第7章、第8章和第9章由李林编写，第3章、第4章、第5章和第6章由吴晗编写，刘丹、孙景轶负责完成本书资料的整理、审查及修改。在本书写作过程中，编者将BIM教学经验及工程项目经验梳理到各章节中，旨在体现BIM在机电深化设计中的各项应用。若本书能为读者带来些许帮助或启发，编者将不胜荣幸。

由于编者水平有限，书中不足之处在所难免，恳请广大读者批评指正。

编者
2022年8月于北京

本书由"数艺设"出品，"数艺设"社区平台（www.shuyishe.com）为您提供后续服务。

配套资源

素材文件（实例所用的初始文件，以及图纸、族、模型、图像和其他文档）

实例文件（实例的最终文件）

在线教学视频（实例的具体操作过程和技法演示）

资源获取请扫码

"数艺设"社区平台，为艺术设计从业者提供专业的教育产品。

与我们联系

我们的联系邮箱是szys@ptpress.com.cn。如果您对本书有任何疑问或建议，请您发邮件给我们，并请在邮件标题中注明本书书名及ISBN，以便我们更高效地做出反馈。

如果您有兴趣出版图书、录制教学课程，或者参与技术审校等工作，可以发邮件给我们。如果学校、培训机构或企业想批量购买本书或"数艺设"出版的其他图书，也可以发邮件联系我们。

如果您在网上发现针对"数艺设"出品图书的各种形式的盗版行为，包括对图书全部或部分内容的非授权传播，请您将怀疑有侵权行为的链接通过邮件发给我们。您的这一举动是对作者权益的保护，也是我们持续为您提供有价值的内容的动力之源。

关于"数艺设"

人民邮电出版社有限公司旗下品牌"数艺设"，专注于专业艺术设计类图书出版，为艺术设计从业者提供专业的图书、视频电子书、课程等教育产品。出版领域涉及平面、三维、影视、摄影与后期等数字艺术门类，字体设计、品牌设计、色彩设计等设计理论与应用门类，UI设计、电商设计、新媒体设计、游戏设计、交互设计、原型设计等互联网设计门类，环艺设计手绘、插画设计手绘、工业设计手绘等设计手绘门类。更多服务请访问"数艺设"社区平台www.shuyishe.com。我们将提供及时、准确、专业的学习服务。

目录

目录

目录

目录

目录

目录

第 **1** 章

机电深化设计概述

学习目的

了解 BIM 的概念
了解 BIM 在机电深化设计中的特点及流程
了解 Revit 2020 的功能
掌握 Revit 的常用术语
掌握 Revit 中项目的新建及保存操作

本章引言

随着信息技术的发展，建筑行业也逐渐步入大数据时代，在建筑全生命周期应用 BIM 技术是建筑行业的发展趋势。就目前而言，全面应用 BIM 技术还存在较多的技术问题和管理问题，本章仅从 BIM 机电应用的方向展开研究。

机电深化设计是在施工图设计阶段对机电各专业的设计方案进行优化，使最终的设计成果满足现场施工安装的要求。随着时代的进步，人们对建筑物的功能需求变得更高，特别是在大型项目中，管线的排布非常复杂，因此机电深化设计的价值也越发突显，而 BIM 技术让机电深化设计变得更加精确。本章将带领读者了解 BIM 技术在机电深化设计中的应用。

1.1 BIM基础理论

经过无数建筑行业从业者的实践和探索，BIM技术已经成为建筑行业的热门技术之一，BIM的定义也逐渐明晰。下面从不同角度对BIM的概念进行说明。

1.1.1 BIM的概念

BIM到底是什么呢？不同的人有不同的理解。先明确BIM不只是一款软件，而是可以应用于建筑全生命周期的技术和建设管理手段，应从狭义和广义两个角度去理解BIM的含义。

1. 狭义BIM

在BIM技术出现的初期，BIM技术被定义为建筑信息建模，即Building Information Modeling，主要指利用参数化手段进行三维可视化设计，如三维建模、碰撞检查等。这种定义是从信息模型的角度解释BIM技术，属于狭义BIM的范畴。

2. 广义BIM

BIM在落地的过程中，积累了大量的管理经验和技术手段，因此建筑信息模型的应用范围也越来越广，人们对BIM有了新的认识。从广义的角度来说，可将BIM理解为建筑信息管理，即Building Information Management。广义的BIM是一个数字化的建造过程，是基于建筑大数据的设计、施工和运维等建筑全生命周期的管理过程，对它的定义包括以下3个方面。

　　① BIM是设施（建设项目）物理和功能特性的数字表达。

　　② BIM是一个共享的知识资源，通过分享设施的信息，为该设施从概念到拆除的全生命周期中的所有决策提供可靠依据。

　　③ 在设施的不同阶段，不同利益相关方通过在BIM中插入、提取、更新和修改信息，以支持和反映其各自职责的协同作业。

3. BIM的核心

信息的完备性、准确性和可传递性是应用BIM技术的基础。不论是从狭义的角度还是从广义的角度来看，都强调了信息的重要性，因此BIM的核心是Information（信息），模型作为信息的载体，在项目的全生命周期传递和应用，如图1-1所示。

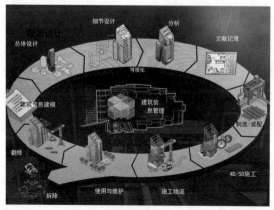

图1-1

1.1.2 BIM的特点

BIM技术的实现需基于一系列的信息化设计、分析和管理软件，大部分的工作都基于BIM模型展开。BIM模型具有以下8项基本特点，它们之间的联系如图1-2所示。

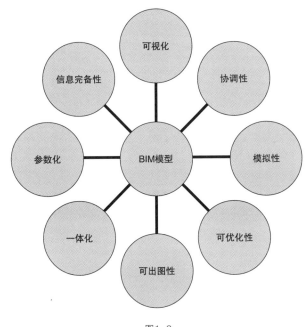

图1-2

1. 可视化

可视化将设计的方式由二维图纸设计转换为三维模型设计，这使得项目的规划、设计、施工和运维过程中的沟通、讨论和决策都将在可视化状态下进行，增强了设计成果的交互效果。可视化设计能直观地反映设计方案并预先发现设计上的问题，以便减少后期的变更，尤其是在机电深化设计中，可视化设计发挥着重要的作用。

2. 协调性

协调性保护着设计模型的协同和工作的协同。模型协同体现在模型信息的一致性上，实现一处信息被修改，同等信息实时更新的过程，避免了人为因素造成的错漏问题；工作协同指不同的设计师基于同一平台进行工作，提高设计的效率。此外，在建设过程中，也可以基于BIM模型进行协同管理。

3. 模拟性

模拟性是在正式施工之前，虚拟建造过程和使用过程，以便于分析方案的可行性，也便于提前发现问题并基于模型优化工艺或进行资源的配备。常用的模拟包括4D施工进度模拟、环境模拟和应急灾害模拟等。

4. 可优化性

传统的设计、施工和运维过程是一个不断优化的过程，一般采用边施工、边优化的形式，对工期和质量都有较大的影响。BIM模型本身包括了建筑物的实际信息，如几何信息、物理信息和规则信息等，借助BIM分析可进行相应的计算，从而对方案进行不断的优化和完善。本书主要从机电模型的角度对机电安装的施工图进行优化。

5. 可出图性

图纸是指导施工的重要依据，BIM模型能快速地生成施工图。对建筑物进行可视化设计、协调、模拟和优化以后，可基于深化设计后的模型输出以下图纸。

① 综合管线图（经过碰撞检查和设计修改，消除了相应错误以后）。
② 综合结构留洞图（预埋件详图）。
③ 碰撞检查报告和优化意见。
④ 三维节点详图。

6. 一体化

基于BIM技术可进行从设计到施工，再到运营的全过程管理，是贯穿工程项目全生命周期的一体化管理技术。BIM的技术核心是一个由计算机三维模型形成的数据库（即Information），该数据库中不仅包括了建筑的设计信息，而且可以容纳从设计、建成再到使用甚至使用周期终结的全过程信息。

7. 参数化

BIM模型由无数个参数化构件组成，通过参数控制构件的尺寸、材质和其他信息，这些参数形成了模型的数据库，并且模型的参数可通过BIM的相关软件进行提取，用于项目的信息统计、分析和优化。

8. 信息完备性

BIM也是建筑的一个大数据库，将构件的名称、材质、性能和成本等按照一定的逻辑关系链接为统一的整体。完整的建筑信息是进行模拟分析、施工管理和运维管理的前提条件。

1.2 BIM在机电工程中的应用

BIM技术在理论上应该是建筑全生命周期的应用，但基于我国的实际情况，全生命周期的BIM技术应用条件还不成熟，在进行实际的实施时仅在某些阶段或某些应用点应用BIM技术。本书将主要介绍BIM技术在机电工程中的应用。

1.2.1 BIM机电深化的任务

机电工程是工程施工中难度较大的环节之一，机电安装涉及的专业较多、管线密集，采用BIM技术能在施工前进行深化设计，可减少现场施工的错漏碰缺等诸多问题。机电深化设计又常称为管线综合，即在图纸文件或模型文件中将建筑空间内的各专业管线、设备进行汇总，并根据专业的功能特点、安装工艺和运维管理等要求，结合建筑结构设计和精装设计的限制条件对管线和设备进行综合调整。

机电深化设计的主要工作包括机电建模、碰撞检查、管线避让和深化出图等内容，目的是避免管线与管线、管线与周围环境的碰撞，解决管道平面布局、立体交会等冲突，同时解决安装工艺上的不合理问题。

1. 机电建模

机电模型搭建的前提是完成建筑结构模型，然后以建筑结构模型的标高、轴网、墙、梁板和柱作为定位依据建立给排水、暖通和电气模型。目前在设计阶段直接采用三维设计的项目还比较少，大部分先由设计师出具二维图纸，然后根据图纸建立三维模型（翻模），再基于模型对图纸进行优化。

常用的机电建模软件包括Revit、MagiCAD和Rebro等，其中，美国欧特克（Autodesk）公司开发的Revit不仅能建立机电模型，还能建立建筑、结构模型，实现多专业协同设计，是应用较多的BIM建模软件之一。本书后面的章节中会详细讲解Revit建模的方法。

2. 碰撞检查

二维图纸设计在空间上的协调比较困难，当各专业模型建立完成后，难免会出现各种碰撞问题，因此将各专业的模型整合到一起，并通过计算机分析构件之间的冲突，如管道与管道、管道与风管、桥架与结构梁间的碰撞等问题。欧特克公司的Revit、Navisworks是常用的碰撞检查分析软件，两者在管线碰撞分析上的功能对比如表1-1所示。

表1-1 碰撞检查软件功能对比

功能	Revit	Navisworks
碰撞检查范围	当前模型中构件间的硬碰撞 链接模型和当前模型构件间的硬碰撞	模型自身构件的碰撞 所有附加到当前项目中的模型，两两之间的构件碰撞 构件间的间隙碰撞
碰撞检查报告	格式：HTML 包括构件ID、所属模型定位	格式：HTML、HTML（表格）、XML和TXT 包括构件ID、所属模型定位和所属模型截图
碰撞问题修改	可以修改当前模型中的碰撞问题 无法修改链接模型中的碰撞问题	无法直接修改碰撞问题
支持项目体量	对计算机的性能要求高，用于小范围的碰撞检查 为保证计算机运行流畅，建议模型面积一般不超过10000m²，模型文件大小一般不超过100MB	自动对模型进行轻量化处理，用于大范围、大体量的碰撞检查

重要参数介绍

◇ **硬碰撞**：两构件有相交的部分，即视为硬碰撞，用于检测构件之间的直接碰撞问题。

◇ **间隙碰撞**：两构件并未相交，但其距离小于某一设定值，被视为间隙碰撞，用于检测构件之间距离过小的问题。

从表1-1中可看出Revit的碰撞检查功能相对比较局限，但是能够及时对碰撞问题进行处理；Navisworks的碰撞检查功能虽然强大，但是不能直接修改碰撞问题，导出的结果可以作为处理碰撞问题的参考依据。两者各有优劣，在实际项目中一般结合使用。

3. 管线避让

管线避让是根据碰撞检查的结果和管线的排布原则，对原有的模型进行修改，解决管线之间和管线与结构之间的碰撞问题，形成深化后的BIM模型，也是机电深化设计的重点内容。管线避让前后的对比效果如图1-3所示。

图1-3

4. 深化出图

基于深化后的模型生成的机电各专业的施工图纸包括深化设计后的管道布局、局部详图、支吊架定位、构件明细清单和管道预制施工图等图纸；基于BIM基础创建的施工图不仅包括完善的平面图、立面图、剖面图和详图，还包括三维布局、安装工艺等。只有将BIM技术应用到实际施工中才能体现BIM建模的意义，为企业带来工期、成本上的实际效益。

1.2.2 BIM机电深化的流程

在我国，目前BIM在设计阶段的应用条件还不够成熟，一般采用"先设计，再翻模，后优化"的方式进行机电深化设计。这里以管线综合流程图为例说明BIM机电深化的流程，如图1-4和图1-5所示。

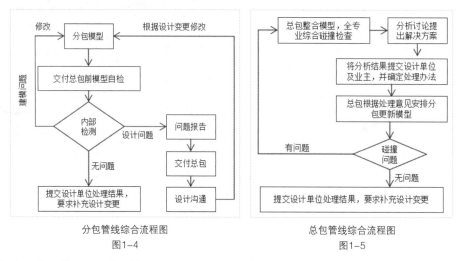

图1-4 分包管线综合流程图

图1-5 总包管线综合流程图

在进行机电深化之前，先要建立精确的建筑结构模型，再分别搭建给排水、暖通和电气专业模型，然后将各专业模型整合到一起检测碰撞问题。当出现碰撞情况时，需要和原设计方经过沟通后再进行调整，其间不得随意改动，最后基于优化后的模型输出BIM机电施工图。

1.3 Revit 2020功能概述

Revit是一个三维设计和信息记录平台，它支持建筑信息建模所需的设计、图纸和明细表。Revit在建筑、结构和机电设计领域技术比较成熟，是市场占有率较高的BIM软件。图1-6所示为Autodesk Revit 2020的启动界面。

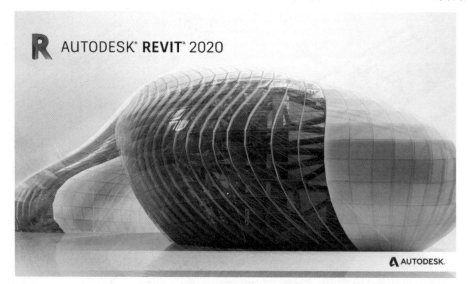

图1-6

1.3.1 Revit的功能特点

作为主流的BIM软件之一，Revit具有以下几项功能特点。

扫码观看视频

1. 可视化表现

可视化是BIM软件的特征之一。作为主流的BIM软件，Revit具有强大的三维表现功能。基于三维模型的设计成果能直观地表达设计师的意图，让识图过程和设计师之间的沟通交流变得简单，同时三维模型准确反映了建成后的实际效果，在设计阶段减少了错漏碰缺等问题，从而减少后期的变更。此外，可视化模型为更好地实现模拟建造提供了前提，基于模型可进行进度模拟和工艺模拟，使设计师能够直观地分析建筑物的使用情况，为绿色建筑设计提供了参考依据。

2. 参数化设计

由Revit建立的项目模型实际上是一个项目的数据库，项目中的构件包括几何、材质等参数，通过修改参数控制构件的显示状态，这些参数可以通过Revit提取出来并用于模型的分析，如快速统计构件清单、楼层面积分析和日照分析等。

Revit 2017~2020的版本中内置了Dynamo可视化编程插件，可通过计算机语言和逻辑关系完成相应的命令或生成几何模型，提高设计的效率和参数化造型能力。Dynamo内置插件启动后的初始界面如图1-7所示。

图1-7

3. 协同设计

Revit支持建筑、结构和机电专业，可基于同一平台完成全过程的设计任务，突破了不同设计工具之间信息传递的壁垒，同时常用的DWG图纸、地形数据等信息均可导入Revit平台进行整合，搭建符合现状的设计场景。此外，Revit可以通过链接实现不同项目文件之间数据的单向提取和参考，也可以通过工作集的形式多向更新并管理设计信息，是非常便捷的协同设计平台。

重要术语介绍

◇ **工作集**：多名设计人员通过网络同时在一个中心文件上完成设计任务，最终成为一个完整的项目文件。

◇ **链接**：具有先后顺序的设计任务。后完成的设计工作基于前面完成的模型开展，但是设计中无法对原链接模型进行修改，各阶段模型独立存在。

4. 同步更新

在传统的设计中，平面图、立面图和剖面图等图纸相对独立，容易造成设计信息不对等等问题，导致人为设计错误。Revit中的图纸均基于模型生成，平面图、立面图、剖面图、详图、明细表和模型是统一的整体，能够实现一处信息被修改，同等信息实时更新，从而保证了设计成果的一致性，如图1-8所示。

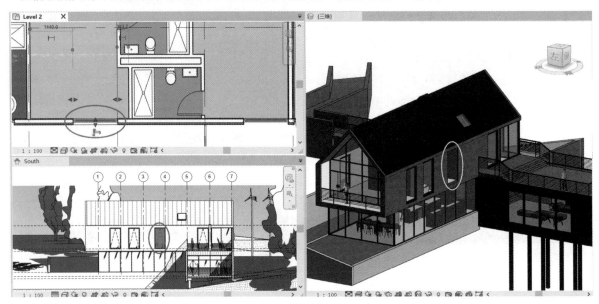

图1-8

1.3.2 Revit机电深化

Revit在机电深化中具有一定的优势，能够完成方案建模、碰撞检查及管线避让优化、深化设计、机电施工图等机电全过程的深化工作。

扫码观看视频

1. 方案建模

在Revit中，将建筑、结构专业的模型作为参照，并以此建立给排水、暖通和电气专业的BIM模型，因此各专业模型可以完整地整合到一起，而无任何数据丢失。Revit提供的标准构件包括管道、风管、桥架、线管机械设备和相应的附件，如图1-9所示。对于一些特殊的构件，也可以通过新建参数化族来创建。

图1-9

2. 碰撞检查及管线避让优化

机电设计的子专业较多，参与的人员也较多，完全依靠人工来检查模型问题的工作量过大，而Revit的碰撞检查功能能够一键检查出构件中的碰撞问题，并且能快速定位碰撞的位置，同时生成碰撞报告，为管线避让优化工作提供了参考依据。"碰撞检查"功能的具体位置如图1-10所示。

图1-10

3. 深化设计

Revit 2020中提供了"设计到预制"深化功能，该功能能够按照一定的设计规则对项目中的管道、风管和桥架进行拆分，满足管道的加工要求，从而形成更精确的BIM模型，便于更好地指导现场的加工和拼装。"设计到预制"功能的具体位置如图1-11所示。

图1-11

4. 机电施工图

Revit具有强大的出图功能，基于三维模型能快速地生成平面图、立面图、剖面图、详图和局部三维图等图纸，按照规范标注后，可输出DWG、PDF等格式的图纸，也可输出漫游模拟动画经过渲染后的效果图。另外，基于Revit模型统计的构件明细也是指导施工的重要资料。

1.4 Revit建模基础

在Revit中，一个完整的项目由无数个族构成，每一个族具有不同的参数。在正式学习软件操作之前，应掌握并理解项目和族的概念。

1.4.1 项目与项目样板

Revit建立的BIM模型一般称为项目，在建模前选择的建模基准环境则被称为项目样板或模板。

扫码观看视频

1. 项目

项目指Revit中的单个完整数据库，项目成果也就是由各专业的BIM模型构成的一个项目的建筑信息库。Revit项目文件的格式为RVT。项目文件中包括了全部的设计信息，其中包括模型构件、构件参数、视图、图纸和明细数量等；在做设计时，建筑、结构、电气、给排水和暖通都可以单独作为一个子项目，这些子项目可以合成全专业的综合项目，如图1-12所示。其他各专业模型可以链接到管线综合模型中，构成一个完整的项目。

图1-12

2.项目样板

项目样板也叫模板，是创建项目的初始状态，它的文件格式为RTE。Revit项目必须基于项目样板来创建，样板中一般包括了设计的标准、需要的构件库等信息。在启动Revit打开的初始界面中，默认提供了4种样板的快捷创建方式，分别为构造样板、建筑样板、结构样板和机械样板，如图1-13所示，通过单击样板名称即可创建对应类型的项目。如果需要创建其他类型的项目，可以单击"新建"选项进行更多样板类型的选择。

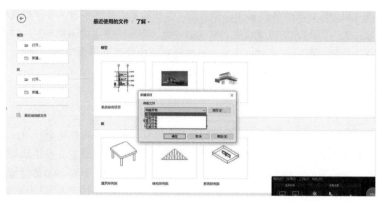

图1-13

其他常用的项目样板也可以添加到初始界面中。在Revit的用户界面中，打开"文件"菜单，单击下方的"选项"按钮，可弹出"选项"对话框。切换至"文件位置"选项卡，单击"添加值"按钮➕，在弹出的"浏览样板文件"对话框中浏览默认样板的存放位置，选择Electrical-DefaultCHSCHS.rte文件，如图1-14所示，单击"打开"按钮即可将该样板添加到初始界面的"项目"列表中。

图1-14

> **提示** 只有通过在线安装Revit，才能在默认样板的存放位置中找到图1-14所示的文件，如果是离线安装软件，那么需要浏览事先下载好的样板库。此外，也可以使用自定义的样板文件进行添加。

添加完成后修改名称为"电气样板"，单击"确定"按钮，电气样板就被添加到初始界面的"项目"列表中，如图1-15所示。

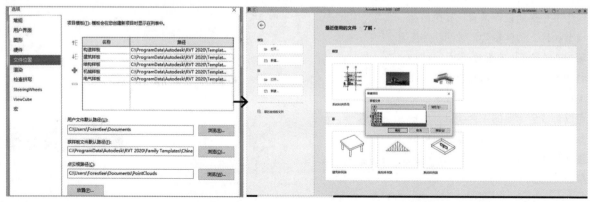

图1-15

1.4.2 族与族样板

Revit提出了族的概念，族是构成项目的基本组成单元，而族的创建需要基于族样板。

1. 族（Libraries）

Revit中的构件统称为族，族的文件格式为RFA。项目样板中存放了当前项目可以直接使用的族文件。项目中的族分为系统族、可载入族和内建族，它们的区别如表1-2所示。

表1-2 族的分类

族类别	创建方式	传递方式	示例	格式
系统族	项目样板自带，不能新建	可在项目间传递	墙、楼板、屋顶、管道、风管、桥架、标高和轴网	随样板或项目，无独立文件格式
可载入族	基于族样板创建	通过构件库载入	门、窗、柱和基础	RFA
内建族	在当前项目中创建	仅限当前项目使用	当前项目特有的异形构件	随样板或项目，无独立文件格式

2. 族样板（Family Templates）

族样板是定义族的初始状态，族样板的文件格式为RFT。同创建项目一样，族也需要基于族样板创建，如创建一个族库中没有的构件，然后载入项目中使用。默认的族样板主要用于可载入族的创建，族样板定义了构件的类别，如图1-16所示。

图1-16

> **提示** Revit默认的中文族样板位于"C:\ProgramData\Autodesk\RVT 2020\Family Templates\Chinese"文件夹中，打开该文件夹可以看到族样板文件，如图1-17所示。

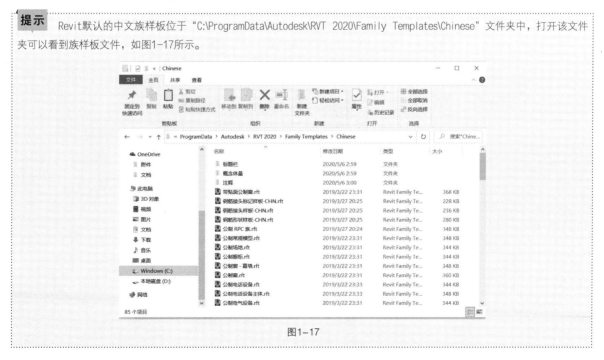

图1-17

1.4.3 参数属性

Revit是一款参数化设计软件，在项目中每一个构件和图元都具有其自身特有的参数属性，这些属性便于对构件进行分类和编辑。

1. 类别

类别指某一类的图元，项目中的风管、风管管件和风管附件均属于不同的类别，当选中任意图元时，类别名称显示在图1-18中①所示的位置。同一个类别可以分为多个族，如在"风管"类别中包括了矩形风管、圆形风管和椭圆形风管共3种族，族名称显示在图1-18中②所在的位置。

2. 类型

基于同一个族可以创建不同类型，如在矩形风管族中创建矩形送风管、矩形回风管等不同类型，构件的类型名称位于图1-18中③所示的位置。

3. 实例属性

实例属性又叫图元属性，它只控制某一个构件的属性。构件的实例属性一般在"属性"面板内修改，例如图1-18中④所示的位置。

> **提示** 修改某一构件的实例属性，其他构件的参数不会发生改变。此外，项目中的某一根管道属于一个实例。

4. 类型属性

类型属性是在同一个族文件下，同类型名称的构件均具有的参数。类型属性需要通过单击"属性"面板内的"编辑类型"按钮🔳，在弹出的"类型属性"对话框中才能修改，如图1-18中⑤所示的位置。

> **提示** 修改某一构件的类型属性后，项目中同名称的构件的属性均会被修改。

图1-18

1.5 Revit基本操作

Revit是欧特克（Autodesk）公司的产品，在用户界面、快捷方式上和AutoCAD有较多的相似之处，因此软件的基本操作相对容易掌握。

1.5.1 用户界面

Revit的用户界面主要由"文件"菜单、快速访问工具栏、信息中心、功能区、选项栏、"属性"面板、项目浏览器和视图控制栏组成。

扫码观看视频

1. "文件"菜单

"文件"菜单又叫应用程序菜单，单击用户界面左上方的"文件"按钮即可将其打开。"文件"菜单中包括"新建""打开""保存""另存为""导出""打印""关闭"共7种命令。命令名称右侧带有三角形图标，表示其级联菜单中还有可供选择的命令，如选择"新建"命令，可在级联菜单中继续选择需要创建的Revit文件的类型，如图1-19所示。

在"文件"菜单的右下角单击"选项"按钮，可在打开的"选项"对话框中对用户界面、图形显示样式和文件的默认位置等信息进行设置，如图1-20所示。

> 提示 在较早的Revit版本中没有"文件"按钮，需要单击左上角的 R 图标打开"文件"菜单。

图1-19

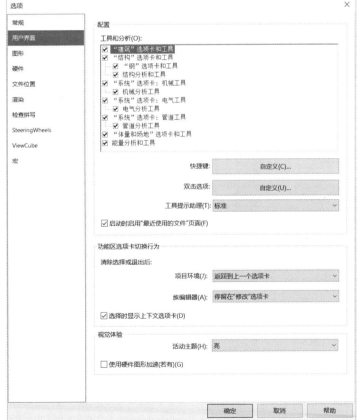

图1-20

2. 快速访问工具栏

快速访问工具栏默认位于软件用户界面的最上方，其中的主要工具如图1-21所示。

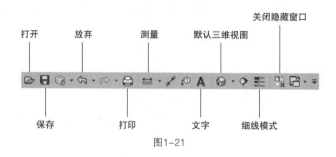

图1-21

3. 信息中心

信息中心位于软件用户界面的顶部，具有信息查询、用户登录等功能，如图1-22所示，单击"帮助"按钮 ⑦ 可打开Revit的帮助文档。

图1-22

4. 功能区

功能区位于信息中心的下方，以选项卡和面板的形式分类存放了建模和编辑图形的主要操作工具，单击功能按钮，可激活相应的工具。例如，在"系统"选项卡中可选择"HVAC""机械""卫浴和管道"等面板中的各种选项，如图1-23所示。

图1-23

5. 选项栏

选项栏又叫工具条，位于功能区的下方。当激活不同的命令时，选项栏将会出现与命令相对应的参数设置，如选择"管道"绘制工具时，将自动激活"修改I放置 管道"选项栏，如图1-24所示。

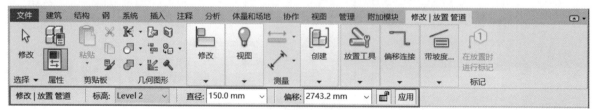

图1-24

6. "属性"面板

"属性"面板用于显示构件的属性，主要包括上方的类型选择器和下方的属性信息。在"类型选择器"中可以修改创建图元的类型名称，在"属性信息"中可修改图元的实例参数。当不选择任何构件时，"属性"面板中会显示为当前视图的属性，如图1–25所示。

图1–25

> **提示** 若"属性"面板被关闭，可在"视图"选项卡中单击"用户界面"按钮，在弹出的下拉面板中勾选"属性"选项进行显示，也可通过快捷键Ctrl+1快速开启或关闭。

7. 项目浏览器

"项目浏览器"包括了项目的视图、图纸、明细表和图例等内容，常用于视图的切换和查看、族的编辑等，如图1–26所示。

图1–26

8. 视图控制栏

视图控制栏位于绘图区的下方，其中常用的有"比例""详细程度""视觉样式""临时隐藏/隔离""显示隐藏的图元"等工具，如图1–27所示。

图1–27

1.5.2 图形基本操作

Revit和AutoCAD均是欧特克公司的产品，在操作方法上有一定的相似性。AutoCAD主要以二维图形的编辑为主，Revit则主要以三维构件的创建为主，下面介绍Revit中图形的基本操作。

扫码观看视频

1. 模型浏览

⊙ ViewCube和SteeringWheels

打开任意样例项目，切换至三维视图，在绘图区的右上角显示了ViewCube和SteeringWheels两个控件，如图1-28所示。可通过单击ViewCube控件上的8个顶点、6个面和12条边切换至对应角度的视图，也可以在ViewCube上按住鼠标左键拖动，来调整视图的观察角度。

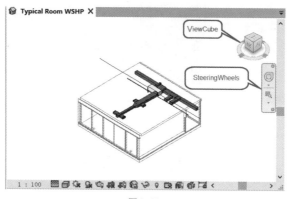

图1-28

> 提示　ViewCube控件只在三维视图中显示。

单击SteeringWheels控件上的"二维控制盘"按钮◎，将弹出随鼠标指针移动的导航盘，如图1-29所示。将鼠标指针移动至导航盘相应的命令上并按住鼠标左键可进行动态观察、缩放、回放、平移等操作。单击默认显示的"区域放大"按钮下方的下拉按钮，可在弹出的菜单中选择相应的缩放命令，如图1-30所示，然后在绘图区域框选需要查看的区域，即可执行对应的操作。

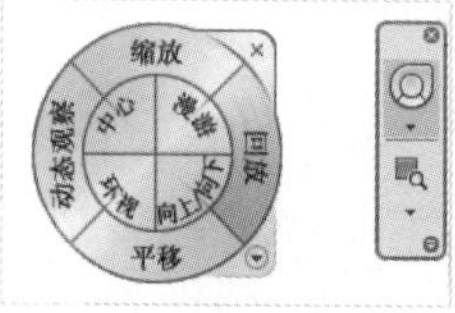

图1-29 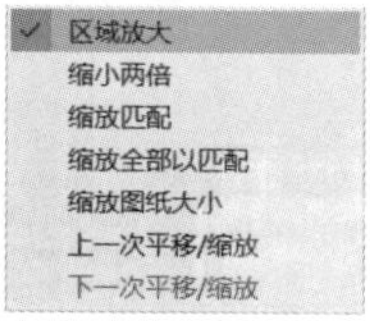　　　　　　　　图1-30

> 提示　SteeringWheels控件在平面视图和三维视图中均可使用，但弹出的导航盘上的命令会有所不同。

⊙ 视图操作

切换至"视图"选项卡，在"窗口"面板中可以执行"切换窗口""关闭非活动""选项卡视图""平铺视图"等命令，如图1-31所示。若要控制相关界面的显示，可通过单击"用户界面"按钮并在展开的面板中进行勾选和取消勾选操作，如图1-32所示。

图1-31　　　　　　　　图1-32

2. 构件选择

⊙ 框选

按住鼠标左键，从左向右进行框选只能选中完全在框内的全部图元，从右向左进行框选可以选中框内及与框边界相交的全部图元，如图1-33所示。

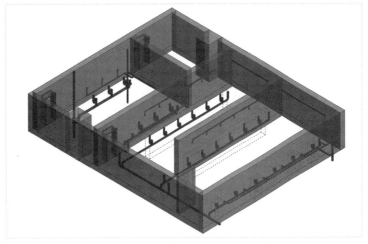

图1-33

⊙ 鼠标点选

通过单击可选中图元，按住Ctrl键并单击其他任意图元，可加选图元；按住Shift键并单击已选中的图元，可取消选择该图元，如图1-34所示。

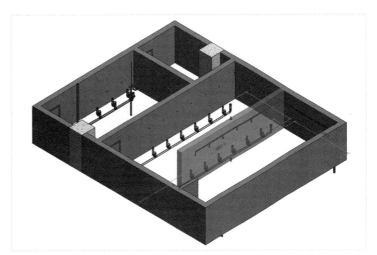

图1-34

⊙ 选择全部实例

选中图元，单击鼠标右键，在弹出的快捷菜单中选择"选择全部实例"命令，在其级联菜单中有"在视图中可见"和"在整个项目中"两个命令可供选择，如图1-35所示。通过执行这两个命令，可以选择视图（项目）中与该图元同类型的全部构件。

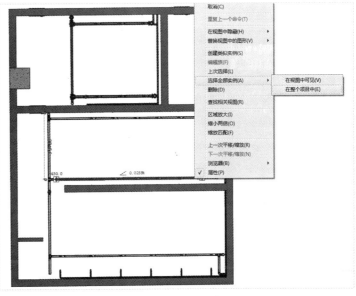

图1-35

⊙ **使用过滤器**

　　框选图元后，如果选择了一些不需要的类别，可以在功能区中单击"过滤器"按钮🔻，在弹出的"过滤器"对话框中勾选对应的构件类别进行筛选。以门、窗为例，勾选"门""窗"选项后单击"确定"按钮，如图1-36所示。这时所有的门窗都被选择，而其他构件未被选择。选择后即可过滤掉不需要的类别，效果如图1-37所示。

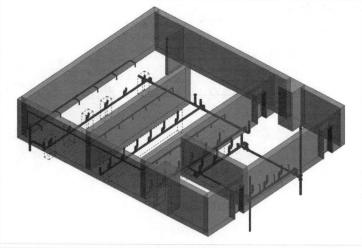

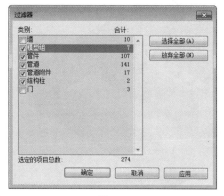

图1-36

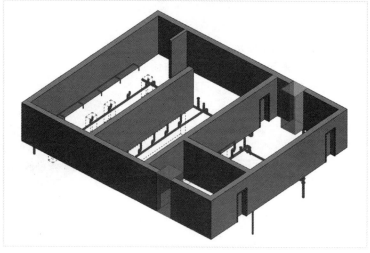

图1-37

3. 临时隐藏/隔离

　　选择构件后，在视图控制栏中单击"临时隐藏/隔离"按钮🔅，可以选择隔离类别、隐藏类别、隔离图元（快捷键为H+I）和隐藏图元（快捷键为H+H）等隐藏或隔离方式，如图1-38所示，效果如图1-39所示。

图1-38

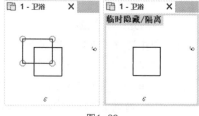

图1-39

　　如果需要恢复之前隐藏的图元，那么可以选择"重设临时隐藏/隔离"命令（快捷键为H+R）；临时隐藏或隔离后，如果再次选择将"临时隐藏/隔离"应用到视图中，那么前面隐藏的内容无法通过"重设临时隐藏/隔离"命令恢复，因此一般在出图完成后选择此命令。

　　如果因为操作失误将"临时隐藏/隔离"应用到视图，那么可通过视图控制栏中的"显示隐藏的图元"工具💡显示被隐藏的图元。选择被永久隐藏的图元，在"修改I选择多个"上下文选项卡中的"显示隐藏的图元"面板中选择"取消隐藏图元"工具🔲或"取消隐藏类别"工具🔲也可进行恢复，如图1-40所示。

图1-40

实战：新建机电项目

素材位置	素材文件>CH01>Templates
实例位置	无
视频位置	实战：新建机电项目.mp4
学习目标	新建给排水项目样板

选择素材文件中的"Templates"文件进行练习，将样板添加到软件初始界面的"项目"列表中，用默认的样板创建新的项目，并将项目进行保存。图1-41所示为显示在软件初始界面的"项目"列表的给排水项目样板。

1. 添加默认快捷样板

01 打开"文件"菜单，单击下方的"选项"按钮，如图1-42所示。

02 在弹出的"选项"对话框中，切换至"文件位置"选项卡。由于默认只能添加5个样板类型，因此可以选择任意一个样板，单击"删除值"按钮将其删除，然后单击"添加值"按钮➕添加默认快捷样板，在弹出的对话框中浏览C:\ProgramData\Autodesk\RVT 2020\Templates\China文件夹，选择"Plumbing–DefaultCHSCHS.rte"样板并打开（如果是离线安装的软件，在默认路径中可能缺少该样板，那么需选择事先下载好的样板进行练习），如图1-43所示。

03 样板添加完成后，将其重命名为"给排水样板"，如图1-44所示。

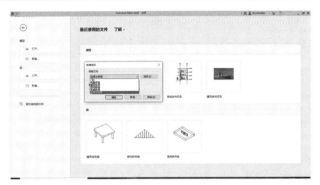

图1-41

图1-43

图1-42

图1-44

> **提示** 在Revit中，使用低版本建立的模型可以在高版本中打开，但是在打开的过程中需要升级，升级的过程不可逆。低版本软件无法打开高版本软件建立的模型。

29

2. 基于样板创建并保存项目

基于添加的"给排水样板"新建一个项目，并将其保存为"某项目给排水模型"。打开Revit 2020，单击"项目"列表中的"给排水样板"选项，然后执行"文件>另存为>项目"菜单命令，在弹出的"另存为"对话框中浏览存放位置，并设置"文件名"为"某项目给排水模型"、"文件类型"为RVT格式，最后单击"保存"按钮，如图1-45所示。

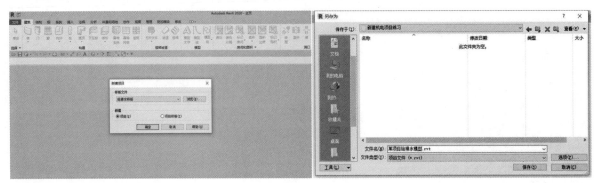

图1-45

提示 在建模的过程中万一出现断电或软件崩溃的情况，会导致导出的数据丢失，同时Revit也无法自动保存。此时可进入"选项"对话框，在"常规"选项卡设置"保存提醒间隔"选项，并设置最大备份数量，如图1-46所示。每单击一次"保存"按钮🖫（快捷键为Ctrl+S），系统将备份一次，并将备份文件命名为"项目名称.编号.rvt"的形式，如图1-47所示。

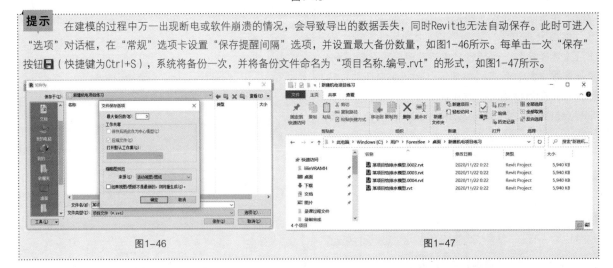

图1-46　　　　　　　　　　　　　　　　　图1-47

1.6 本章小结

Revit是应用较多的BIM软件，本章主要介绍了BIM机电的理论基础和Revit的简单操作。掌握基础知识内容并熟悉软件操作，有助于后期理解建模的流程。

第 **2** 章

Revit协同工作环境

学习目的

掌握组织项目浏览器的方法
掌握添加机电过滤器的方法
掌握应用视图样板定制集的方法
了解项目基点和测量点
掌握协同设计的方法

本章引言

　　Revit 是常用的机电建模软件，机电专业涉及电气、暖通和给排水，子专业数量庞大，在建模前应当遵循一定的规则，以保证各专业的协同设计。同一项目的不同专业模型需基于相同的项目样板进行创建，同时项目样板中也融入了创建BIM模型的标准。在建模时，通过测量点和项目基点可以确定项目的位置，从而保证项目中不同模型能够准确地进行整合。此外，Revit还提供了工作集和链接两种整合模型的协同方式。本章将介绍如何通过Revit展开协同设计工作。

2.1 定义项目样板

在第1章中已经介绍了项目样板在新建项目时的作用，本节将讲解机电项目定制的方法。一般在新建机电项目之前，需基于项目特点和建模标准定义项目样板，包括组织项目浏览器、设置管道及风管的系统、应用机电过滤器、设置机电视图可见性和定制不同专业的视图样板等。

2.1.1 组织项目浏览器

项目浏览器显示了项目中全部的视图、图纸、明细表和族等，通过合理的组织方式，可对设计过程和成果进行有效管理。在项目开始之前，先通过Revit默认的Systems-DefaultCHSCHS样板新建一个项目，如图2-1所示。

扫码观看视频

图2-1

 提示 机电建模常用样板如下。

Systems-DefaultCHSCHS：系统样板   Mechanical-DefaultCHSCHS：机械样板

Electrical-DefaultCHSCHS：电气样板   Plumbing-DefaultCHSCHS：给排水样板

在默认的系统样板中，项目浏览器通常按照规程排列，单击⊞按钮可展开下拉列表，单击⊟按钮可收起列表，如图2-2所示。

在"视图（规程）"位置处单击鼠标右键并选择"浏览器组织"命令，在弹出的"浏览器组织"对话框中可对"视图""图纸""明细表"的组织形式进行修改。其中，默认的视图浏览器组织形式有"不在图纸上""全部""类型/规程""规程""阶段"等，如图2-3所示。注意在不同的样板或不同的版本中，其组织形式也有所不同，低版本的样板还有可能包含"专业"参数。

图2-2

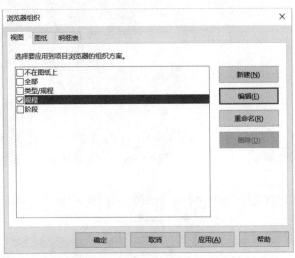

图2-3

单击右侧的"新建"按钮 新建(N) 可以创建新的组织形式；单击"编辑"按钮 编辑(E) 可弹出"浏览器组织属性"对话框，切换至"成组和排序"选项卡，可以设置成组和排序的方式，如图2-4所示。

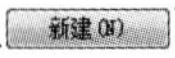

图2-4

> **提示** "成组条件"为"规程"，"否则按"将按照"子规程"进行排序，这种属性的排序方式即为图2-2中的样式。

单击任意视图，在视图的"属性"面板内显示了当前视图的规程和子规程，同时"项目浏览器"中的视图排序也将按照规程和子规程的组织形式进行分类，如图2-5所示。

图2-5

> **提示** 除了按照"规程"进行分类，还可修改组织形式为"类型/规程"或"全部"，此时"项目浏览器"中所对应的效果如图2-6所示。

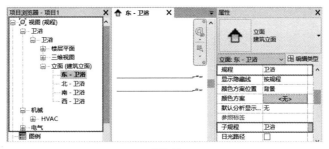

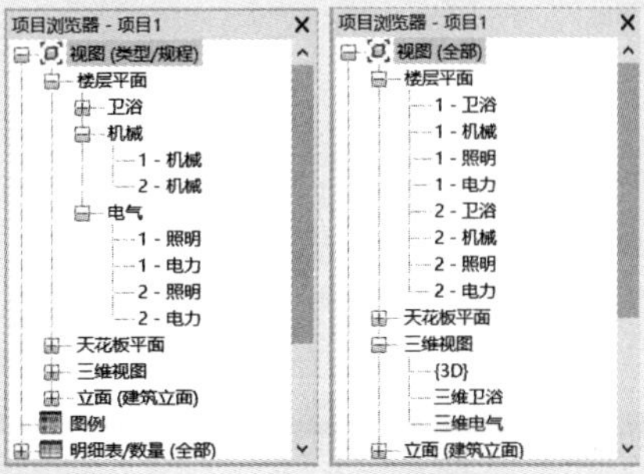

图2-6

设置"项目浏览器"的组织形式为"全部"，选择与卫浴相关的楼层平面视图，如"1-卫浴"和"2-卫浴"，并在"属性"面板内单击"编辑类型"按钮，在弹出的"类型属性"对话框中单击"复制"按钮 复制(D)... 创建一个"名称"为"给排水"的新平面视图，如图2-7所示。按照上述方法，可分别创建出图、暖通、电气、综合的平面视图，全部设置完成后的效果如图2-8所示。

图2-7   图2-8

> **提示**　除了使用默认参数来组织排序方式，还可通过添加"项目参数"控制浏览器的排序方式（项目参数的添加方法将在本书第7章进行讲解）。通过自定义的项目参数来控制浏览器的排序方式，便于对项目浏览器进行重新排序。如果在视图的属性中未定义"项目浏览器"成组和排序对应的成组条件，那么会以 □ ---???的形式显示。

2.1.2 定义系统

在进行管线综合时，系统涉及的子类别较多，如管道包括了给水、排水、污水、雨水、消防、喷淋和循环供水（回水）等系统；风管包括了新风、送风、排风和排烟等系统；电缆桥架包括了强电和弱电等系统。

1. 管道系统

在"项目浏览器"的族列表中找到"管道系统"，单击 按钮展开默认的管道系统类别，包括家用冷水和热水、循环供水和回水、卫生设备、与消防相关的系统，如图2-9所示。

选中"家用冷水"选项，单击鼠标右键并选择"复制"命令，可复制一个新系统，默认名称为"家用冷水 2"。选中"家用冷水 2"，单击鼠标右键并选择"重命名"命令，修改名称为"01P生活给水系统"，如图2-10所示。

图2-9   图2-10

双击新建的"01P生活给水系统",在弹出的"类型属性"对话框中可对管道系统的类型属性进行设置。例如,在"标识数据"一栏内,设置"缩写"为01P_J,用于制作管道系统的过滤器;设置"类型注释"为J,用于出图时的标注,如图2-11所示。

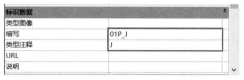

图2-11

管道系统是用于区分管道功能的参数,在创建管道、管件和管道附件等构件时需设置管道系统。可使用与上面同样的方法逐一创建"04P自动喷淋系统""04P消火栓给水系统""15P污水系统"和"31MP空调冷凝系统",管道系统的命名、缩写和类型注释可参照本书前附彩色插页中的《某企业数字楼宇构建机电颜色参照标准》。

2. 风管系统

风管系统的设置方式和管道系统的设置方式相似,同样在族列表中展开"风管系统"子列表,这里默认提供3种系统,分别为"回风""排风""送风",复制"送风"系统为"送风2",并重命名为"01M送风系统",如图2-12所示。双击新建的01M送风系统,设置"缩写"为01M_SF,"类型注释"为SF,如图2-13所示。

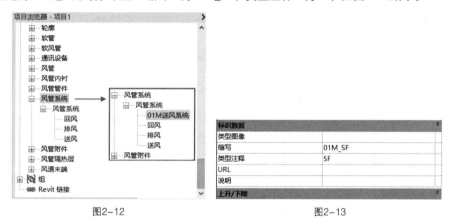

图2-12   图2-13

根据《某企业数字楼宇构建机电颜色参照标准》创建其他的风管系统,如"02M回风系统"和"03M排风系统"。

3. 桥架系统

在Revit中没有关于桥架的系统分类和系统缩写,可直接通过编辑桥架及附件的类型属性来修改类型标记,用于区分不同功能的桥架类型。

在系统样板中默认提供了3种"带配件的电缆桥架"的样式,分别为"实体底部电缆桥架"、"梯级式电缆桥架"和"槽式电缆桥架"。除此之外,还提供了两种"无配件的电缆桥架"的样式,分别为"单轨电缆桥架"和"钢丝网电缆桥架",如图2-14所示。

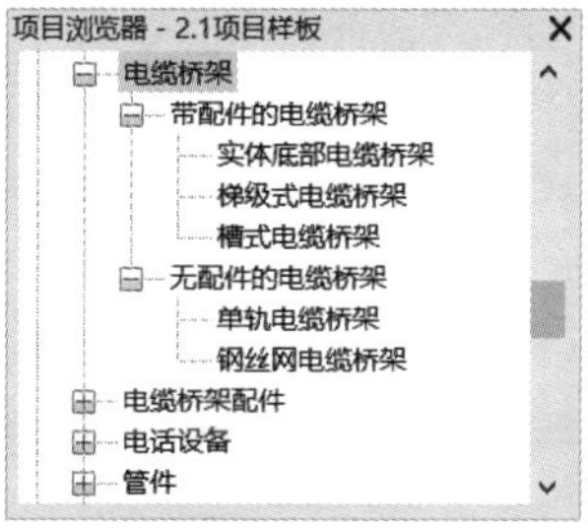

图2-14

在电气项目中常用带配件的槽式电缆桥架，因此可基于"槽式电缆桥架"进行设置。先创建弱电、强电等桥架类型，并按照图2-15所示的命名方式命名，然后创建对应型号的桥架配件（包括弯头、活接头、三通和四通等）。双击电缆桥架的类型名称，在弹出的"类型属性"对话框中设置"管件"一栏中的参数为对应编号的构件，如图2-16所示。

图2-15	图2-16

> **提示** 电缆桥架及电缆桥架配件的系统名称、系统缩写和系统类型等参数均可通过项目参数进行添加。

定义机电各专业的系统是创建机电管线的前提，便于建模时按照系统分类区分管线的颜色和可见性。

2.1.3 应用过滤器

由于管道专业的类别较多，因此需要对同类别的构件进行筛选，以便对项目中自带的图元设置可见性。在进行机电建模时，通常用过滤器控制不同专业构件的可见性，如图2-17所示。

扫码观看视频

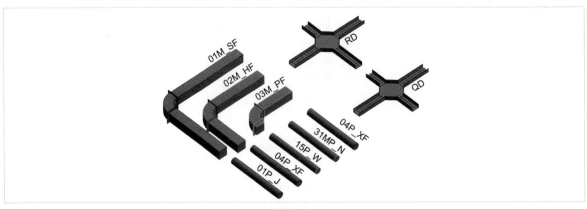

图2-17

1. 新建过滤器

控制构件显示的参数种类比较灵活，构件具有的大部分参数均可以作为过滤器的筛选条件。如果需要同时控制多个类别的构件的可见性，那么需选择这些构件的共有属性作为筛选条件。

⊙ **使用类型注释过滤**

使用类型注释过滤器能控制具有相同类型注释的构件的可见性。以给排水管道为例，在"视图"选项卡中单击"过滤器"按钮，弹出"过滤器"对话框，单击"新建"按钮，在弹出的"过滤器名称"对话框中输入"名称"为"01P生活给水系统"，确认后即可创建一个新的过滤器，如图2–18所示。

图2–18

> **提示** 在较早的Revit版本中，其过滤条件的设置界面和本版本有所不同，但使用方式类似。

选中新建的过滤器，然后勾选"管道系统"类别，并设置过滤条件为"类型注释等于J"，单击"确定"按钮完成管道系统过滤器的新建，如图2–19所示。

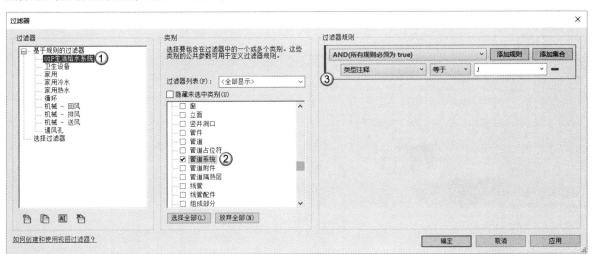

图2–19

> **提示** 只有过滤规则合理，且过滤的规则相互无冲突，才能正常使用过滤器。除此之外，在进行过滤条件的选择时，只有构件同时具有的参数才能作为过滤的控制参数。

⊙ 使用系统缩写过滤

使用系统缩写可以控制满足条件的机械设备、管道、风管、管件和附件等构件的可见性。先按照上述方法新建名称为"01M送风系统"的过滤器，然后勾选过滤器控制的类别，分别为"风管""风管管件""风管附件"，再设置过滤条件为"系统缩写等于01M_SF"，单击"确定"按钮完成送风系统过滤器的新建，如图2-20所示。

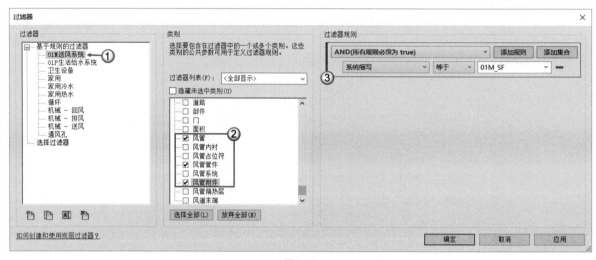

图2-20

⊙ 使用类型名称过滤

使用类型名称可过滤具有相同类型名称属性的构件，以电缆桥架的过滤器进行说明。先创建一个名称为"01E_槽式_弱电桥架"的过滤器，然后勾选过滤器控制的类别为"电缆桥架"和"电缆桥架配件"。接着设置第1条"过滤器规则"为"族名称包含槽式"，再单击"添加规则"按钮设置第2条"过滤器规则"为"类型名称包含01E"，如图2-21所示。除此之外，还可以通过"添加集合"按钮新增更多并列的过滤条件。

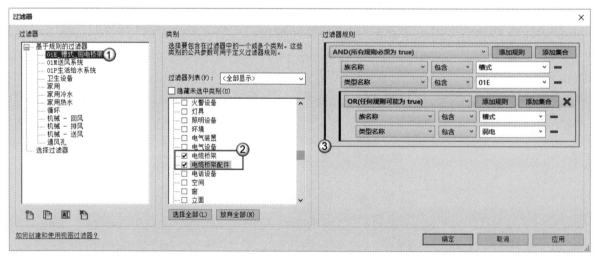

图2-21

> **提示** 不同过滤器规则的含义有AND和OR两种。AND指同时满足多项条件（所有规则必须为true），如族名称包含"槽式"，且"类型名称"包含01E；OR指只需满足其中一项条件（至少有一个规则为true），如族名称包含"槽式"或"类型名称"包含"弱电"。

2. 添加过滤器

新建过滤器后，在"视图"选项卡中单击"可见性/图形"按钮，弹出相应的"可见性/图形替换"对话框，然后切换至"过滤器"选项卡，单击"添加"按钮，在弹出的"添加过滤器"对话框中便可以逐一添加创建的过滤器至过滤器列表中，如图2-22所示。

图2-22

添加完成后，先测试创建的过滤器是否能控制图元的可见性。当勾选"可见性"时，效果如图2-23左图所示；当不勾选"可见性"时，效果如图2-23右图所示。如果添加的过滤器不能控制对应构件的可见性，那么需要重新编辑过滤器的过滤条件。

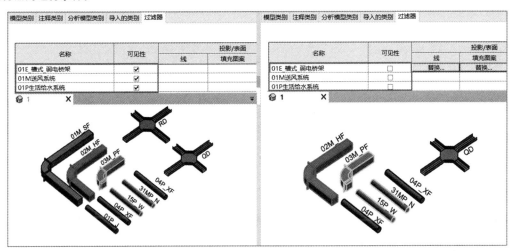

图2-23

3. 过滤器颜色设置

我们可以为添加的过滤器设置颜色等属性。选择对应的过滤器后，可对"线""填充图案""透明度"等参数进行替换，如设置"01P生活给水系统"的"填充图案"为"实体填充"、"颜色"为"绿色"，如图2-24所示。

图2-24

项目中其他系统的颜色填充可参照文前彩页中的《某企业数字楼宇构建机电颜色参照标准》进行设置，如"01M送风系统""01E_槽式_弱电桥架"等系统的颜色如图2-25所示。

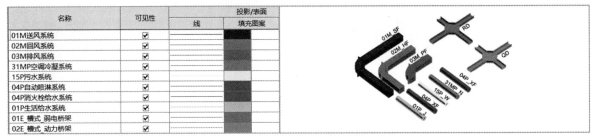

图2-25

2.1.4 定制视图样板

在某个视图设置的过滤器只在当前视图生效，可通过视图样板将过滤器应用于其他视图，控制视图的属性。

1. 新建视图样板

在"视图"选项卡中执行"视图样板>从当前视图创建样板"命令，在弹出的"新视图样板"对话框中输入样板的"名称"为"给排水系统过滤器"，单击"确定"按钮，如图2-26所示。在弹出的"视图样板"对话框中的"视图属性"列表中勾选"详细程度""V/G替换模型""V/G替换导入""V/G替换过滤器"选项，单击"确定"按钮，完成过滤器视图样板的创建，如图2-27所示。

图2-26　　　　　　　　　　　　　　　　图2-27

2. 使用视图样板

打开与给排水相关的视图，在视图的"属性"面板内对"视图样板"的参数进行设置。打开"指定视图样板"对话框，选择之前创建的"给排水系统过滤器"，如图2-28所示，即可将过滤器中的设置应用到当前视图，效果如图2-29所示。

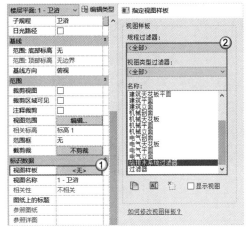

图2-28

图2-29

> **提示** 在被应用了视图样板的状态下，无法编辑视图样板控制的属性，只能编辑视图样板，或将"视图样板"设置为"无"后再进行编辑。
>
> 如果在进行过滤器的选择时，"指定视图样板"对话框中的"名称"列表框内找不到对应的构件名称，那么可以将"视图类型过滤器"和"规程过滤器"均设置为"全部"。

在"视图"选项卡中执行"视图样板>管理视图样板"命令 🔧，可在弹出的"视图样板"对话框中对视图进行编辑，如不勾选与给排水无关的系统，如图2-30所示，这样当再次应用过滤器时，视图中的桥架、风管等与给排水无关的系统将被隐藏。

名称	可见性	投影/表面	
		线	填充图案
01M送风系统	☐		
02M回风系统	☐		
03M排风系统	☐		
31MP空调冷凝系统	☐		
15P污水系统	☑		
04P自动喷淋系统	☑		
04P消火栓给水系统	☑		
01P生活给水系统	☑		
01E 槽式 弱电桥架	☐		
02E 槽式 动力桥架	☐		

图2-30

当项目浏览器、管道系统过滤器和视图样板均设置完成后，执行"文件>另存为>样板"菜单命令将项目另存为RTE格式的样板文件，以备协同设计使用。

实战：自定义项目样板

素材位置	素材文件>CH02>实战：自定义项目样板
实例位置	实例文件>CH02>实战：自定义项目样板
视频位置	实战：自定义项目样板.mp4
学习目标	掌握基于标高的视图创建方法、浏览器的组织方法、系统的创建方法、过滤器的创建方法和视图样板的定制方法

扫码观看视频

根据机电各专业的分类，为给排水、消防、喷淋、暖通风、暖通水和管线综合创建平面视图，并参照"素材文件>CH02>实战：自定义项目样板>机电颜色参考标准.pdf"，将颜色和可见性分配到相应的视图。系统的命名、缩写和类型注释参照表2-1。图2-31为最终添加的过滤器列表。

表2-1 命名、缩写和注释参照表

序号	专业	编号	系统名称	系统缩写
1	暖通	01M	送风系统	SF
2	暖通	03M	排风系统	PF
3	暖通	04M	新风系统	XF
4	暖通	05M	排烟系统	PY
5	暖通	31MP	空调冷凝系统	LN
6	暖通	35MP	冷媒系统	LM
7	电气	01E	弱电	RD
8	电气	02E	强电	QD
9	给排水	01P	生活给水系统	J
10	给排水	04P	自喷灭火系统	ZP
11	给排水	04P	消火栓给水系统	XH
12	给排水	04P	消防给水系统	XF
13	给排水	12P	废水系统	FS
14	给排水	15P	污水系统	W
15	给排水	17P	雨水系统	YS

名称	可见性	投影/表面	
		线	填充图案
01E	☑		
02E	☑		
01P生活给水系统	☑		
04P自喷灭火给水系统	☑		
04P消防给水系统	☑		
04P消火栓给水系统	☑		
12P废水系统	☑		
15P污水系统	☑		
17P雨水系统	☑		
01M送风系统	☑		
03M排风系统	☑		
04M新风系统	☑		
05M排烟系统	☑		
31MP空调冷凝系统	☑		
35MP冷媒系统	☑		

图2-31

1. 创建专业视图

01 打开"素材文件>CH02>实战：自定义项目样板>自定义项目样板.rvt"，如图2-32所示。

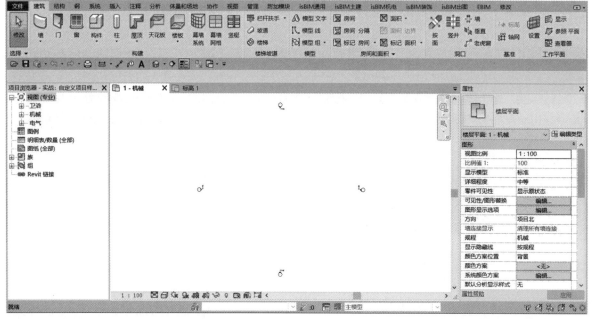

图2-32

02 在"项目浏览器"中选中"视图(专业)",然后单击鼠标右键,在弹出的菜单中选择"浏览器组织"命令,打开"浏览器组织"对话框,选择以"全部"的形式组织项目浏览器的排序方式,如图2-33所示。

图2-33

03 在"楼层平面"视图中选中"1-卫浴"楼层平面并单击鼠标右键,然后在弹出的菜单中选择"重命名"命令,修改名称为"一层给排水平面",如图2-34所示。

图2-34

04 单击"属性"面板中的"编辑类型"按钮，弹出"类型属性"对话框,单击"复制"按钮复制一个新的楼层平面,并设置"名称"为"给排水",如图2-35所示。删除其他楼层平面视图,这时楼层平面的类型变为"给排水",如图2-36所示。

图2-35   图2-36

05 按照和创建"给排水"类型同样的方法创建"建筑"、"暖通"、"电气""管综"4种楼层平面类型。关闭"类型属性"对话框，创建的平面视图类型将在"类型选择器"中显示，如图2-37所示。

06 在"视图"选项卡中执行"平面视图>楼层平面"命令，弹出"新建楼层平面"对话框，在"类型"一栏中分别选择之前创建的给排水、建筑、暖通、电气和管综平面类型，然后取消勾选"不复制现有视图"选项，单击"确定"按钮，即可为这些平面类型创建新视图，如图2-38所示。

07 创建完成后，"项目浏览器"中将新增视图类型，名称已经设置为对应的专业名称，各专业平面视图创建完成，如图2-39所示。

| 图2-37 | 图2-38 | 图2-39 |

2. 添加过滤器

01 创建系统。在"项目浏览器"的族列表中，找到原有系统的类型创建管道系统、风管系统和桥架系统，编辑系统的类型属性。

设置步骤

① 在"管道系统"中，双击任意一项，打开"类型属性"对话框，单击"复制"按钮，根据表2-1提供的信息依次添加管道系统名称，同时设置"缩写"和"类型注释"的内容，创建完成后效果如图2-40所示。

② 在"风管系统"中，双击任意一项，打开"类型属性"对话框，单击"复制"按钮，并根据表2-1提供的信息依次添加风管系统名称，同时设置"缩写"和"类型注释"的内容，创建完成后效果如图2-41所示。

③ 在"电缆桥架"中，双击任意一项，打开"类型属性"对话框，单击"复制"按钮，并根据表2-1提供的信息依次添加电缆桥架名称，同时设置"缩写"和"类型注释"的内容，创建完成后效果如图2-42所示。

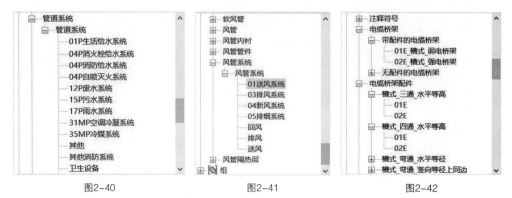

| 图2-40 | 图2-41 | 图2-42 |

02 在"视图"选项卡中单击"过滤器"按钮，在弹出的"过滤器"对话框中添加系统过滤器。

设置步骤

① 单击"新建"按钮，依次输入之前添加的管道名称，管道过滤器控制的构件包括管件、管道和管道附件，按照"系统缩写"进行过滤，完成后即可创建一个新的过滤器，如图2-43所示。

② 单击"新建"按钮，依次输入之前添加的风管名称，风管过滤器控制的构件包括风管、风管管件和风管附件，按照"系统缩写"进行过滤，完成后即可创建一个新的过滤器，如图2-44所示。

③ 单击"新建"按钮，依次输入之前添加的桥架名称，桥架系统过滤控制的构件包括电缆桥架和电缆桥架配件，按照桥架的"类型名称"进行过滤，完成后即可创建一个新的过滤器，如图2-45所示。

图2-43

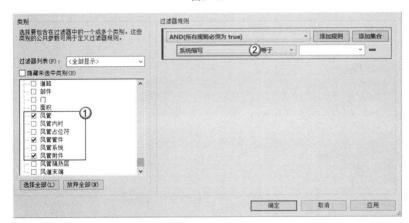

图2-44

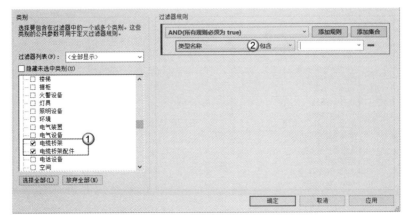

图2-45

03 添加系统过滤器列表。在"视图"选项卡中单击"可见性/图形"按钮，弹出相应的可见性/图形替换对话框，然后切换至"过滤器"选项卡，单击"添加"按钮，在弹出的"添加过滤器"对话框中将新建的过滤器添加到过滤器列表，如图2-46所示。

图2-46

04 添加完成后为各个过滤器指定颜色，如图2-47所示。

名称	可见性	投影/表面	
		线	填充图案
01E	☑		
02E	☑		
01P生活给水系统	☑		
04P自喷灭火给水系统	☑		
04P消防给水系统	☑		
04P消火栓给水系统	☑		
12P废水系统	☑		
15P污水系统	☑		
17P雨水系统	☑		
01M送风系统	☑		
03M排风系统	☑		
04M新风系统	☑		
05M排烟系统	☑		
31MP空调冷凝系统	☑		
35MP冷媒系统	☑		

图2-47

05 应用视图样板。在"视图"选项卡中执行"视图样板>从当前视图创建样板"命令 💼 创建一个"名称"为"给排水系统过滤器"的样板，单击"确定"按钮，如图2-48所示。接着不选择任何内容，在视图的"属性"面板内将视图样板修改为"给排水系统过滤器"，如图2-49所示。

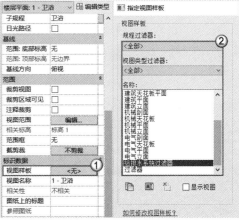

图2-48   图2-49

2.2 机电项目协同设计

在建立项目前需确定项目的位置关系，特别是建筑数量较多时，精确地定位每栋楼的位置是后期模型整合的必要保证。

2.2.1 项目定位

项目基点定义了当前项目的坐标原点，测量点是当前项目相对于现实世界的位置参照点，在Revit默认的"楼层平面"中，测量点和项目基点一般都不可见，只有在"场地"平面中才可见。

扫码观看视频

在"视图"选项卡中单击"可见性/图形"按钮 🔲，弹出相应的可见性/图形替换对话框，在"模型类别"选项卡内展开"场地"列表，勾选"测量点"和"项目基点"选项，如图2-50所示，单击"确定"按钮，即可将测量点和项目基点显示在"楼层平面"视图中。

图2-50

1. 项目基点

项目基点的图标为⊗。选中项目基点准备拖曳移动时，若显示图标，则创建的所有图元都会随着项目基点的移动而移动。选中项目基点，可修改相应的坐标，包括"北/南""东/西""高程""到正北的角度"，如图2-51所示。

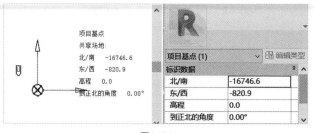

图2-51

2. 测量点

"测量点"的图标为△。若选中测量点时显示图标，则测量点的数值将不能被修改，"属性"面板中的参数显示为灰色不可用状态，如图2-52所示。这时若移动测量点，测量点的坐标保持不变，但是项目基点的坐标会发生相应的变化。

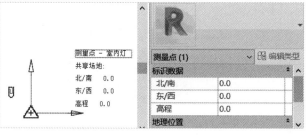

图2-52

在项目中，可以通过项目基点、测量点确定项目的位置，以及项目与周围环境的位置关系，特别是在对整体区域进行规划时，有利于确定不同建筑物之间的位置关系。

> **提示** 一般将项目中具有代表性的轴线交点作为项目基点，如1轴和A轴的交点，也常使用建筑物的某一个拐角点作为项目基点。

2.2.2 使用工作集

工作集是基于局域网络或互联网进行的协同设计，因此不同的设计师可以同时完成该项目的设计工作，它的另一个优势是能够将不同PC端建立的模型实时汇总到中心文件，便于进行设计进度的管理。

扫码观看视频

> **提示** 由于常用局域网的形式进行协同工作，因此使用工作集前应保证网络畅通。

1. 创建中心文件

01 基于"机械样板"新建一个项目并保存，然后切换至"协作"选项卡，这时"工作集"图标显示为灰色，因此无法对其进行选择。单击"协作"按钮，在弹出的"协作"对话框中选择协作方式为"在网络中"，单击"确定"按扭，如图2-53所示，"工作集"图标随即被激活。

> **提示** 在较早的版本中没有设置协作方式的选项，直接选择"工作集"即可。

协作 ×

正在启用协作。这样可让多个用户同时在同一 Revit 模型上进行工作。

您希望如何协作？
- ⑴ ⊙ 在网络中(N)
  在局域网或广域网(LAN 或 WAN)上进行协作。模型将转换为工作共享的中心模型。
- ○ 在 BIM 360 文档管理中(D)
  在项目成员中使用受控制的权限进行协作。将在您选择的项目中云工作共享模型。

我该选择哪种协作方式？

⑵ 确定   取消

图2-53

02 将协作方式设置为"在网络中"后,系统会自动修改"协作"按钮的名称为"在云中进行协作"。单击"工作集"按钮👭,弹出"工作集"对话框,可通过新建、删除和重命名对工作集进行编辑,如分别新建名称为"建筑工程""结构工程""机电工程"的工作集(默认情况下新建的工作集均属于当前用户),单击"确定"按钮,弹出"指定活动工作集"对话框后,单击"是"按钮指定为活动工作集,如图2-54所示。

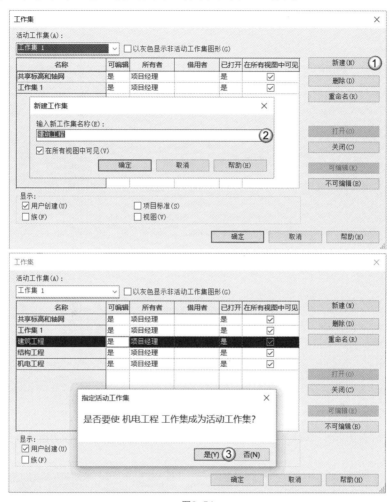

图2-54

> **提示** 默认显示"共享标高和轴网"和"工作集1"两个工作集,并且"所有者"显示为当前用户的名称。

03 首次单击"保存"按钮🖫时会弹出"将文件另存为中心模型"对话框,单击"是"按钮将中心文件保存到共享文件夹的位置,如图2-55所示。打开保存文件的位置,发现新增了两个文件夹,分别为Revit_temp和"项目名称_backup",如图2-56所示。中心文件创建完成后,"保存"按钮🖫显示为灰色,对应的"与中心文件同步"按钮🕁被激活。

图2-55   图2-56

04 再次打开工作集，将工作集的"可编辑"状态修改为"否"，同时当对应的"所有者"变为空白状态时，其他的参与者才能够基于工作集展开工作，如图2-57所示。设置完成后保存项目并关闭，中心文件创建完成。

名称	可编辑	所有者	借用者	已打开	在所有视图中可见
共享标高和轴网	是	项目经理		是	☑
工作集1	否			是	☑
建筑工程	否			是	☑
机电工程	否			是	☑
结构工程	否			是	☑

图2-57

05 在指定的位置找到保存的中心文件，然后单击鼠标右键，在弹出的菜单中选择"属性"命令，弹出"中心文件 属性"对话框，接着单击"高级共享"按钮，在打开的"高级共享"对话框中勾选"共享此文件夹"选项并单击"权限"按钮，打开"中心文件的权限"对话框后，添加Everyone用户并赋予其"完全控制"权限，如图2-58所示。

图2-58

2. 创建本地文件

分配好任务后，其他项目的参与者可以通过网络访问中心文件，并保存为本地文件，进行设计工作。

新建本地文件。项目中的某工程师可直接打开中心文件（不是新建项目），可浏览共享文件夹的位置，如图2-59所示。

图2-59

协同设计。打开共享项目，同样在"协作"选项卡中单击"工作集"按钮，在弹出的"工作集"对话框中，将名称为"建筑工程"的工作集的"可编辑"状态修改为"是"，修改后的所有者会显示为建筑工程师的用户名（用户名可在"选项"对话框的"常规"选项卡中进行设置），单击"确定"按钮，在弹出的"指定活动工作集"对话框中单击"是"按钮，即可在"建筑工程"的工作集中创建模型，如图2-60所示。

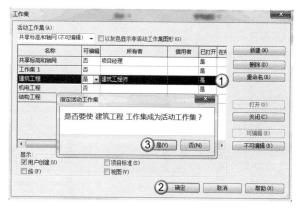

图2-60

接下来进行设计工作，如创建建筑墙体，在界面的最下方会显示当前的工作集为"建筑工程"，如图2-61所示，展开下拉列表，可以看到其他工作集为不可编辑状态。单击"保存"按钮即可将创建的模型保存为本地文件，在默认的文件保存位置将以"项目名称_用户名"的形式进行保存，如图2-62所示。

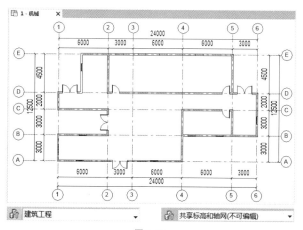

图2-61

图2-62

与中心文件同步。在"协作"选项卡中，"活动工作集"显示了当前工作集的名称，如"建筑工程"。设计完成后，保存为本地文件，并单击"与中心文件同步"按钮，将本地文件同步到中心文件中，如图2-63所示。

图2-63

提示 快速访问工具栏中的"与中心文件同步"工具也可以将本地文件同步到中心文件。单击该工具按钮展开下拉列表，选择"立即同步"选项即可（可设置注释内容，如保存方日期、版本等）。

在关闭项目前选择本地保存，即可保存为本地文件，保存文件时可选择保留对所有图元及工作集的所有权，如图2-64所示，这样一来，其他设计人员将不能修改保存的内容。

图2-64

协同设计请求。设计师打开中心文件时，在"协作"选项卡中单击"重新载入最新工作集"按钮可以更新其他工程师已经同步到中心文件的设计内容。当选择到其他工程师设计的图元时，会显示该图元不可编辑的标识，单击标识将会弹出错误提示，如果确需修改，则单击"放置请求"按钮，待原设计者同意请求后方可编辑，如图2-65所示。

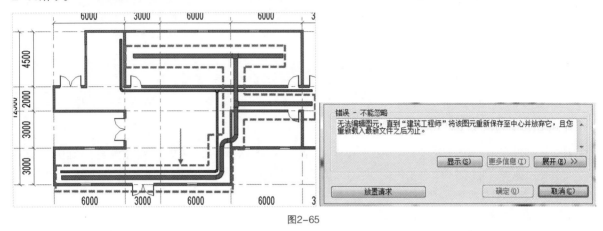

图2-65

原设计师在打开项目后，系统会自动提示收到的修改请求，设计师可以批准或拒绝请求，如图2-66所示。批准后请求者将收到批准通知，此时可以以借用者的身份进行协同，如图2-67所示。编辑完成后，一旦与中心文件同步，被允许编辑的构件将不能被再次编辑，如果需要继续编辑，则需重新请求。

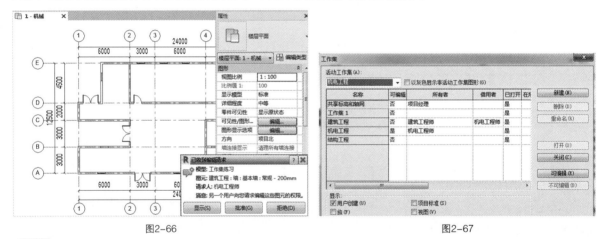

图2-66   图2-67

> **提示** 工作集的建模需基于网络环境，完成的模型由多个本地文件和一个中心文件组成，使用工作集的协同方式对计算机的性能要求较高。

2.2.3 使用链接

链接是以外部参照的形式进行协同设计，一般在上一阶段建模完成后，将模型链接到下一阶段的工作中，作为辅助参考的依据。

扫码观看视频

1. 链接Revit

在"插入"选项卡中单击"链接Revit"按钮，如图2-68所示，在弹出的"导入/链接RVT"对话框中浏览模型文件的存放位置，选择模型（如MZXFJY_ST_B1_地下车库（土建）.rvt）并设置定位方式为"自动–原点到原点"，单击"打开"按钮即可链接到当前项目，如图2-69所示。

图2-68　　　　　　　　　　　　　　　图2-69

提示　链接模型的原点即项目基点。此外，导入链接模型后，在"管理"选项卡中单击"管理链接"按钮，弹出"管理链接"对话框，可在其中查看链接文件的信息，如载入状态、参照类型和路径类型等，还可以修改链接模型的方式，如图2-70所示。

图2-70

对话框中的"删除"按钮用于在项目中删除链接文件，"卸载"按钮用于将项目中的链接文件卸载，但文件并未被删除。因此要注意，链接文件被删除后，想再次使用，需要单击"添加"按钮进行添加；链接文件卸载后，还想使用，则需要单击"重新载入"按钮载入文件。

2. 复制/监视

在进行机电建模时，如果已经完成了土建模型，那么可以通过"复制/监视"命令使用土建模型中的图元。例如，想要快速地创建标高轴网时，可以直接复制现有模型中的标高，具体方法介绍如下。切换至"立面"视图，在"协作"选项卡中执行"复制/监视>选择链接"命令，如图2-71所示。接着在项目中选择链接文件，此时将激活"复制/监视"上下文选项卡。

在"复制/监视"上下文选项卡中单击"复制"按钮并在选项栏中勾选"多个"选项，然后选中项目中的全部标高，单击"完成"按钮完成复制，这时被复制/监视的图元显示为"监视"状态。单击空白位置，再次出现"复制/监视"按钮，单击"完成"按钮完成标高的复制，如图2-72所示。使用同样的方法可以在平面视图中复制链接模型中的轴网。

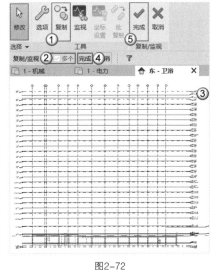

图2-71　　　　　　　　　　图2-72

3. 创建视图

标高复制完成后，可基于已有的标高创建项目中各专业的视图。在"视图"选项卡中执行"平面视图>楼层平面"命令 ，打开"新建楼层平面"对话框，单击"编辑类型"按钮，在弹出的"类型属性"对话框中单击"复制"按钮创建一个类型名称为"电气"的平面视图，然后设置"查看应用到新视图的样板"为"无"，如图2-73所示。

图2-73

设置完成后，选择需要创建楼层平面的标高名称，单击"确定"按钮，即可在"项目浏览器"中创建对应标高生成的楼层平面视图，如图2-74所示。

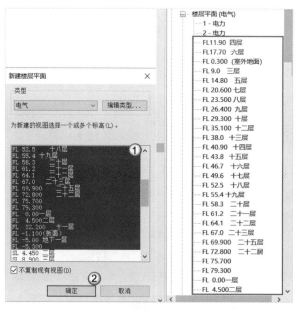

图2-74

> **提示** 复制的视图类型和名称不能重复，默认按照复制的先后顺序依次排列。另外，如果在选择标高时，看不到对应的标高名称，则取消勾选下方的"不复制现有视图"选项。

无论是工作集还是链接，都是为了满足设计的便捷性，在正式设计前都需要按照科学的方式分配任务，避免重复工作，一般可按照表2-2中的方式对设计任务进行拆分。

表2-2 任务分配

按建筑部位	按专业	子模型
主楼、裙房、地下	建筑	按楼层划分
主楼、裙房、地下	结构	按楼层划分、按结构类型划分
主楼、裙房、地下	机电	按楼层划分、按防火分区划分、按专业划分（给排水、消防、电气和暖通）
主楼、裙房、地下	精装	室内、室外和幕墙

实战：项目协同设计

素材位置	素材文件>CH02>实战：项目协同设计
实例位置	实例文件>CH02>实战：项目协同设计
视频位置	实战：项目协同设计.mp4
学习目标	通过链接的方式进行项目协同设计，创建全专业楼层平面视图

扫码观看视频

使用项目基点和测量点对项目进行定位，并将链接模型中的任意一个角点和项目基点对齐，然后将链接模型绑定到当前项目。设置完成后的效果如图2-75所示。

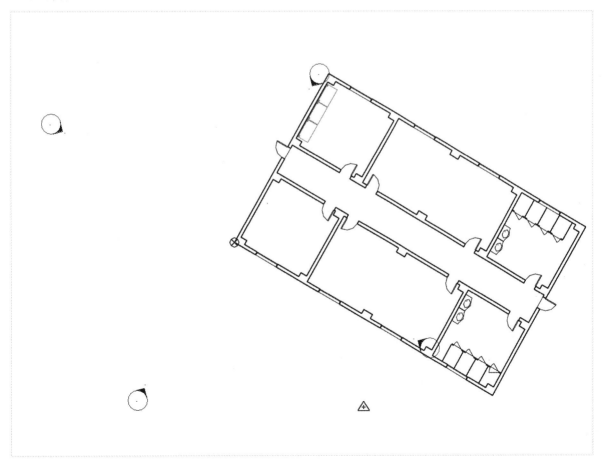

图2-75

1. 项目定位

01 打开"素材文件>CH02>实战：项目协同设计>项目协同设计.rvt"，如图2-76所示。

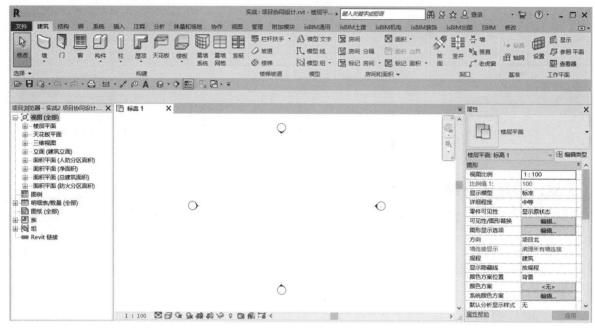

图2-76

02 显示项目基点和测量点。在"视图"选项卡中单击"可见性/图形"按钮🗔，在弹出的相应的可见性/图形替换对话框中展开"场地"列表，勾选"测量点"和"项目基点"选项，如图2-77所示。单击"确定"按钮，即可将测量点和项目基点显示在楼层平面视图中，如图2-78所示。

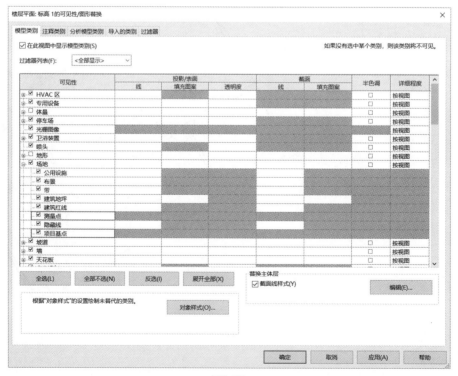

图2-77

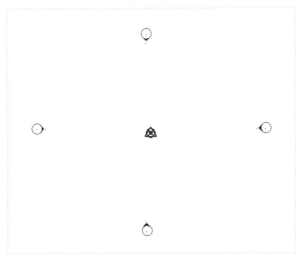

图2-78

03 设置基点属性。不选择任何图元，在"属性"面板中设置"楼层平面"的"方向"为"正北"，如图2-79所示。

图2-79

04 选中项目基点，并设置项目基点的"东/西"为-8000、"北/南"为10000、"高程"为300、"到正北的角度"为30°，如图2-80所示。

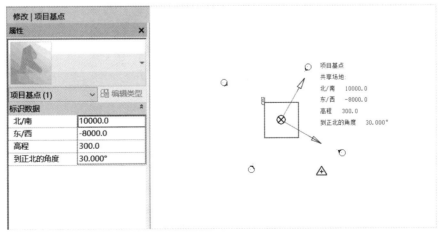

图2-80

2. 链接Revit

01 链接土建模型文件。在"插入"选项卡中单击"链接Revit"按钮🔛，再在弹出的"导入/链接RVT"对话框中选择"素材文件>CH02>实战：项目协同设计>建筑模型样例.rvt"，并设置"定位"为"自动-原点到原点"，如图2-81所示。单击"打开"按钮，建筑模型随即链接到当前项目中，如图2-82所示。

图2-81

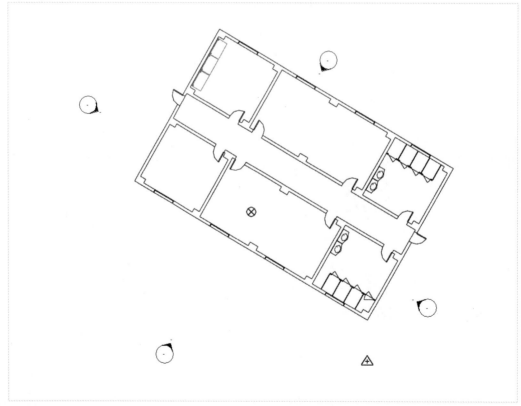

图2-82

02 调整位置。选中链接的模型，然后使用"修改"选项卡中的"移动"工具✛将模型的角点与项目基点对齐，如图2-83所示。

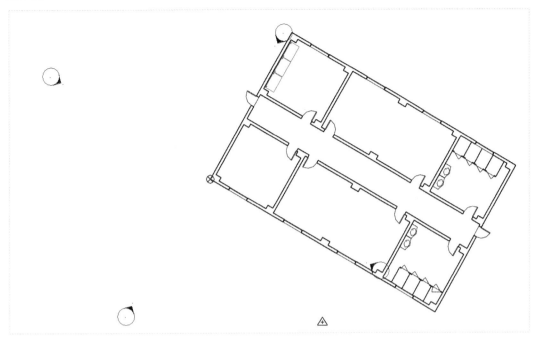

图2-83

03 绑定链接。选中链接的模型，单击"修改 | RVT链接"上下文选项卡中的"绑定链接"按钮，如图2-84所示。

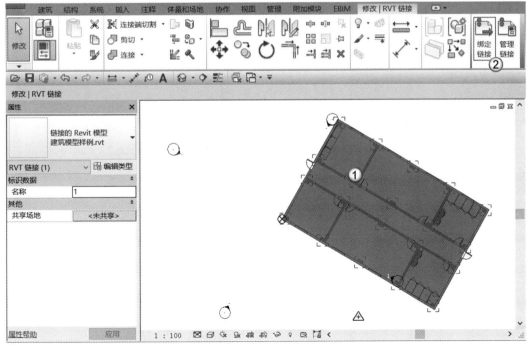

图2-84

04 在弹出的"绑定链接选项"对话框中勾选需要绑定包含的图元（如"附着的详图"），单击"确定"按钮，如图2-85所示。这时将弹出与绑定链接相关的提示对话框，单击"是"按钮即可，如图2-86所示。当链接中的构件与当前项目中的构件有重复的类型时，还会弹出类型重复的提示，单击"确定"按钮可将重复类型进行覆盖，如图2-87所示。之后等待程序运行，即可完成链接的绑定。

图2-85   图2-86   图2-87

> **提示** 项目的体量越大、构件越多，绑定所用的时间也会越长，绑定后链接会被删除。

05 绑定完成后会弹出"警告–可以忽略"对话框，单击"确定"按钮，完成绑定并自动删除链接，如图2-88所示。

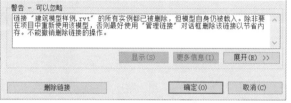

图2-88

06 模型解组。绑定的链接会以一个组的形式存在，如果需要编辑，那么先选中模型，再在"修改|模型组"上下文选项卡中通过"编辑组"工具或"解组"工具进行修改，如图2-89所示。

图2-89

> **提示** 通过"编辑组"工具，可修改组中的局部构件，修改完成后，仍然是一个模型组；使用"解组"工具可将组分解为单个构件，分解后原有的模型组将不存在。

2.3 本章小结

　　本章主要讲解了机电建模前的准备工作：在建模前定位好项目的位置能够保证多专业的模型准确整合，"项目浏览器"的设置有利于项目视图的分类管理，而过滤器则是区分系统的重要方法。Revit以工作集和链接的方式进行协同设计，其中工作集是实时多向的协同模式，而链接则是单向且不可逆的协同工作模式，在实际项目中可根据项目的情况将两者配合使用，提高建模的效率。

第 **3** 章

给排水系统管道绘制

学习目的

了解给排水管道的系统分类和对应的管道类型
掌握 Revit 管道布管系统定义的操作方法
掌握 Revit 管道绘制、设备放置的操作方法
掌握管道系统的编辑方法

本章引言

　　给排水系统是为社会生产生活提供用水、污水排除等用途的相关设施的总称，是设备管道安装的主要系统类别之一。一般将其划分为生活给水系统、消防系统、中水系统、废水系统、污水系统和雨水系统等。本章先重点阐述给水、排水系统的基本绘制命令和方法，再结合实战案例的实际情况对项目给排水系统的管线绘制进行梳理。本章的重点在于对给水、排水管道绘制的基本命令的理解和实操进行掌握。

3.1 管道布管系统设置

在Revit中，要想绘制某一个系统的管道，需要先对该段管道的布管系统进行设置。在一般情况下，除了需要对一段管线系统进行管线系统的定义之外，还需要根据实际情况选择该段管线对应的弯头、三通、四通和过渡件等管件的具体连接方式。对于不同的管道系统，所使用的材质和对应的连接方式都会有所不同，如在自喷灭火系统中，对于公称直径在80mm以下的管道来说，一般使用螺纹（丝扣）进行连接，而对于公称直径等于或大于80mm的管道，则会选用卡箍（沟槽）进行连接，在必要的时候对于压力较大的管道还可以使用法兰进行连接。

> **提示** 对布管系统的设置就是对管道的材质、公称直径和连接方式等属性进行提前设置。

3.1.1 管道基本类型设置

管道的类型指管道的具体种类，一般按照该段管道在建筑工程中承担的不同角色来进行管道的类型设置，如在消防系统中，常见的管道类型包括喷淋管和消火栓管，虽然它们同属于消防系统，但是承担的角色各不相同，因此它们是两类不同的管道。

扫码观看视频

1. 选择工具

可以通过在"系统"选项卡中单击"管道"按钮🕭来创建管道，如图3-1所示。此时，将激活"修改|放置 管道"上下文选项卡，如图3-2所示。

图3-1

图3-2

2.定义属性

在Revit中，某一个单独构件可被称为图元，图元的属性可以分为实例属性和类型属性两种。实例属性指单个图元的属性，类型属性指某一类图元的属性。下面介绍管道的实例属性和类型属性的定义。

⊙ **定义实例属性**

"属性"面板中内置了默认的管道类型，可对其属性进行编辑，如图3-3所示。

图3-3

⊙ **定义类型属性**

在"属性"面板中单击"编辑类型"按钮，打开该管道的"类型属性"对话框，在其中单击"复制"按钮并在弹出的对话框中输入新管道类型的名称，如"喷淋_镀锌钢管"，单击"确定"按钮即可完成管道类型的新建，如图3-4所示。之后可对新建的管道类型进行各种属性的设置。其他类型管道的创建可以使用同样的方法实现。

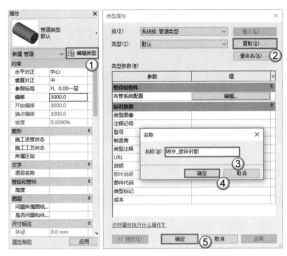

图3-4

重要参数介绍

◇ **布管系统配置：** 用于对当前类型管道使用的材质、尺寸和连接方式等属性进行限定。

> **提示** 对新建管道类型进行命名时，为了能在后期绘制时更方便区分，一般使用"管道名称+材质"的方式命名新的管道类型，如"给水-PPR"和"排水-U-PVC"等。

3. 管道类型

按照上面介绍的方法依次新建其他管道类型。新建完成后，在"属性"面板的"类型选择器"中或在"类型属性"对话框的"类型"下拉列表中都能看到新建完成的管道类型，如图3-5所示。

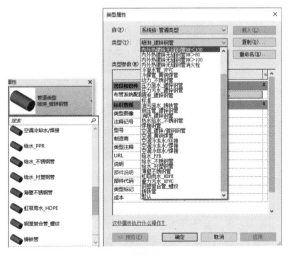

图3-5

> **提示** 后期绘制不同类型的管道时，可从已经新建完成的管道类型中选择所需的进行绘制。

3.1.2 定义管道布管系统

在"类型属性"对话框中单击"编辑"按钮，可对管道的"布管系统配置"进行编辑，如图3-6所示。下面介绍对给排水管道进行布管系统配置的方式。

扫码观看视频

图3-6

> **提示** 要绘制一根管道，必须在管道类型新建完成后，在"类型属性"对话框中对管道的系统进行定义，因此管道类型新建完成后的下一步是为新建的各类型管道定义布管系统。

1. 布管系统配置

在单击"编辑"按钮后弹出的"布管系统配置"对话框中，可对不同类型的管道使用的连接方式进行设置，如图3-7所示。需要设置的参数包括管段材质、管段尺寸，以及管道在不同尺寸使用的不同连接方式。此外在相应的下拉列表中，还可以明确管道的连接方式，其中主要包括弯头、首选连接类型、连接、四通、过渡件、活接头、法兰和管帽等。

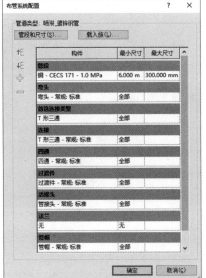

图3-7

重要参数介绍

◇ **管道类型：** 新建的管道类型名称。

◇ **管段和尺寸：** 可打开"机械设置"对话框，对当前类型管道进行进一步编辑。

◇ **载入族：** 设置载入当前管道连接方式需要的管件族。

◇ **管段：** 设置当前管道使用的具体材质。

◇ **弯头：** 设置管道方向改变时所用弯头的默认类型。

◇ **首选连接类型：** 设置管道与支管连接的首选默认类型。

◇ **连接：** 设置管道与支管连接的默认类型。

◇ **四通：** 设置管道与支管连接时默认的四通类型。

◇ **过渡件：** 设置管道变径时默认的连接类型。

◇ **活接头：** 设置管道方便拆卸连接的默认连接类型。

◇ **法兰：** 设置管道使用法兰连接时的法兰类型。

◇ **管帽：** 设置管道焊接在管端或装在管端外螺纹上以盖堵管子的管件类型。

2. 机械设置

在"布管系统配置"对话框中单击"管段和尺寸"按钮，可在弹出的"机械设置"对话框中对管道的系统进行进一步编辑，如图3-8所示。

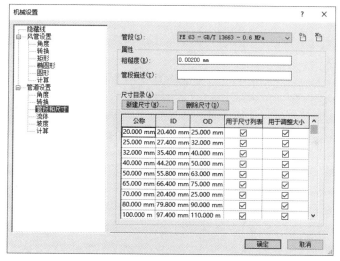

图3-8

重要参数介绍

◇ **角度：** 在对话框左侧列表中选择"角度"选项后，将在右侧面板中显示用于指定管件角度的选项。

◇ **管段：** 设置当前类型管道使用的材质。

◇ **粗糙度：** 设置管材的绝对粗糙度，用于管道水力计算。

◇ **管段描述：** 为管道添加一段文字描述。

◇ **公称：** 设置管道的公称直径。

◇ **ID：** 设置管道的内径。

◇ **OD：** 设置管道的外径。

提示 在"管理"选项卡中执行"MEP设置>机械设置"命令，也可以打开"机械设置"对话框。另外，在"机械设置"对话框中还可以设置该项目需要绘制的所有风管、管道的材质和尺寸参数。

3. 选择连接角度

在"机械设置"对话框中，选择"管道设置"下的"角度"类别，然后确认选中"使用任意角度"选项，可以保证设置的管线在非特定角度的情况下进行连接；也可以选中"使用特定的角度"选项，以指定的角度连接管道，如图3-9所示。

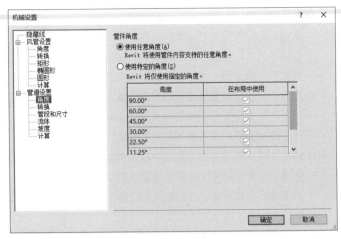

图3-9

4. 新建管段材质和规格/类型

在Revit中，管道材质的添加方式有两种：第1种方法是在"机械设置"对话框的"管段和尺寸"选项卡下，通过"管段"下拉列表为管道添加合适的材质，如图3-10所示；第2种方法是在管道系统的"类型属性"对话框中添加材质，如图3-11所示。这两种方法的区别在于，在"类型属性"对话框中添加的材质是为管道系统中的所有管段、管件和管路附件添加同一种材质，而在"管段"下拉列表中选择的材质仅为管段材质，不包括与之相连的管件和管路附件。

> **提示** 管段的名称一般由该管线的材质（规格）+类型组成，如某一段管段命名为"不锈钢 - GB/T 19928"，那么就是指该段管道的材质为不锈钢，规格为GB/T 19928。

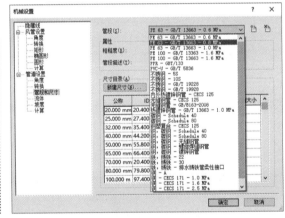

图3-10   图3-11

根据实际需求选择合适的管段，如果在下拉列表中没有合适的管段，那么可以新建合适的管段满足使用需求。在"机械设置"对话框中，单击"管段"下拉列表右侧的"新建管段"按钮，打开"新建管段"对话框，其中提供了新建材质、新建规格/类型、新建材质和规格/类型3种方式，如图3-12所示。

> **提示** 若需要对选择的管段进行删除，可单击"机械设置"对话框"管段"下拉列表右侧的"删除管段"按钮。删除管段时，必须确保该管段在项目中还没有进行绘制，如果该管段的管道已经在项目中进行了绘制，那么它是无法被删除的，必须先将管道删除才能删除对应的管段。

图3-12

⊙ **新建材质**

在"新建管段"对话框中设置新建类型为"材质",然后在"材质"文本框中输入新建的材质名称或单击文本框右侧的 ⬜ 按钮,打开"材质浏览器"对话框并选择相应的材质。材质选择完成后需在"规格/类型"下拉列表框中选择与该材质对应的规格和类型,接着在"从以下来源复制尺寸目录"下拉列表框中选择某一规格类型作为尺寸来源进行复制,选择完成后在对话框的左下方会显示预览管段的名称,如图3-13所示。

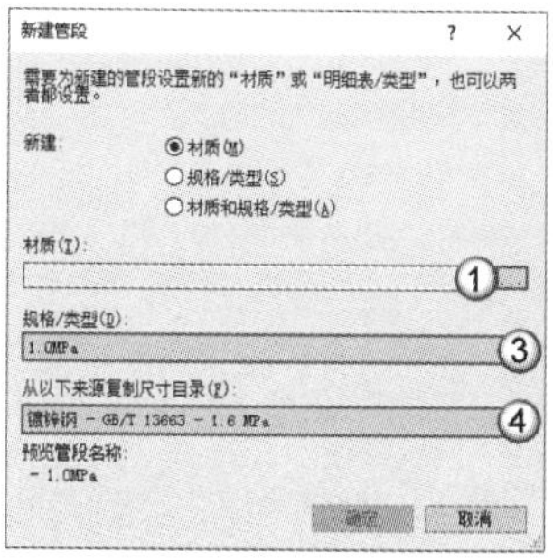

> **提示** 在"材质浏览器"对话框中单击"打开/关闭资源浏览器"按钮 ▤,在弹出的"资源浏览器"对话框中可配合使用Autodesk物理资源库材质替换新建的管段材质,如图3-14所示。

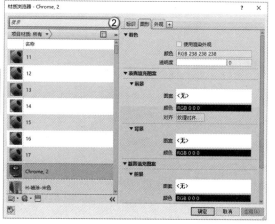

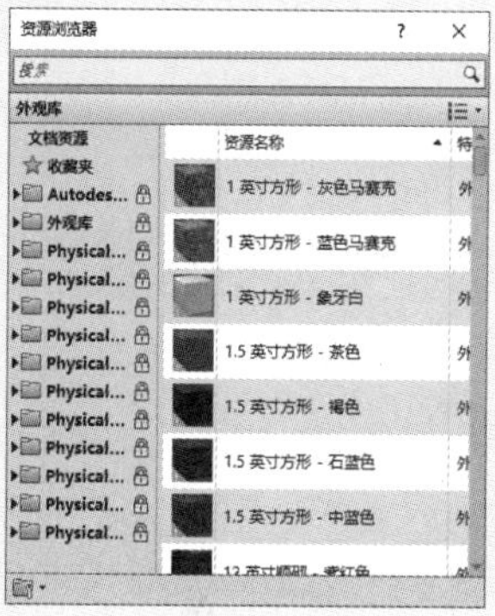

图3-13

图3-14

⊙ **新建规格/类型**

新建管段规格与类型的方式和新建材质的方式类似,设置新建类型为"规格/类型"后,在"规格/类型"文本框中输入新建的规格/类型名称,并在"从以下来源复制尺寸目录"下拉列表框中选择某一规格类型作为尺寸来源进行复制,如图3-15所示。

图3-15

⊙ **新建材质和规格/类型**

选择新建类型为"材质和规格/类型",可同时新建材质和规格/类型。选中"材质和规格/类型"选项后,在"材质"文本框内新建材质,在"规格/类型"文本框内新建规格/类型,并在"从以下来源复制尺寸目录"下拉列表框中选择某一规格类型作为尺寸来源进行复制,如图3-16所示。

> **提示** 虽然管道的命名不同,但是对应的管段可以相同,因此修改管段的属性就等于修改管道的属性。

图3-16

5．新建管道尺寸

在"机械设置"对话框中选择"管段和尺寸"类别，可以添加管线在绘制时可供选择的尺寸。单击"新建尺寸"按钮，在弹出的"添加管道尺寸"对话框中输入公称直径、内径和外径的具体数值，单击"确定"按钮即可新建管道尺寸，如图3-17所示。选择某一尺寸，单击"删除尺寸"按钮，可将该尺寸删除。

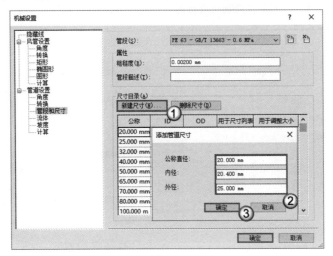

图3-17

> **提示** 只有在"机械设置"对话框中提前添加管道尺寸，在后期进行绘制时才能选择该尺寸。也就是说，如果在尺寸列表中未设置公称直径为20mm的尺寸，那么绘制需要使用的管段时，将不会出现公称直径20mm的尺寸供选择。一个管段对应一套尺寸设置，后期绘制时需要根据实际情况——设置每一段管道所对应的管道尺寸。

6．新建管道坡度

某些管道需要在绘制时带有一定的坡度，以排水管为例，在新建完成排水管道对应的管段和材质后，需要在"机械设置"对话框中选择"坡度"类别，然后单击"新建坡度"按钮，在弹出的"新建坡度"对话框中输入所需的坡度值，单击"确定"按钮进行指定，如图3-18所示。

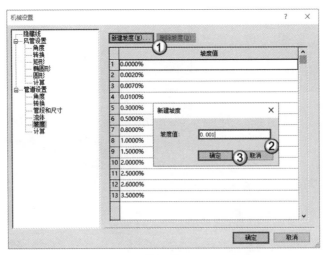

图3-18

> **提示** 如果想删除某段坡度，那么可选中该坡度，单击"删除坡度"按钮。坡度一旦被删除，后期绘制管道时将无法应用该坡度。

7. 新建布管系统

管线使用的弯头、三通、四通等连接方式都是以族的形式在项目中使用的（通常称它们为管件），因此在配置管道时需要先载入对应的族。虽然管道的类别较多，但是创建方式完全相同，下面以喷淋管道为例介绍管道布管系统的配置，管道的基本信息如下。

① 管道名称：喷淋_镀锌钢管。
② 管段材质：钢，碳钢–Schedule 80。
③ 管径范围：DN25~DN150。
④ 连接方式：DN≥80使用卡箍连接；DN<80使用螺纹连接。
⑤ 其他：管道无坡度，使用任意角度进行连接。

⊙ **载入族**

在"布管系统配置"对话框中单击"载入族"按钮，如图3-19所示。

在弹出的"载入族"对话框中，选择"01#卡箍 螺纹"文件夹中的全部管件，然后单击"打开"按钮，如图3-20所示，将其载入项目中。

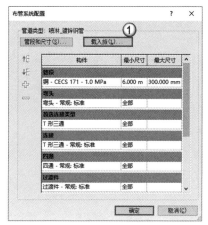

图3-19

图3-20

> **提示** 一次性载入该项目所有管道需要的所有管件族后，可在编辑时根据情况进行选择，从而避免了重复载入。另外，所选的管件材质必须和管道的材质相同，如管道材质为镀锌钢管，那么它的管件材质也必须为镀锌。

⊙ **布管系统配置**

管件族载入完成后，设置"管段"的材质为"钢，碳钢 – Schedule 80"，"最小尺寸"和"最大尺寸"分别为25mm和150mm；设置"弯头"的连接方式为"镀锌弯头_螺纹连接：标准"，"最小尺寸"和"最大尺寸"分别为25mm和65mm，如图3-21所示。完成布管系统的设置后，单击"确定"按钮。

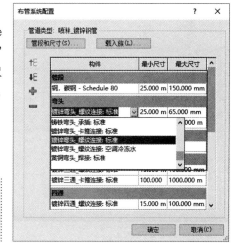

图3-21

> **提示** "删除行"按钮 ━ 用于删除选中的某一行配置，"向上移动行" ⽥ 按钮用于将选中的某一行配置上移，"向下移动行"按钮 ⽥ 用于将选中的某一行配置下移。

在"弯头"一栏内插入一行：单击"添加行"按钮✚，并在下拉列表中选择"镀锌弯头_卡箍连接：标准"选项，设置其"最小尺寸"和"最大尺寸"分别为80mm和150mm。接着设置管道的"首选连接类型"为"T形三通"，并设置尺寸范围为"全部"。管道的"连接""四通""过渡件"等管件的设置方式和"弯头"的设置方式相同，配置完成后的效果如图3-22所示。

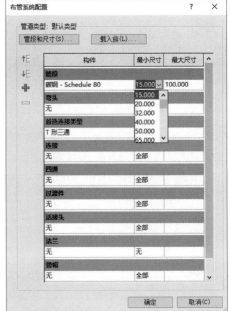

> **提示** 喷淋管道的"过渡件"的连接设置由"镀锌变径_螺纹连接:标准"和"镀锌变径_卡箍连接:标准"组成，其中"镀锌变径_螺纹连接:标准"的最小尺寸和最大尺寸分别设置为25mm和80mm，"镀锌变径_卡箍连接:标准"的最小尺寸和最大尺寸分别设置为80mm和150mm。上述设置是为了便于DN65管道和DN80管道进行连接。

图3-22

在Revit中，能布置管件族的前提是事先已经将其载入项目，能生成管段的前提是该管段已经新建完成或默认存于项目中，能进行管件大小尺寸选择的前提是在"机械设置"对话框中对该管段已经新建了尺寸或在项目中默认具有该尺寸。也就是说，只有在前面提到的"机械设置"对话框中提前设置了该管段的尺寸，后面进行管件的尺寸布置时才能选择该尺寸。

例如，在本次设置的喷淋管道中，如果在管段"钢，碳钢 – Schedule 80"的尺寸目录中没有设置公称直径为15mm的尺寸的话，如图3-23所示，那么在编辑与该管段对应的弯头尺寸时将无法选择最小尺寸的公称直径为15mm，如图3-24所示。

图3-23

图3-24

实战：管道布管系统定义

素材位置	素材文件>CH03>实战：管道布管系统定义
实例位置	实例文件>CH03>实战：管道布管系统定义
视频名称	实战：管道布管系统定义.mp4
学习目标	掌握管道布管系统的定义方法

配置完成后，消火栓管道、生活给水管道和排水管道的布管系统定义如图3-25所示。

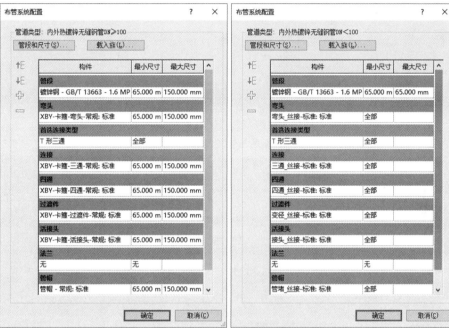

消火栓管道的布管系统定义

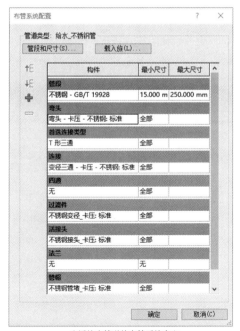

生活给水管道的布管系统定义

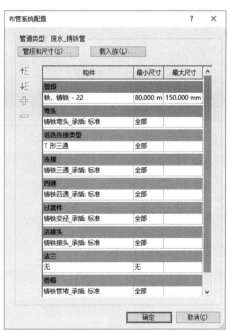

排水管道的布管系统定义

图3-25

1. 新建管段材质

01 打开"素材文件>CH03>实战：管道布管系统定义>管道布管系统定义.rvt"，在"管理"选项卡中执行"MEP设置>机械设置"命令，如图3-26所示。

02 在弹出的"机械设置"对话框中，选择"管段和尺寸"类别，然后单击"新建管段"按钮，如图3-27所示。

图3-26

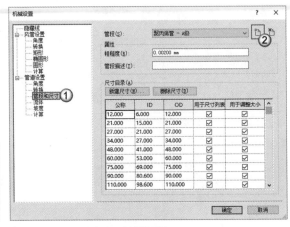

图3-27

03 在弹出的"新建管段"对话框中，选中新建类型为"材质和规格/类型"，在"规格/类型"文本框中输入GBT/133，然后设置"从以下来源复制尺寸目录"为"聚丙烯管 – A级"，最后单击"材质"文本框右侧的按钮，如图3-28所示。

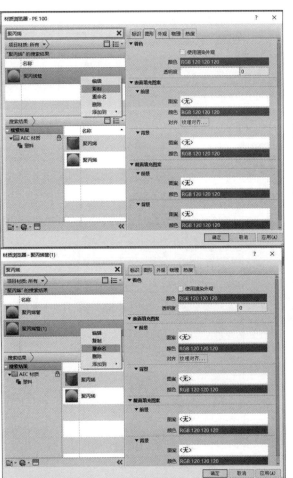

图3-29

图3-28

04 在弹出的"材质浏览器"对话框中选择"聚丙乙烯管"材质并单击鼠标右键，在弹出的菜单中选择"复制"命令，如图3-29所示。选择复制得到的"聚丙乙烯管(1)"材质，修改其名称为PPR，单击"确定"按钮，如图3-30所示。

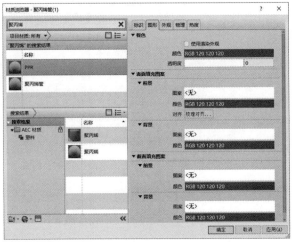

图3-30

2. 布管系统配置

根据给出的管道信息，载入相应的管件族并完成消火栓管道、生活给水管道和排水管道的布管系统定义。

⊙ 消火栓管道的布管系统定义

绘制管道管径≥100的管道和管道管径＜100的管道，管道的基本信息如下。

① 管道名称：内外热镀锌无缝钢管DN＜100；内外热镀锌无缝钢管DN≥100。
② 管段材质：镀锌钢–GB/T 13663–1.6 MPa。
③ 管径范围：DN65~DN150。
④ 连接方式：DN＜100使用丝扣连接；DN≥100使用卡箍连接。
⑤ 其他：管道无坡度，使用任意角度进行连接。

> **提示** 为了便于编辑，可通过复制来创建两种名称分别为"内外热镀锌无缝钢管DN≥100"和"内外热镀锌无缝钢管DN＜100"的管道类型，并设置"内外热镀锌无缝钢管DN≥100"的管径范围为DN65~DN150，连接类型为"卡箍"；设置"内外热镀锌无缝钢管DN＜100"的管径为DN65，连接类型为"丝接"。

01 在"系统"选项卡中单击"管道"按钮，如图3–31所示。

图3–31

02 在"属性"面板内单击"编辑类型"按钮，弹出"类型属性"对话框，然后单击"复制"按钮新建一个管道类型，并设置"名称"为"内外热镀锌无缝钢管DN≥100"，单击"确定"按钮，如图3–32所示。

03 单击"布管系统配置"右侧的"编辑"按钮，弹出消火栓管道的"布管系统配置"对话框，然后在对话框中单击"载入族"按钮，如图3–33所示。

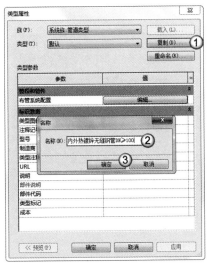
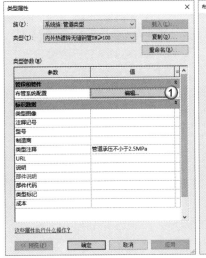

图3–32

图3–33

04 在"载入族"对话框中，打开"素材文件>CH03>族文件>03XBY-卡箍"文件夹，并依次选择文件夹下的各类管件族，然后单击"打开"按钮，将其载入项目，如图3-34所示。

图3-34

05 载入所有的消火栓管件族后，在"布管系统配置"对话框中，确认"管段"的材质为"镀锌钢-GB/T 13663-1.6 MPa"，并设置管段的"最小尺寸"为65mm、"最大尺寸"为150mm，然后根据提供的信息，在各个管件的下拉列表中依次选择对应的卡箍管件族，最后单击"确定"按钮，完成管径≥100的消火栓管道的布管系统配置。配置完成后的效果如图3-35所示。

06 按照同样的方式，配置名称为"内外热镀锌无缝钢管DN<100"的管道。在"布管系统配置"对话框中，确认"管段"的材质为"镀锌钢-GB/T 13663-1.6 MPa"，并设置管段的"最小尺寸"为65mm，"最大尺寸"为65mm，然后根据提供的信息，在各个管件的下拉列表中依次选择对应的丝接管件族，最后单击"确定"按钮，完成管径<100的消火栓管道的布管系统配置。配置完成后的效果如图3-36所示。

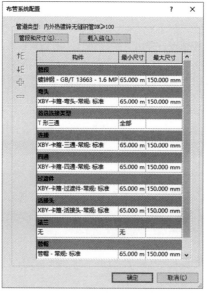

图3-35

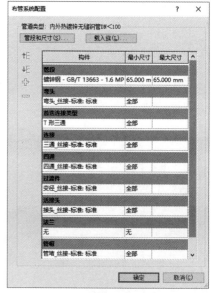

图3-36

提示 一般室内消火栓管道的环管管径为DN150，立管的管径为DN100，与消火栓箱连接的支管管径为DN65。

⊙ 生活给水管道的布管系统定义

绘制名为"给水_不锈钢管"的管道，管道的基本信息如下。

① 管道名称：给水_不锈钢管。

② 管段材质：不锈钢-GB/T 19928。

③ 管径范围：DN15~DN150。

④ 连接方式：卡压连接。

⑤ 其他：管道无坡度，使用任意角度连接。

01 在"系统"选项卡中单击"管道"按钮，如图3-37所示。

图3-37

02 在"属性"面板内单击"编辑类型"按钮，弹出"类型属性"对话框，单击"复制"按钮创建一个"名称"为"给水_不锈钢管"的管道类型，单击"确定"按钮，如图3-38所示。

03 单击"布管系统配置"右侧的"编辑"按钮，弹出给水管道的"布管系统配置"对话框，然后在对话框中单击"载入族"按钮，如图3-39所示。

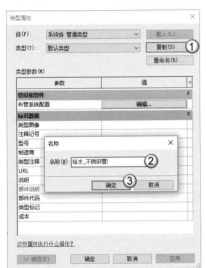
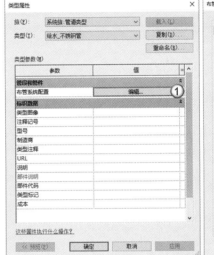

图3-38 图3-39

04 在"载入族"对话框中，打开"素材文件>CH03>族文件>02 卡压"文件夹，并依次选择文件夹下的各类管件族，单击"打开"按钮，将其载入项目，如图3-40所示。

05 载入所有对应的管件族后，在"布管系统配置"对话框中确认"管段"的材质为"不锈钢-GB/T 19928"，并设置"最小尺寸"为15mm、"最大尺寸"为100mm，然后根据提供的信息，在各个管件的下拉列表中依次选择对应的卡压管件族，最后单击"确定"按钮，完成"给水_不锈钢管"的布管系统配置。配置完成后的效果如图3-41所示。

图3-40 图3-41

⊙ 排水管道的布管系统定义

绘制名为"废水_铸铁管"的管道，管道的基本信息如下。

① 管道名称：废水_铸铁管。
② 管段材质：铁，铸铁-22。
③ 管径范围：DN80~DN150。
④ 连接方式：承插连接。
⑤ 其他：管道坡度0.001%。

01 在"系统"选项卡中单击"管道"按钮，如图3-42所示。

图3-42

02 在"属性"面板内单击"编辑类型"按钮，弹出"类型属性"对话框，单击"复制"按钮创建一个"名称"为"废水_铸铁管"的管道类型，单击"确定"按钮，如图3-43所示。

03 单击"布管系统配置"右侧的"编辑"按钮，弹出排水管道的"布管系统配置"对话框，在对话框中单击"载入族"按钮，如图3-44所示。

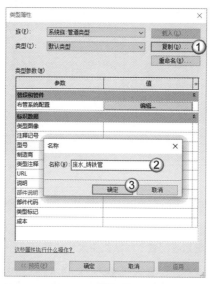

图3-43

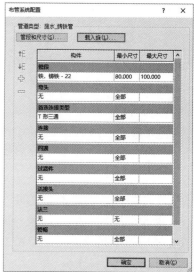

图3-44

04 在"载入族"对话框中，打开"素材文件>CH03>族文件>08承插"文件夹，并依次选择文件夹下的各类承插管件族，单击"打开"按钮，将其载入项目，如图3-45所示。

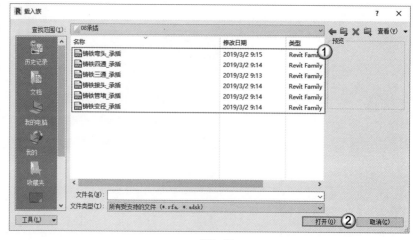

图3-45

05 载入所有对应的管件族后，在"布管系统配置"对话框中，根据提供的信息，在各个管件的下拉列表中依次选择对应的承插管件族，并确认"管段"的材质为"铁，铸铁−22"，然后设置管段的"最小尺寸"为80mm、"最大尺寸"为150mm，最后单击"确定"按钮，完成废水管道的布管系统配置。配置完成后的效果如图3-46所示。

06 在废水管道的"布管系统配置"对话框中单击"管段和尺寸"按钮，在弹出的"机械设置"对话框中选择"管道设置"下的"坡度"选项，进入坡度的设置界面。单击"新建坡度"按钮，在弹出的"新建坡度"对话框中输入"坡度值"为0.001，依次单击"确定"按钮完成设置，如图3-47所示。

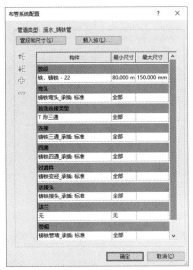

图3-46

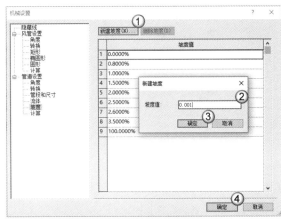

图3-47

3.2 管道的绘制

当管道的布管系统配置完成后，便可以开始管道的绘制。绘制管道时应始终注意管道的系统类型、该段管道参照的标高和相对该段标高偏移的距离等问题，同时应参照施工图纸注意管道的高度变化、方向变化和管径变化。

3.2.1 管道的基本绘制

管道的绘制应注重掌握平面管道、立管、特定角度管道和各类管件的连接使用命令，此外各类管件的连接应满足设计及安装规范的要求。

扫码观看视频

1. 管道绘制的命令

新建管道类型并定义布管系统后，一般在楼层平面视图对管道进行绘制，如"FL 0.00一层"，如图3-48所示。下面介绍绘制管道时使用的命令。

图3-48

在"系统"选项卡中单击"管道"按钮，在"属性"面板的"类型选择器"中选择需要绘制的管道类型，例如选择"喷淋_镀锌钢管"，如图3-49所示。

在"属性"面板内可对管道的属性进行编辑。在绘制前的设置中，注意选择项目样板已提前设置的绘制管道所对应的系统类型，如喷淋管道对应的"系统类型"为"04P自喷灭火系统"，如图3-50所示。

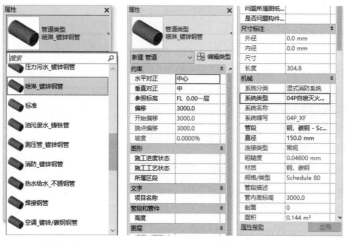

图3-49　　　　　　　　　　　　　　　　　　图3-50

重要参数介绍

◇ **水平对正：** 选择水平管道在连接时的对正类型，默认为中心对正。

◇ **垂直对正：** 选择垂直管道在连接时的对正类型，默认为中心对正。

◇ **参照标高：** 管道绘制所参照的标高。

◇ **偏移：** 该管道以参照标高为起点偏移的距离。

◇ **开始偏移：** 绘制管道时，起点在参照标高上的偏移值，用于绘制斜管。

◇ **端点偏移：** 绘制管道时，终点在参照标高上的偏移值，用于绘制斜管。

◇ **坡度：** 管道绘制时带有的坡度设定值。

◇ **长度：** 管道绘制完成后从起点到终点的长度参数值。

◇ **系统分类：** 管道绘制时对应的系统类别。

◇ **系统类型：** 管道绘制时选择的系统类型。

◇ **系统缩写：** 管道绘制时选择的系统类型所对应的缩写形式，可自定义缩写形式。

◇ **直径：** 该管道选用的公称直径。

◇ **管内底标高：** 管道绘制后的底高度，由参照标高和绘制的管道直径确定。

> **提示** 在Revit中，设置"管道类型"只是新建了名称为某一类型的管道，如"喷淋_镀锌钢管"管道，而识别某一段管道的系统类型是由该管道在绘制时选用的"系统类型"决定的，并不是由"管道类型"决定的。因此要绘制对应系统的管道，需在选择对应的"管道类型"后再选择对应的"管道系统"，两者缺一不可。

一般使用"修改|放置 管道"上下文选项卡中的编辑命令对管道进行绘制前的编辑，如图3-51所示。管道绘制完成后，还可以选择对应的管道，在管道的"属性"面板中对定义的各类属性进行修改。

图3-51

重要参数介绍

◇ **对正：** 选择绘制管道连接时的对正类型，默认为中心对正。

◇ **自动连接：** 管道绘制时可自动通过管件连接，默认为开启状态。

◇ **继承高程：** 管道绘制时可继承前面绘制完成管道的高程，继续进行绘制。

◇ **继承大小：** 管道绘制时可继承前面绘制完成管道的管径，继续进行绘制。

2. 平面管道的绘制

一般在楼层平面中进行平面管道的绘制，并采用过渡件、弯头、三通和四通等管件进行不同管径大小或不同方向的管道连接。

⊙ **定义属性**

在"属性"面板内选择管道的类型，如"喷淋_镀锌钢管"，同时设置"系统类型"为"04P自喷灭火系统"，如图3-52所示。

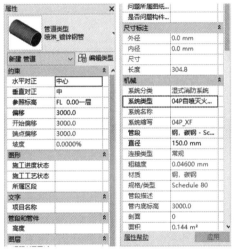

图3-52

在选项栏中选择"标高"为"FL 0.00一层"，然后选择或直接输入"直径"为150mm、"偏移量"为3000mm，如图3-53所示。设置完成后，即在一层平面图向上3000mm的高度绘制了一根公称直径为150mm的管道。

图3-53

> **提示** 在"偏移量"文本框中输入的数值表示相对于选择的视图平面的偏移值，输入正值表示管道在视图平面以上的高度进行绘制，输入负值表示管道在视图平面以下的高度进行绘制。例如，在"偏移量"文本框中输入2000，表示绘制的管道中心线从视图平面往上偏移2000mm；在"偏移量"文本框中输入-2000，表示绘制的管道中心线从视图平面往下偏移2000mm。

⊙ **管道的绘制方式**

将鼠标指针移动至绘图区域，待鼠标指针显示为十字形时，可以开始绘制管道起点。在绘制区域内选择任意一点进行单击，将单击位置作为管道的起点，并向右移动鼠标指针，这时将自动显示该管段的绘制轨迹和长度。下面介绍管道的两种绘制方式。

⊙ **绘制平行管道**

绘制平行管道与绘制墙的方式相似，直接输入具体的数值，按Enter键结束即可。例如，如图3-54所示输入2000mm并按Enter键，则管道会从起点延伸2000mm后停止。另外，确定起点后水平移动鼠标指针到距离起点2000mm的位置处单击，同样也能完成平行管道的绘制，如图3-55所示。

图3-54　　　　　　　　　　图3-55

⊙ **绘制倾斜管道**

确定管道的起点后，使鼠标指针在起点的右上方或右下方移动，确定终点后单击即可完成倾斜管道的绘制，如图3-56所示。

> **提示** 一般情况下，在平面视图中绘制管道，在三维视图中查看绘制后的效果。

图3-56

3. 不同管径管道的绘制

对于一段管道而言，往往需要在不同位置设置不同的管径，以"喷淋管道"为例，对于中危Ⅱ级的消防喷淋系统，喷淋主管为DN150，而后面连接的管道半径会随着喷头数量的减少而依次变小。

⊙ **不同管径管道的连接**

在绘制管道时，一段管道绘制完成后可继续绘制不同管径的管道，即在不退出管道绘制命令的情况下在选项栏中输入下一段管道的管径和长度（或在长度和宽度的下拉列表中选择需要的尺寸）继续进行下一段管道的绘制。使用这种方式绘制的管道在变径位置处将自动生成过渡连接件，连接件的类型由该管段在"MEP设置"中的连接件所设置的形式决定。下面以管径为150mm和管径为100mm的"喷淋_镀锌钢管"的连接为例，介绍不同管径的管道的绘制方式。

在FL 0.00一层设置"偏移"为1000mm，然后选择"管道类型"为"喷淋_镀锌钢管"，再设置"直径"为150mm，选择起点后移动鼠标指针至该段管道的终点，再次单击完成该段管道的绘制，如图3-57所示。

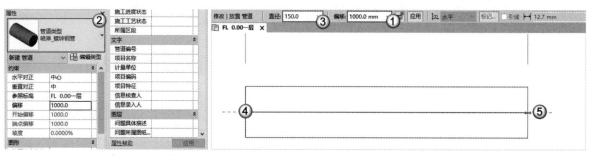

图3-57

在选项栏中输入"直径"为100mm，设置完成后继续移动一段距离，则下一段管道的管径即为100mm，如图3-58所示。

确定终点后单击，第2段管道绘制完成，此时在第1段管道和第2段管道的连接处将自动生成一个过渡件，完成不同管径管道之间的连接，如图3-59所示。

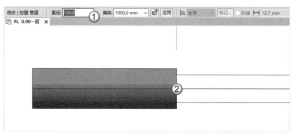

图3-58

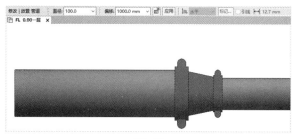

图3-59

> **提示** 在选项栏中，"直径"下拉列表中出现的数值是由管道布管系统中管段材质的管径范围，以及通过"MEP设置"的"添加到尺寸列表"的数值综合确定的。手动输入的数值也必须是管道布管系统中管段材质的管径范围包括的数值和通过"MEP设置"的"添加到尺寸列表"设置完成的数值，否则将无法在"直径"文本框中输入。
>
> 若要输入"直径"下拉列表中没有的数值，可以调节该管段材质的管径范围，对于管径列表中没有的数据，需在进行"MEP设置"时通过"新建尺寸"添加。

⊙ 不同管径管道连接的对齐方式

不同管径的管道连接时的对齐方式一般有中心对齐、顶对齐和底对齐。一般情况下，不同管径的管道在连接时默认为中心对齐，即管道中心在一条线上，如图3-60所示，三维效果如图3-61所示。

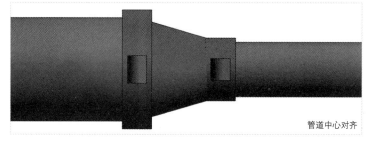

管道中心对齐

图3-60

图3-61

而在实际的管道安装或实际项目的绘制中，管道会出现顶对齐（俗称"顶平"）或底对齐（俗称"底平"）的情况，即不同管径的管道顶部在同一条直线上或底部在同一条直线上，如图3-62所示。

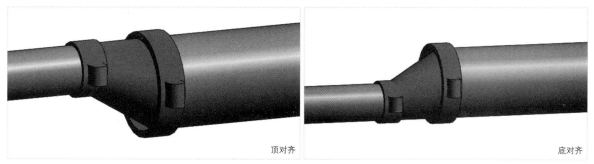

顶对齐

底对齐

图3-62

那么"顶对齐"或"底对齐"是怎么绘制的呢？管道"顶对齐"的绘制方法和"底对齐"的绘制方法相同，下面以管道的"底对齐"的绘制方法为例说明不同管径管道连接的对齐方式。

对于中心对齐的连接后的不同管径管道，需要先删除中间连接件，如图3-63所示。

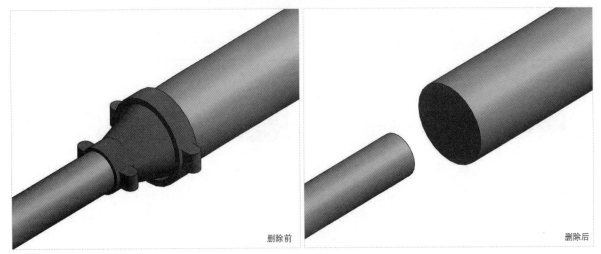

图3-63

在三维视图中使用ViewCube控件切换至"右"立面视图，此时管道的效果如图3-64所示。

在"修改|管道"上下文选项卡中使用"移动"工具，选择小管径管道的底面最低点，然后将其拖曳至与大管径管道的底面的顶点在一条直线上，如图3-65所示，三维效果如图3-66所示。

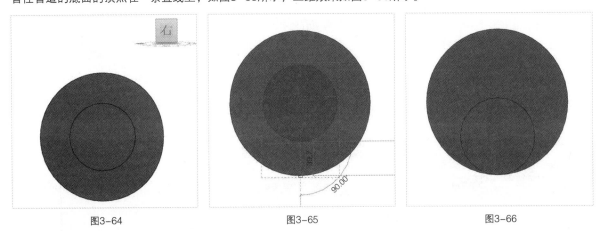

图3-64   图3-65   图3-66

在三维视图中使用ViewCube控件切换至"上"立面视图，此时的管道效果如图3-67所示。

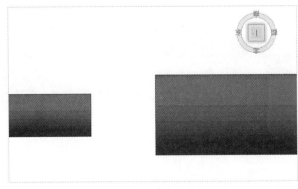

图3-67

按住小管径管道的 ⊞ 图标，然后将其拖曳至大管径管道上，如图3-68所示，这时大、小管径管道自动生成连接件完成底平的连接，如图3-69所示。

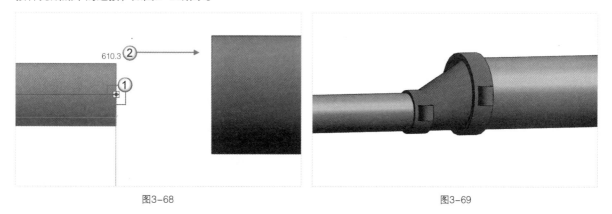

图3-68　　　　　　　　　　　　　　　　　　　图3-69

4. 不同方向管道的连接

不同方向的管道进行连接有弯头、三通和四通3种方式，在一定条件下还可以相互转化，下面一一进行说明。

⊙ 弯头

生成弯头的形式非常灵活，根据不同的情况，共有4种生成方式，读者可根据实际情况选择使用。

第1种方式

绘制不同方向的管道的连接方式和绘制不同管径的管道的连接方式相同，以喷淋管道为例，先在水平方向绘制任意一段尺寸大小的管道。不退出管道绘制界面，在竖直方向继续移动，并偏移600mm，如图3-70所示。单击后管道会在连接处自动生成90°弯头（弯头的形式是由该管段在进行"MEP设置"时弯头的设置方式决定的），效果如图3-71所示。

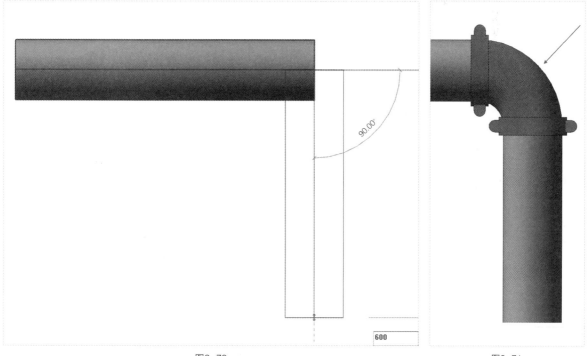

图3-70　　　　　　　　　　　　　　　　　　　图3-71

第2种方式

依次在绘图区域的水平方向和竖直方向绘制一根管道，然后在"修改"选项卡中单击"修剪/延伸为角"按钮
（快捷键为T+R），接着依次单击两根管道对管道进行修剪和连接，如图3-72所示。这时管道会自动延伸，并在两根管道的交会处自动生成弯头，效果如图3-73所示。

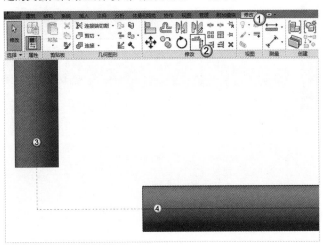

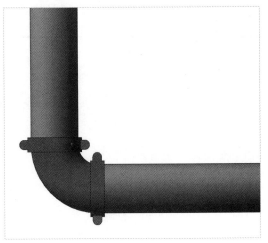

图3-72   图3-73

提示　若在进行"MEP设置"时，将喷淋管道的连接形式设置为"任意角度连接"，则不仅只有45°、90°这样角度的管道可以进行连接，其他非特定角度的管道也可进行连接，如图3-74所示。

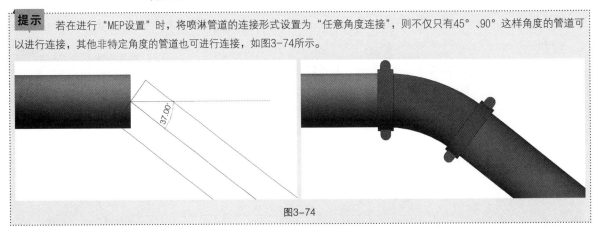

图3-74

第3种方式

除了可以在生成弯头处绘制管道，使其自动生成弯头，还可以在离管道一定距离处，先绘制一段管道，再移动鼠标指针捕捉到另一根管道的端点，如图3-75所示。这样，在生成管道的同时，两根管道的连接处也会根据两根管道所成的角度自动生成弯头，效果如图3-76所示。

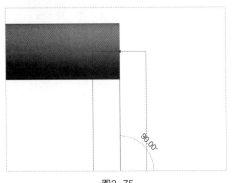

图3-75   图3-76

第4种方式

将已经绘制完成的管道移动至另一根管道的端点，如图3-77所示，也可以自动生成弯头连接。简言之，第3种方式和第4种方式都表明了只要两根管道在端点处进行连接，就会根据角度生成对应的弯头，效果如图3-78所示。

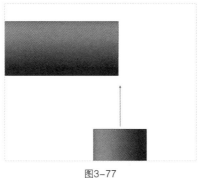

图3-77

图3-78

> **提示** 管道在进行任意角度的连接时也是有一定范围的。一般情况下，连接角度小于90°时无法生成弯头，这时管道无法通过弯头进行连接。此规律适用于所有的管道（包括暖通等管道），之后不再赘述。

⊙ 三通

三通的连接方式和弯头的连接方式相同，根据不同情况有3种生成方式。

第1种方式

先绘制任意一段水平管道，再在竖直方向上绘制另外一段管道的竖直管道，并将其移动至水平管道的上下边缘或中心，这时拼接部分将以蓝色线条显示，如图3-79所示。当出现蓝色线条时单击，水平方向处的管道会和竖直方向处的管道在连接处自动生成三通进行管道的连接，效果如图3-80所示。

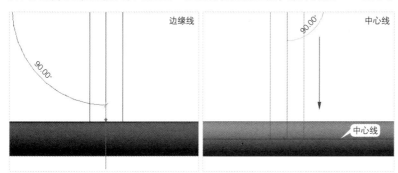

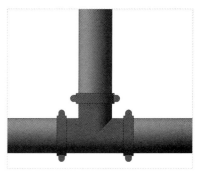

图3-79

图3-80

第2种方式

将已经完成的管道移动至另一根管道的中心线，也可以自动生成三通进行连接。若两根管道之间的角度不是90°，那么将会生成弯头进行斜面连接。也就是说，两根管道只要某一根管道的端点和另一根管道的中心线进行连接，如图3-81所示，就会根据角度生成对应的三通，效果如图3-82所示。

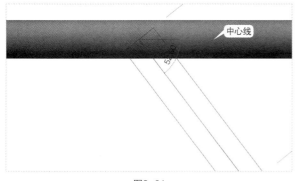

图3-81

图3-82

第3种方式

使用"修剪延伸单个图元"命令 ⊒ 也可以自动生成三通进行连接。分别在水平和竖直方向上绘制一根管道，然后在"修改"选项卡中单击"修剪延伸单个图元"按钮 ⊒，再选择水平方向和竖直方向的管道，如图3-83所示。这时管道会自动以三通的形式完成连接，效果如图3-84所示。

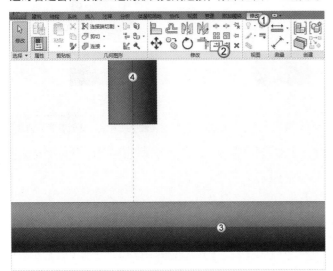

图3-83

图3-84

> **提示** 若先单击竖直管道再单击水平管道，则表示执行修剪命令，不执行延伸命令，这时水平管道端头会自动修剪到和竖直管道在一条直线，如图3-85所示。修剪后不退出"修剪延伸单个图元"命令 ⊒，继续选择竖直方向和水平方向的管道，管道会以弯头的形式自动连接，如图3-86所示。

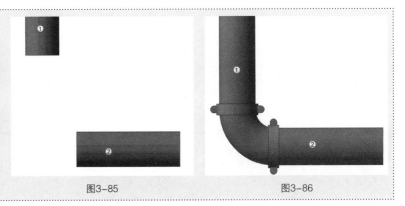

图3-85

图3-86

⊙ 四通

　　四通的连接方式和三通的连接方式相同，区别在于连接三通时只需要捕捉到管道的边缘或中心线，而四通的连接需将第2根管道移动至超过第1根管道处，如图3-87所示，这时在管道的十字交叉处会自动生成四通，如图3-88所示。

图3-87

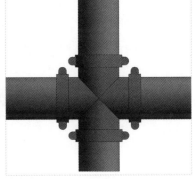

图3-88

> **提示** 生成四通的条件是两根管道必须在同一个平面，若两根管道不在一个平面，无论怎样移动都无法对其进行连接。此规律适用于所有的管道（包括暖通等管道），之后不再赘述。

5. 管道软管的绘制

管道的绘制还涉及软管的绘制，其中包括软管绘制方式的选择及软管与管道之间的连接。

⊙ **软管的绘制方式**

在"系统"选项卡中单击"软管"按钮 （快捷键为F+P），如图3-89所示。

图3-89

在选项栏中输入或选择需要的软管尺寸、标高和相对标高偏移的距离，待捕捉到软管的起点后单击一次，然后移动鼠标指针在任意位置处再次单击，这时软管在单击处会随着鼠标指针移动的方向自动显示其转弯轮廓，通过连续移动转换位置并不断单击，软管的形式和显示样式不同，按Enter键完成软管的绘制，如图3-90所示，图中方框标注表示鼠标单击处。

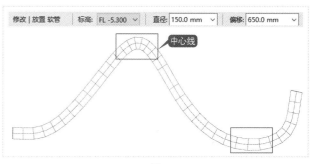

图3-90

> **提示** 与管道绘制的方式相同，在绘制软管的过程中，单击后输入偏移值，则软管高度也会随着偏移值的变化而变化。

⊙ **处理管道端头和软管的连接**

在处理管道端头和软管的连接时，应先绘制一段管道，再在接头处绘制软管，这样即可实现软管和管道的连接，如图3-91所示。

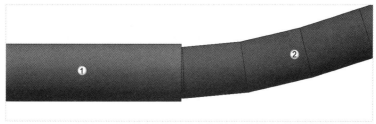

图3-91

> **提示** 当软管管径与连接的管道管径不一致时，管道与软管之间会自动生成过渡件进行连接，如图3-92所示。

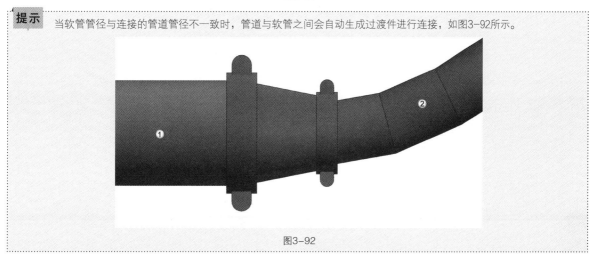

图3-92

6. 管道立管的绘制

立管的绘制方式和平面管道的绘制方式有所不同。绘制立管时，在选项栏中输入"偏移"的数值，确定管道的起点后，再次在"偏移"文本框中输入数值，确定管道的终点。这时起点和终点之间的距离即为立管的高度。第2次输入数值完成后，便可完成立管的绘制。下面以喷淋管道为例介绍立管的绘制方式。

绘制立管时先确定为"FL 0.00一层"平面视图，然后在选项栏中输入"偏移"为900mm，表示管道的起点高度为900mm，如图3-93所示，然后在绘图区域内单击，确定管道的起点。

再次输入"偏移"为9600mm（或在下拉列表中选择9600mm），表示管道的终点高度为9600mm。第2次数值设置完成后，单击"应用"按钮两次，将自动生成立管，如图3-94所示。

该立管的起点高度为900mm，终点高度为9600mm，起点和终点之间的距离即为该立管的高度，如图3-95所示。

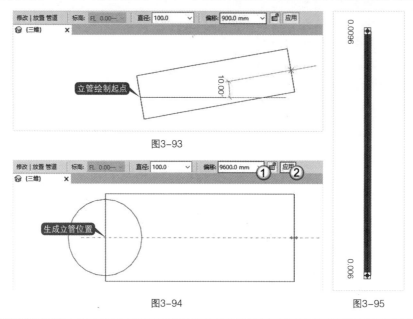

图3-93

图3-94

图3-95

> **提示** 每输入一个不同的数值，都会在"偏移"下拉列表中自动记录该数值，并自动以从大到小的顺序进行排列，下次使用该数值时，可在下拉列表中直接选择，不用重复输入。

7. 平行管道的绘制

"平行管道"⫘工具用于绘制一组类型相同的管道，即高度、长度和尺寸都相同，且管道之间的间距也相同的一组管道。下面以喷淋管道为例介绍平行管道的绘制方式。

先在一层平面图绘制任意一段管道，然后退出"修改|放置 管道"上下文选项卡，在"系统"选项卡中单击"平行管道"按钮⫘，如图3-96所示。

图3-96

在激活的"修改|放置平行管道"上下文选项卡中输入"水平数"为5，表示将绘制5根平行管道；输入"水平偏移"为500mm，表示管道间距为500mm。设置完成后，单击之前绘制的管道的中心线，将提示平行管道的放置位置，如图3-97所示。

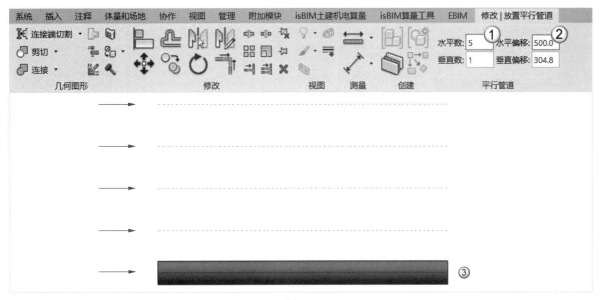

图3-97

> **提示** "水平偏移"和"垂直偏移"的偏移值都指管心距。

在绘制完成的管道的上下两端移动鼠标指针，可以切换4根平行管道的上下位置，确定位置后单击鼠标左键完成管道的放置，如图3-98所示。

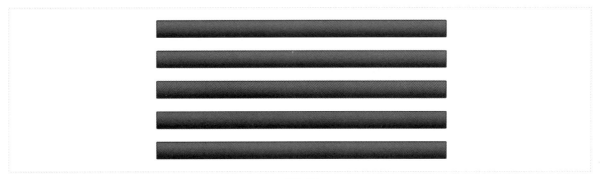

图3-98

8. 管道保温隔热层的绘制

对于使用功能为热水、采暖等的管道，管道绘制完成后需在管道外围添加保温层，保温层的材质及厚度一般会在设计说明中给出。

⊙ 添加隔热层

选择绘制完成的某一根管道，在"修改|管道"上下文选项卡中单击"添加隔热层"按钮 为管道添加保温隔热层或内衬，如图3-99所示。保温隔热层和内衬的编辑方式完全相同，下面以管道保温层的设置方法说明保温隔热层或内衬的添加方式。

图3-99

在弹出的"添加管道隔热层"对话框中可进行保温隔热层材质的选择及保温厚度的设置，如设置"隔热层类型"为"酚醛泡沫体"、"厚度"为25mm，设置完成后选中需要添加隔热层的管道，如图3-100所示。

单击"编辑类型"按钮，弹出保温隔热层的"类型属性"对话框，单击"材质右侧的"按钮可以对保温隔热层材质进行编辑，如图3-101所示。

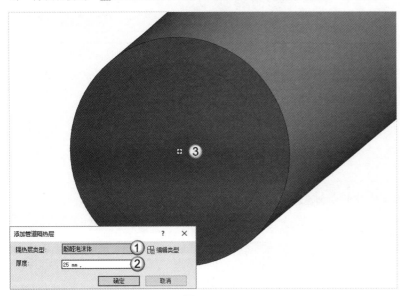

图3-100　　　　　　　　　　　　　　　　　　　　　　　图3-101

在弹出的"材质浏览器"对话框中，选择"隔热层_酚醛泡沫体"材质来替换之前的保温隔热层材质，如图3-102所示。

> **提示** 管道保温隔热层的材质颜色一般与管道过滤器设置的颜色相同，可不进行单独设置。

图3-102

⊙ 编辑隔热层

选择已经添加了隔热层的管道，这时在"修改|管道"上下文选项卡中会出现"编辑隔热层"按钮和"删除隔热层"按钮，如图3-103所示。

图3-103

单击"编辑隔热层"按钮 ，在隔热层的"属性"面板内可对隔热层的类型和厚度进行编辑，如图3–104所示。单击"编辑类型"按钮 ，可在保温隔热层的"类型属性"对话框中进行编辑。

单击"删除隔热层"按钮 ，则系统会弹出是否删除管道隔热层的提示，单击"是"按钮将管道保温隔热层删除，如图3–105所示。

图3–104　　　　　　　　　　　　　　　图3–105

3.2.2 管道与管件的编辑

管道和管件的连接类型主要包括管道与弯头、三通、四通、过渡件等管件之间的连接，具体的连接方式由该管道布管系统的具体形式决定。

扫码观看视频

1. 不同高度管道的连接

在实际项目中，往往需要对不同高度的管道进行连接。一般情况下，在两段高度不同的管道中间（高差处）补上一根立管，并依次将两段管道和立管的两端进行连接，即可完成两段高度不同的管道连接。虽然这样的方式可行，但是操作过于麻烦，因此还有另一种绘制方式。在绘制管道时，只需要不断更改其偏移值，即可实现不同高度管道之间的自动连接。下面以喷淋管道为例实现不同高度管道间的连接。

⊙ 弯头

在"标高"为"FL 0.00 一层"的平面中，绘制一段"直径"为150mm、"偏移"为2000mm的管道，在绘图区域确定管道的起点后，将鼠标指针移动至距起点2000mm的位置，单击完成该段管道的绘制，如图3–106所示。

不退出管道绘制界面，继续将管道移动任意一段距离，并输入"偏移"值为3000，表示下一段管道绘制的高度为一层平面图往上偏移3000mm，这时管道将自动生成一段立管进行连接，如图3–107所示。

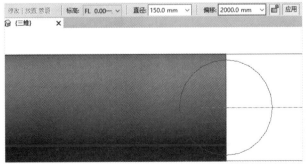

图3–106

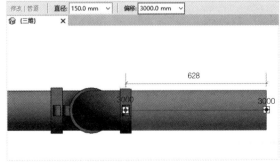

图3–107

当高度为2000mm的管道和下一段高度为3000mm的管道绘制完成后，由于两根管道不在一条水平线上，因此两根管道的高差会通过立管补充，并在两端以弯头的形式进行连接，如图3-108所示。

> **提示** 管件之间不可重叠，绘制时应考虑管件也要占用一定的空间，因此对不同高程的管道进行连接时应为生成的两个弯头和中间的连接立管留出空间。

图3-108

⊙ **三通**

不同高度的管道在通过三通连接时和通过弯头连接的方式相似。先在水平方向绘制一段管道，假设管道的高度为2000mm，再在竖直方向绘制另一根管道，高度为5000mm。移动竖直方向上的管道直至捕捉到另一根管道的管道壁或中心线，单击即可完成该段管道的绘制，如图3-109所示。

管道绘制完成后，在两根管道的连接处将自动生成不同高度的三通进行连接，如图3-110所示。

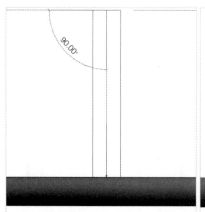
图3-109

图3-110

2. 坡度管道的绘制与修改

在布置排水系统中的排水管或一些特定管道时，需要具备一定的坡度，因此绘制这类管道需要提前设置"坡度值"，相关的设置选项如图3-111所示。

图3-111

重要参数介绍

◇ **禁用坡度：**绘制管道时禁止使用坡度功能。

◇ **向上坡度：**绘制管道时坡度方向由起点至终点向上。

◇ **向下坡度：**绘制管道时坡度方向由起点至终点向下。

◇ **坡度值：**绘制管道时使用具体的坡度值。

◇ **显示坡度工具提示：**绘制管道时提示坡度值和坡度方向。

下面以重力污水管道为例介绍有坡管道的绘制方式。在"系统"选项卡中单击"管道"按钮 ，然后在"属性"面板内的"类型选择器"中选择管道类型为"重力污水管_镀锌钢管"，如图3-112所示。

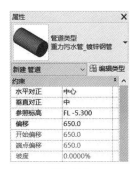

图3-112

激活"向上坡度"按钮 和"显示坡度工具提示"按钮 ，再设置"坡度值"为0.01%，管道的直径和高度为任意值，最后开始进行绘制，如图3-113所示。

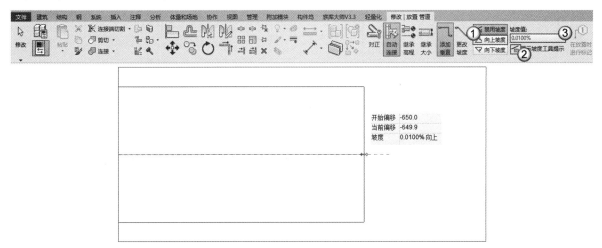

图3-113

绘制完成后，该管道即为一条倾斜的管道，效果如图3-114所示。

图3-114

提示 "坡度值"只能选择该管段在"MEP设置"中已添加的坡度值，因为只有在"MEP设置"中已经设置完成的坡度值才能在"坡度值"下拉列表中显示并被选择。另外，新建或删除坡度值都需要在"机械设置"对话框内对坡度进行新建和删除。

3. 管道的编辑

除了在绘制之前对管段和管件进行编辑，绘制完成后也可以根据需求对管段进行修改。选中绘制完成的管道，将在管道的两端出现数值，提示该管道在相对平面的相对高度，如图3-115所示。

图3-115

管道中间的数值表示该段管道的长度，如图3-116所示。单击任意端头修改数值，可以绘制倾斜管道，如图3-117所示。

图3-116

图3-117

> **提示** 选中已经绘制完成的管道，单击鼠标右键并选择"创建类似实例"命令，即可直接进行该类型的管道绘制，也可选择其他管道进行绘制。此规律适用于所有的管道（包括暖通等管道）。

在⊞图标上按住鼠标左键进行拖曳（或移动原有的中心线），可对管道的端点进行移动。除此之外，也可通过更改端点处的数值使其被重新放置，如图3-118所示。

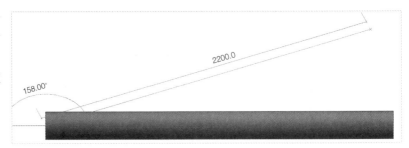

图3-118

4. 管件的编辑

除了在绘制之前对管段和管件进行编辑，绘制完成后也可根据需求对管段和管件进行修改。在管道的"属性"面板中通过"类型选择器"对管道的类型进行替换，在"类型属性"对话框中对管线的布管系统重新进行定义。下面以喷淋管道为例介绍管件的编辑方式。

⊙ **过渡件**

在绘图区域的任意高度绘制一段DN为150的管道，再绘制一段DN为100的管道，中间将以过渡件进行连接，如图3-119所示。选中过渡件，即可在"属性"面板内替换管件类型，如图3-120所示。

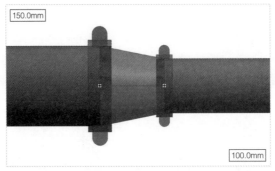

图3-119

图3-120

选中管道并单击鼠标右键，在弹出的菜单中选择"删除"命令（或按Delete键）将管道删除，只保留过渡件。选中过渡件，此时在过渡件的两端随即出现两个数值，这个数值表示该过渡件的两端分别能连接或能绘制的管道公称直径。例如，过渡件两端的两个数值分别为150mm、100mm，表示该过渡件能连接的管道公称直径分别为150mm、100mm。单击数值100mm，将其修改为80mm，即表示该过渡件被修改的一端能连接的管道公称直径为80mm，如图3-121所示。

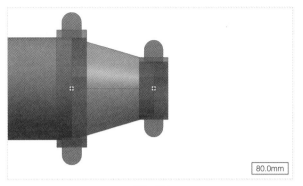

图3-121

接着选中过渡件，将鼠标指针放置在⊞图标处并单击鼠标右键，在弹出的菜单中选择"绘制管道"命令，如图3-122所示，即可在这个端头绘制一段公称直径为80mm的管道与之连接，如图3-123所示。

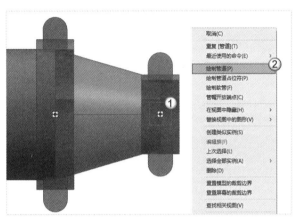

图3-122

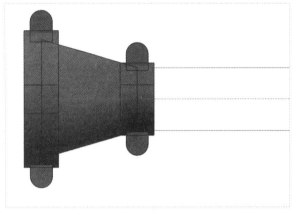

图3-123

与过渡件的绘制方式相同，可以继续绘制弯头、三通或四通，也可通过单击该系列管件修改管件的形式和数值，并对管件和管道的连接大小进行限定。

⊙ **弯头、三通和四通**

弯头、三通和四通这3类管件也可以进行管件的替换。在绘图区域的任意高度绘制一段喷淋管道，并使用弯头连接。单击该弯头，在弯头的另外两端将出现╋图标，单击其中任意一个╋图标。这时该弯头会在单击╋图标的方向自动生成三通，并在新弹出的管件端头处出现⊞图标，如图3-124所示，接着单击鼠标右键，在弹出的菜单中选择"绘制管道"命令，即可在此端头绘制一段管道，实现管道的三通连接。

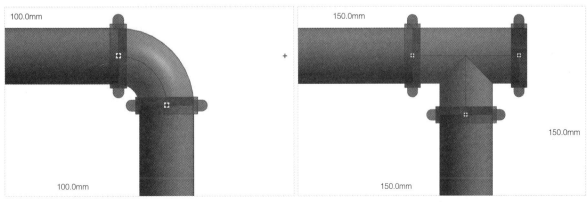

图3-124

同理，单击绘制完成的三通，也可在弹出的 ✚ 图标处单击来生成四通，如图3-125所示。接下来就可以通过"绘制管道"命令添加新的管道，实现管道的四通连接。

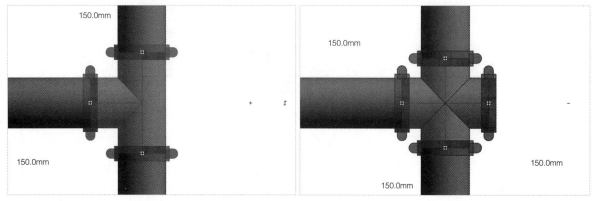

图3-125

综上所述，弯头和三通可在 ✚ 图标处通过单击实现弯头转换为三通、三通转换为四通。在没有绘制新管道的情况下，选中生成的三通和四通，单击弹出的 ━ 图标，即可实现三通转换为弯头，四通转换为三通。

提示　弯头、三通和四通可以通过单击 ✚ 图标和 ━ 图标实现管件的转换，但必须是在管件的端头连接了管件的情况下。

弯头管件只有在两端都连接有管道的情况下才能实现弯头转换为三通的操作，因为当两端未连接管道时，单击弯头不会出现 ✚、━ 图标，所以无法实现弯头的转换。

若三通管件的3个端头都连接了管道，那么只能在没有生成端头的一处生成四通；若三通只有两端连接了管道，那么可将三通转换为弯头。

四通管件在4端皆有管道的情况下无法对管件进行编辑，四通管件在一端没有管道连接的情况下可以转换为三通。

实战：绘制地下车库的给排水管道

素材位置	素材文件>CH03>实战：绘制地下车库的给排水管道
实例位置	实例文件>CH03>实战：绘制地下车库的给排水管道
视频名称	实战：绘制地下车库的给排水管道.mp4
学习目标	掌握项目中污水管道、有压管道的布置方法

扫码观看视频

基于"地下车库给排水平面图.dwg"文件，以绘制给排水管道的基本原则为依据，完成地下车库给排水管道的绘制，如图3-126所示。图3-127所示为地下车库绘制给排水管道的平面布置图。

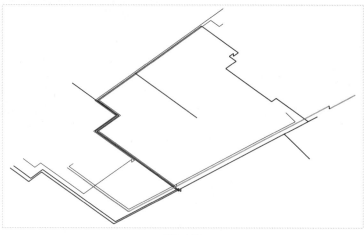

图3-126

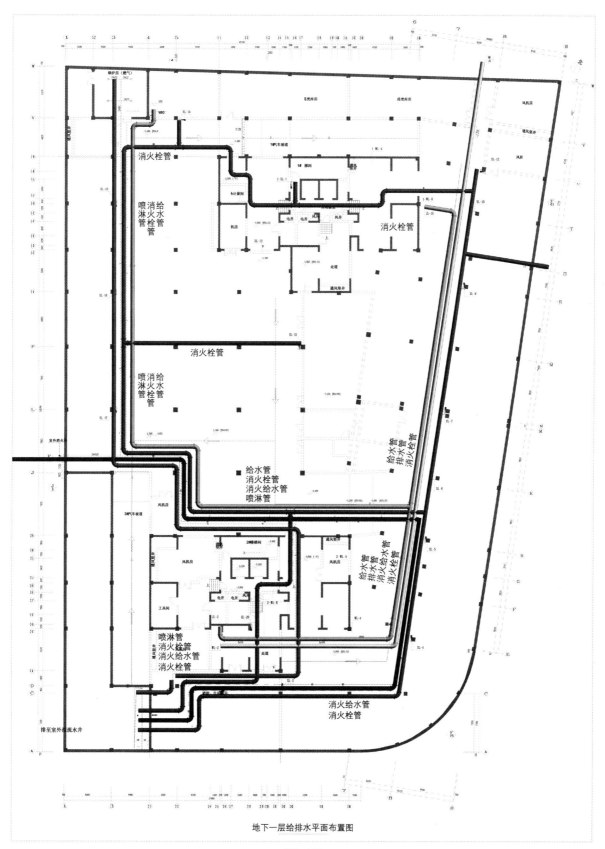

地下一层给排水平面布置图

图3-127

1.绘制前的准备

在进行排水管道的绘制之前，首先要识读图纸并确定管道的高度和管径，其次完成图纸的准备工作并确定管道的可见性和过滤器。

⊙ **综合案例图纸识读**

通过查阅"素材文件>CH03>实战：绘制地下车库的给排水管道>地下车库给排水平面图_t3.dwg"，了解到该项目案例由高区和低区两部分组成，高区的底部标高为-5.3m，顶部标高为-0.5m，高程为4.8m；低区的底部标高为-5.0m，顶部标高为-1.1m。高区和低区分布情况如图3-128所示。

通过给排水施工图可得知，这个地下车库的主要管道类型有喷淋管道、消火栓管道、消防稳压管道、生活给水管和排水管5种，同时还需要明确喷淋管道为下喷。各类管道的高程已在CAD图中给出。

> **提示** 喷淋系统的上喷和下喷对管线的排布和高度的确定影响很大，在绘图前需提前确认。

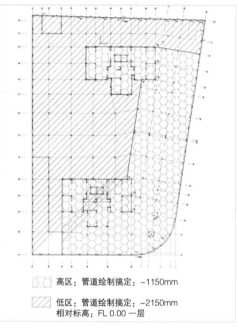

⬚ 高区：管道绘制搞定：-1150mm

▨ 低区：管道绘制搞定：-2150mm
相对标高：FL 0.00 一层

图3-128

⊙ **确定管道绘制高度**

给排水管道选定"FL 0.00 一层"作为参照平面，其中高区范围内消火栓管道、消防稳压管道、生活给水管道和喷淋管道的绘制高度为一层±0.00标高往下偏移1150mm，排水管道的绘制高度也为一层±0.00标高往下偏移1150mm，坡度为0.001%；低区范围内的消火栓管道、消防稳压管道、生活给水管道和喷淋管道的绘制高度为一层±0.00标高往下偏移2150mm。各类管道在高、低区的排布情况如图3-129所示。

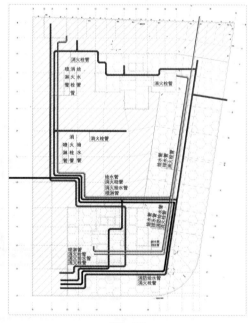

图3-129

管道的绘制应该遵循"先绘制无压管，后绘制有压管；先绘制主管，后绘制支管；先绘制大管，后绘制小管"的基本原则，其中排水管和废水管的坡度取值为0.001%。各类型管道的绘制顺序如图3-130所示。

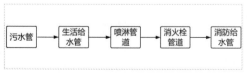

图3-130

⊙ **确定有压管管道绘制管径**

需要绘制的4种有压力管道及其管径详见表3-1所示（排水管道为无压管，且管径变化较多，其管径将在绘制时单独介绍）。

表3-1 有压管管径

管道名称	对应系统	绘制管径
给水_PPR	01P生活给水管	DN80
喷淋_镀锌钢管	04P自喷灭火给水管	DN80
内外热镀锌无缝钢管	04P消火栓给水管	DN150
内外热镀锌无缝钢管	04P消防转输给水管	DN150

⊙ **打开项目案例文件**

01 打开"素材文件>CH03>实战：绘制地下车库的给排水管道>给排水管道.rvt"，在"给排水"专业视图中，将视图的标高切换到FL -5.300楼层平面，如图3-131所示。

图3-131

02 在"插入"选项卡中单击"导入CAD"按钮，再在弹出的对话框中选择"素材文件>CH03>实战：绘制地下车库的给排水管道>地下车库给排水施工图.dwg"文件并单击"打开"按钮，导入图纸后的效果如图3-132所示。

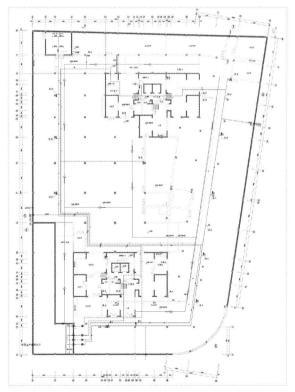

图3-132

⊙ **确认管道可见性及过滤器**

01 按快捷键V+V，弹出相应的可见性/图形替换对话框，然后确认管件、管道、管道占位符和管道附件全部为可见状态，如图3-133所示。

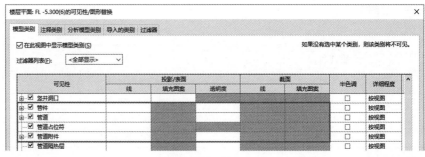

图3-133

> **提示** 在视图可见性/图形替换对话框中，若在"可见性"一栏中没有勾选相应的图元类别，那么该图元将在对应的视图中不可见。

02 切换到"过滤器"选项卡，确认本项目中5种管道所对应的过滤器名称和颜色的设置无误，并已勾选其"可见性"选项，如图3-134所示。

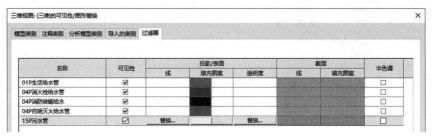

图3-134

2. 绘制污水管道

污水管道的定位图如图3-135所示。本例的排水支管有3处，且都与最外侧的给排水管道连接（支管已经用文字标出）。

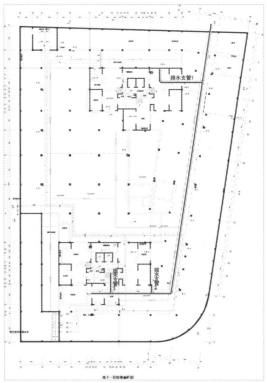

图3-135

下面将以下方区域排水管道的绘制为例对本项目排水管道的绘制进行讲解，读者可参照该区域排水管道的绘制方法并结合在线视频完成全部排水管道的绘制。下方区域的排水管道如图3-136所示。

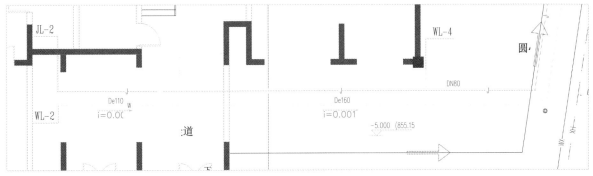

图3-136

⊙ 排水主管道绘制

01 在"系统"选项卡中单击"管道"按钮，激活管道的"属性"面板后，选择管道类型为"污水管_U_PVC"，并设置"系统类型"为"15P污水管"，如图3-137所示。

02 在"污水管_U_PVC"的"类型属性"对话框中，单击"布管系统配置"右侧的"编辑"按钮，弹出污水管道的"布管系统配置"对话框，确认排水管段的材质为PVC-U-GB/T 5836，然后设置各管件的连接方式为"UPVC弯头_粘接：标准"，如图3-138所示。

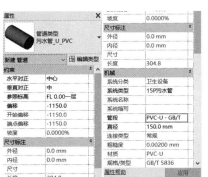

图3-137

图3-138

03 根据管道的高低区分布图可知排水管道情况：污水管道全部位于高区范围内，因此绘制的参照标高为1F 0.00，标高往下偏移的高度为1150mm；排水管的起始管径为De110，从第1根支管的连接处开始变径，管径为De160。图3-139所示为污水管道管径、坡度标识图。

图3-139

> **提示** De表示管道外径，DN表示管道公称直径。公称直径既不是管道内径，也不是管道外径，而是管道内径与外径的平均值，称为平均内径。一般来说管道DN的数值=De的数值-0.5×管壁厚度。标识为De110的管道，表示其管道外径为110，其公称直径为100；标识为De160的管道，表示其管道外径为160，其公称直径为150。
>
> 另外，Revit中的所有默认的管道"直径"都表示公称直径，因此对于标识为De160的管道，在"直径"一栏输入或选择150；对于标识为De110的管道，在"直径"一栏输入或选择100。

04 根据上述条件，在"修改|放置 管道"选项栏中确认绘制管道的参照平面为"FL 0.00一层平面"、"直径"为100mm、"偏移"为–1150mm，然后确认管道绘制时为"向下坡度"，"坡度值"为0.01%。为了方便显示，还可以激活"显示坡度工具提示"按钮，如图3-140所示。

图3-140

05 捕捉管道的起点，根据图纸上的管道线拖曳鼠标指针向右移动，这时系统会提示管道坡度和当前所处的偏移高度，如图3-141所示。De110部分的管道绘制完成后的效果如图3-142所示。

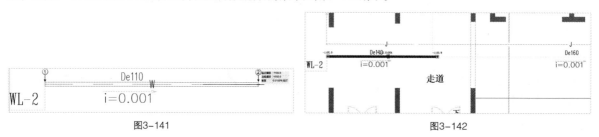

图3-141   图3-142

06 在选项卡中修改管道的"直径"为150mm，然后沿着CAD图纸中的管道路线继续进行管道的绘制，待捕捉到管道转弯的起点后停止绘制，如图3-143所示。

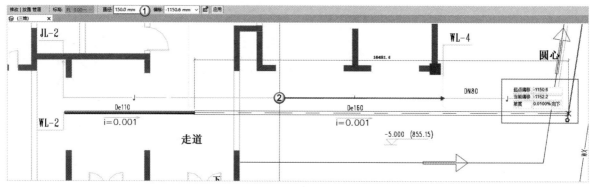

图3-143

> **提示** 管道转弯起点区域的局部放大图如图3-144所示。
>
>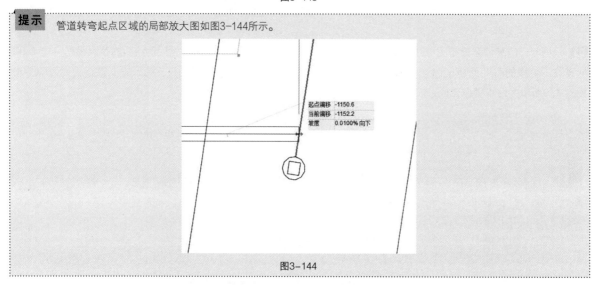
>
> 图3-144

07 单击鼠标左键完成管道绘制，管道变径处会自动生成连接件进行连接，如图3-145所示。

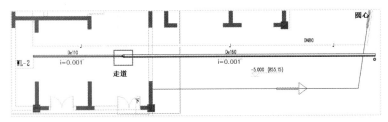

提示 管道变径处区域的局部放大图如图3-146所示。

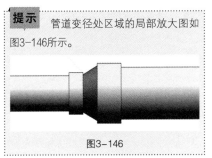

图3-146

图3-145

08 切换绘制的管道方向，继续沿着CAD图纸中的管道路线进行管道的绘制，如图3-147所示。

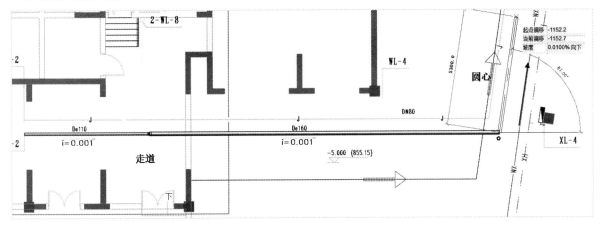

图3-147

09 单击鼠标左键完成管道的绘制，管道转弯处会自动生成弯头以连接不同方向的两根管道，如图3-148所示。

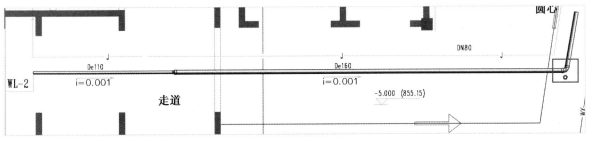

图3-148

提示 管道转弯处区域的局部放大图如图3-149所示。

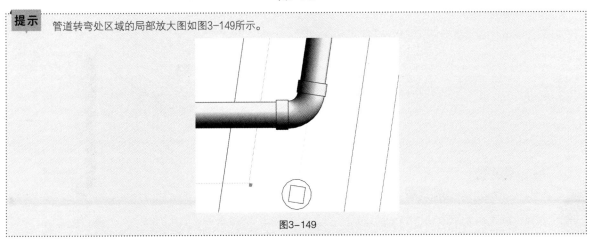

图3-149

10 这段管道全部绘制完成后，三维效果如图3-150所示。

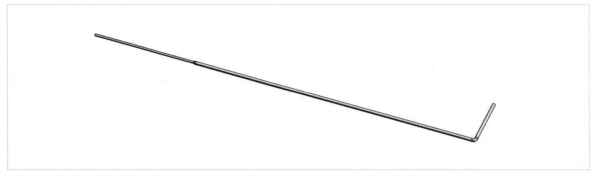

图3-150

11 按照相同的方式完成全部排水管道的绘制，最终三维效果如图3-151所示。

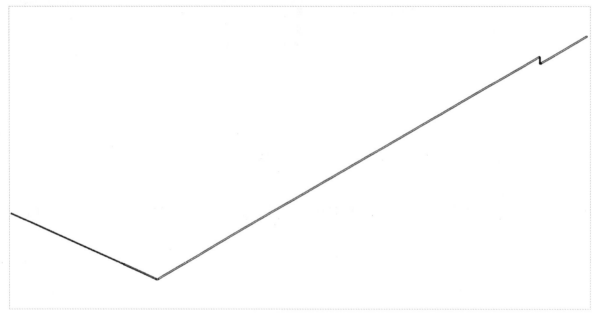

图3-151

提示 　在7号轴线、8号轴线和V轴线的相交处，管道的偏移距离为-2200mm，因此在选项栏中修改"偏移"为-2200mm，这时在管道的下翻弯处会自动生成两个弯头和一根用于不同高程的管道连接的中间立管，如图3-152所示。管道高低区域的局部放大图如图3-153所示。

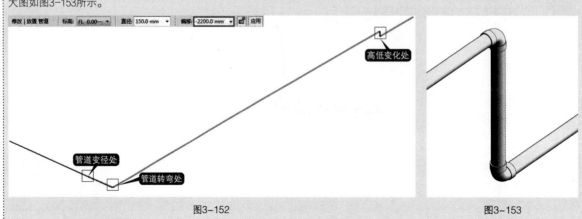

图3-152　　　　　　　　　　　　　　　　　　　　　图3-153

⊙ 连接排水支管

01 为了保证支管的坡度与支管、主管的连接不影响其他干管，并且为了保证支管与主管之间有足够的空间用于连接，因此设置支管的"偏移"为−550mm、"直径"为100mm，坡度值与主管相同，都为0.01%，捕捉支管的起点，如图3−154所示。接着拖曳鼠标指针捕捉到主管内壁，单击鼠标左键即可完成支管的绘制，效果如图3−155所示。所有支管的绘制方式与此上述方法相同，这里不再赘述。

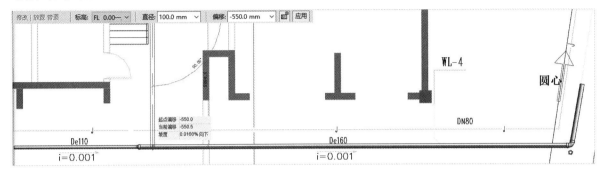

图3−154

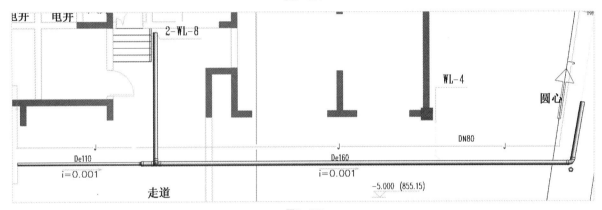

图3−155

02 所有支管连接完成后的三维效果如图3−156所示。

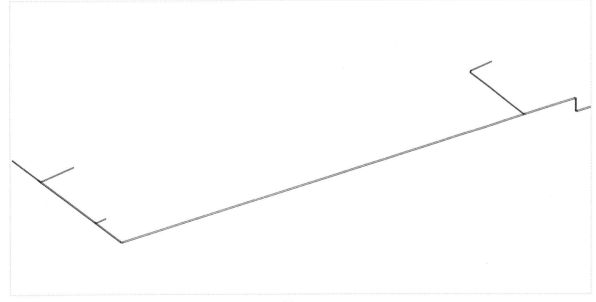

图3−156

3. 绘制有压管

本项目中给水管、消防给水管、消火栓管和喷淋管都是有压力的管道，简称为有压管，下面将以消火栓管道为例说明有压管的绘制。本例中消火栓环管的管径为DN150，高区偏移值为-1150mm，低区偏移值为-2150mm。图3-157所示为消火栓管道的定位图。

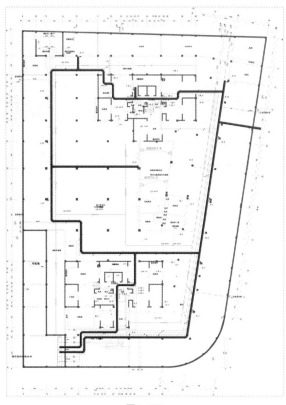

图3-157

这里仅以本项目左下方消火栓管道的绘制来讲解有压管道的绘制，读者可参照该区域消火栓管道的绘制方法并结合在线视频完成全部消火栓管道及全部有压管道的绘制。左下方区域的消火栓管道如图3-158所示。

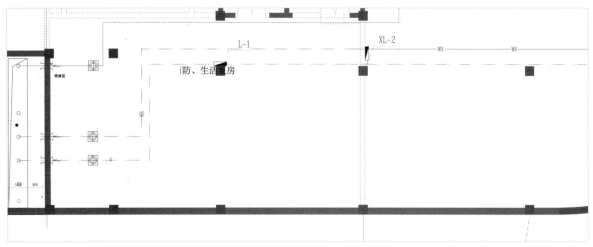

图3-158

01 在"系统"选项卡中单击"管道"按钮，然后在"属性"面板中选择管道的类型为"内外热镀锌无缝钢管DN≥100"，并设置管道的"系统类型"为"04P消火栓给水管"，如图3-159所示。

02 在"内外热镀锌无缝钢管DN≥100"的"类型属性"对话框中单击"布管系统配置"右侧的"编辑"按钮，弹出"布管系统配置"对话框，确认消火栓管道的材质为"镀锌钢–GB/T 13663–1.6MPa"、连接方式为"XBY–卡箍"，如图3–160所示。

图3–159 图3–160

03 根据上述条件，在选项栏中确认管道绘制的"标高"为"FL 0.00一层"、管道的"直径"为150mm、"偏移"为–1150mm，然后确认管道在绘制时为"禁用坡度"，如图3–161所示。

图3–161

04 消火栓管道的起点在水泵房区域，因此在平面图中捕捉管道的起点并进行绘制，如图3–162所示。

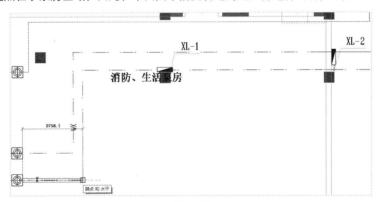

图3–162

> **提示** 起点处的局部放大图如图3–163所示。
>
>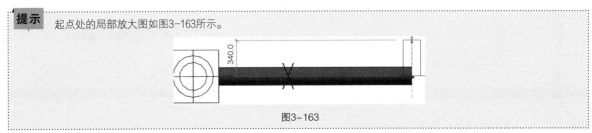
>
> 图3–163

05 沿着CAD图纸的管道线切换为竖直方向，然后继续绘制管道，待捕捉到下一个管道转弯点后单击，在管道转弯处将自动生成弯头卡箍件用于管道的连接，如图3-164所示。

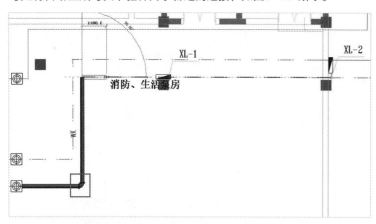

图3-164

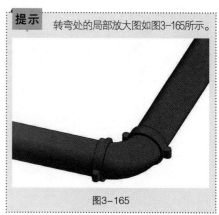

> **提示** 转弯处的局部放大图如图3-165所示。
>
> 图3-165

06 继续进行水平管道的绘制，绘制完成后该区域管道的三维效果如图3-166所示。

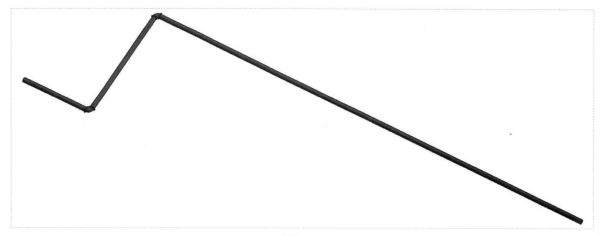

图3-166

07 在高低区转化处，在选项栏中修改管道的"偏移"为-2150mm，切换高程处将自动生成立管用于两段不同高程的管道连接，如图3-167所示。

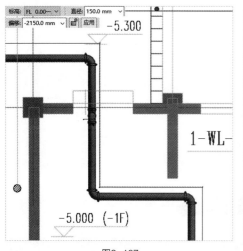

图3-167

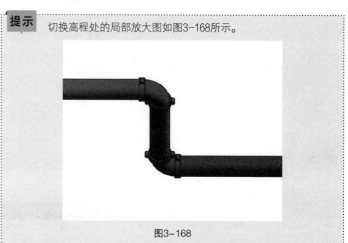

> **提示** 切换高程处的局部放大图如图3-168所示。
>
> 图3-168

08 消火栓管道绘制至高低区连接处将自动生成三通、立管或弯头，如图3-169所示，三维效果如图3-170所示。

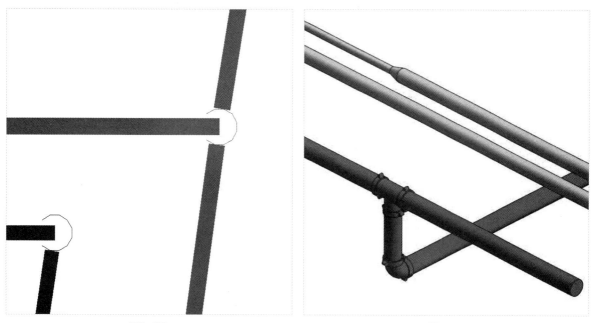

图3-169   图3-170

09 所有消火栓主管道绘制完成后（支管在接设备的时候绘制），效果如图3-171所示。

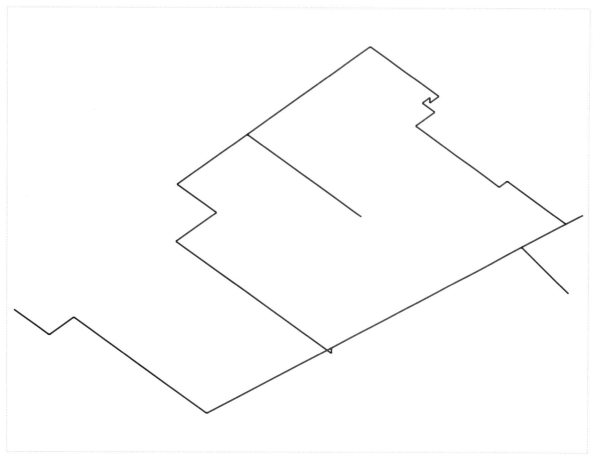

图3-171

10 按照同样的方式绘制其他3根有压管，所有管道绘制完成，最终效果如图3-172所示，三维效果如图3-173所示。

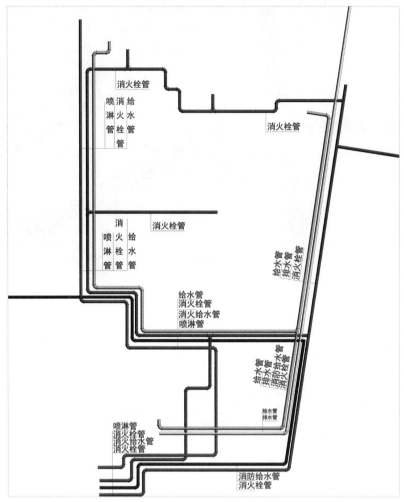

图3-172

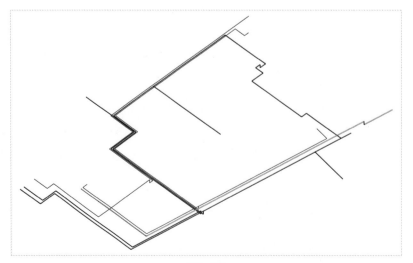

图3-173

 提示 其他有压管的方式与此相同，因此不再赘述。

3.3 管路附件与机械设备的放置

　　一般来说，一段完整的管道系统应该由管道、管件、管路附件和机械设备组成。管路附件是管道系统和设备上的启闭及调节装置的总称，分为配水附件和控制附件两大类。配水附件是装在卫生器具和用水点的各式水嘴，用于调节和分配水流；控制附件通常常用于调节水量、水压，判断水流和改变水流方向，如闸阀、止回阀和浮球阀等设备；机械设备是对分集水器、水箱和水泵等一系列设备的总称。本节将重点介绍管路附件和机械设备的放置方法。

3.3.1 管路附件的放置

　　管路附件的放置主体主要指阀门、喷头和地漏等。这里的放置即表示连接成功。

扫码观看视频

1. 阀门的放置与编辑

　　下面以阀门为例介绍管路附件的放置方法。

⊙ **横管阀门**

　　在绘图区域的任意高度绘制一段公称直径为150mm的管道，在"系统"选项卡中单击"管路附件"按钮，通过载入阀门族完成阀门的放置，如图3-174所示。

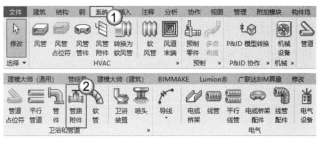

图3-174

　　在打开的"载入族"对话框中，选择"03 管路附件"文件夹中的"截止阀"族，然后单击"打开"按钮，将其载入项目，如图3-175所示。

图3-175

阀门的放置思路是"先选择，再编辑，最后放置"。在"属性"面板内选择阀门类型为"M_截止阀–50–450mm–法兰式"，该阀门的大小为150mm，如图3–176所示。

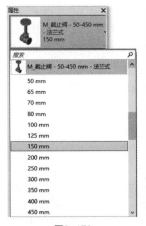

图3–176

提示 放置阀门时，需提前在"属性"面板内选择和管径相同的类型，当阀门的尺寸和放置的管道尺寸不统一时，管道和阀门之间会自动生成过渡件进行连接，如图3–177所示。

图3–177

确定阀门的尺寸后，在"属性"面板中单击"编辑类型"按钮，在弹出的"类型属性"对话框中单击"复制"按钮创建一个新的阀门类型，同时还需根据不同需求对阀门的参数和材质重新进行定义，如图3–178所示。

阀门的各项参数设置完成后，在阀门的"属性"面板内对阀门设置"标高"和"偏移"，从而实现阀门在该高度的放置，如图3–179所示。

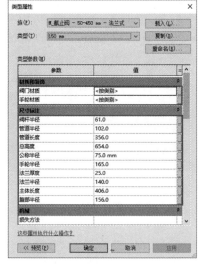

图3–178

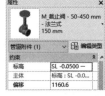

图3–179

提示 放置阀门时，可直接在三维视图或平面视图中通过拾取管道的中心线进行放置。

在三维视图中放置阀门。在选项栏中取消勾选"放置后旋转"选项，这时移动鼠标指针并捕捉到管线的中心，如图3–180所示。单击后即可实现阀门在管道上的放置，如图3–181所示。放置完成后，选中阀门，在阀门的周边会出现图标，可用于调整阀门的方向，如图3–182所示。

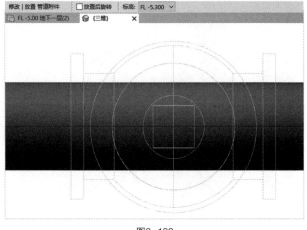

图3–180

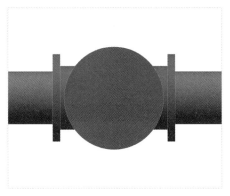

图3-181   图3-182

⊙ **立管阀门**

立管阀门的放置方式也相同,当阀门编辑完成后,在三维视图中捕捉立管的中心线,如图3-183所示,单击即可完成放置,如图3-184所示。

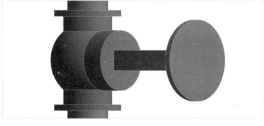

图3-183   图3-184

> **提示** 管道、管件和管路附件等构件的修改方式完全相同,都是通过单击完成构件的放置,然后对构件进行移动,或在"属性"面板内对构件进行编辑。

选中完成放置的阀门,按Enter键确认,将跳转到阀门的放置页面,可继续进行阀门的放置。

2. 地漏的放置与编辑

与放置阀门的方式相同,选择已放置的阀门,在阀门的"类型属性"对话框中单击"载入"按钮,如图3-185所示。在弹出的"打开"对话框中选择"地漏_圆形"族,然后单击"打开"按钮,将其载入项目,如图3-186所示。

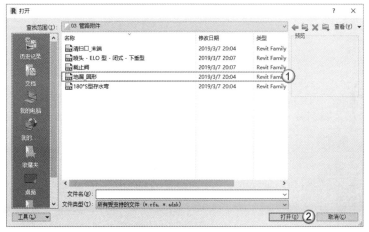

图3-185   图3-186

载入地漏族后，可在"类型属性"对话框中对它的类型参数进行编辑，使其满足使用需求，如图3-187所示。

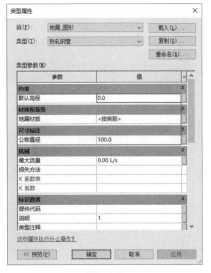

图3-187

提示 在"管路附件"类别下的某一族类型的"类型属性"对话框中只能载入"管路附件"对应的族，不能载入管件、机械设备等不属于管路附件定义的族，如在"管路附件"中某一类型的"类型属性"对话框中载入不属于管路附件的族类别，系统将提示该族的类别不正确，如图3-188所示。出现这种情况，说明该族无法载入对应的项目中。

图3-188

Revit一共提供了"放置在面上"和"放置在工作平面上"两种方式进行地漏的放置，如图3-189所示。下面介绍放置地漏的两种方式。

图3-189

⊙ 放置在面上

"放置在面上"表示地漏只能放置在某一个平面上，当无法捕捉到某一平面时地漏将无法放置。将地漏放置在一块楼板上方，然后单击"放置在面上"按钮 ，在定位完成后单击，地漏会自动捕捉到楼板的平面，如图3-190所示。完成放置后，效果如图3-191所示。

图3-190

图3-191

> **提示** 在地漏的"类型属性"对话框中,"默认高程"指地漏放置在垂直面时相对于垂直面底的高程,在此处地漏高程不产生约束,如图3-192所示。
>
> 当通过"放置在面上" 放置地漏时,地漏将自动捕捉平面进行放置,没有平面时则无法放置,这时在三维视图中无法通过"选择|放置地漏"上下文选项卡选择工作平面对地漏进行高程的控制。

图3-192

⊙ 放置在工作平面上

"放置在工作平面上"表示地漏将捕捉工作平面进行放置。在Revit中,可以将"楼层平面"视图视为一个工作平面,因此在平面视图中使用"放置在工作平面上"工具 时,可直接将地漏进行放置。但是在三维视图中,需要在"修改|放置 管路附件"选项栏中选择放置地漏的平面的标高,并移动鼠标指针,从而使地漏放置在指定工作平面的指定位置。图3-193所示为可选择的标高位置。

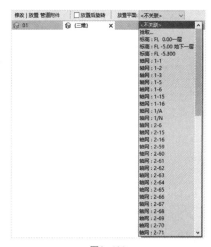

图3-193

除此之外,还可以在"系统"选项卡中单击"设置"按钮 (或在"修改|管道附件"上下文选项卡中单击"编辑工作平面"按钮),如图3-194所示,然后在弹出的"工作平面"对话框中通过选中"拾取一个平面"选项并捕捉一个平面进行平面的拾取,如图3-195所示。

图3-194

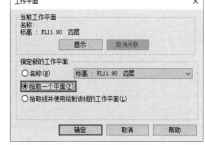

图3-195

> **提示** 平面拾取完成后,若需要在该平面再次进行地漏的放置,可以在选项栏中展开"放置平面"下拉列表,从中选择之前拾取的平面对地漏进行放置。

3. 喷头的放置与编辑

与放置阀门的原理相同，先在平面图中绘制一段管径为DN25的管道，然后在"系统"选项卡中单击"喷头"按钮，如图3-196所示。

图3-196

在打开的"载入族"对话框中，选择"03 管路附件"文件夹下的"喷头-ELO型-闭式-下垂型"族，然后单击"打开"按钮，将其载入项目，如图3-197所示。

图3-197

切换至一层平面图，在"属性"面板中的"约束"一栏中可通过选定标高和输入相对标高的偏移值对管道的高度进行设置，如图3-198所示。设置完成后，单击"编辑类型"按钮，在"类型属性"对话框中对喷头的尺寸进行修改，如图3-199所示。

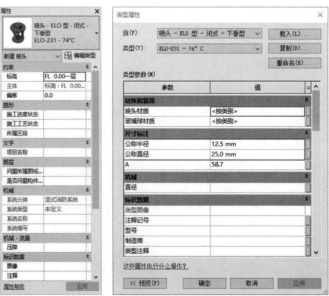

图3-198   图3-199

> **提示**　在项目的给排水说明中，一般会说明项目的消防等级，喷头大小一般由消防等级决定，常见的消防等级为中危Ⅱ级，对应的喷头尺寸为15mm。

编辑完成后，在预定位置处单击即可完成喷头的放置。根据实际情况，可将喷头的放置类型分为上喷和下喷，上喷必须在管道的上方放置，下喷必须在管道的下方放置。喷头在放置的过程中会自动拾取水管的中心线，拾取到中心线时单击即可，如图3-200所示。

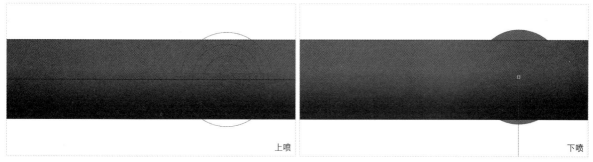

上喷

下喷

图3-200

选中喷头，然后在"修改|喷头"上下文选项卡中单击"连接到"按钮，再选中将要连接喷头的管道，这时在管道的中段将自动生成三通，并和立管、喷头进行连接，同时在管道的端头会自动生成弯头和立管的喷头，如图3-201所示。

提示 绘制某些类型的喷头时，会在"工作平面"对话框中出现"放置在平面上""放置在工作平面上""放置在垂直面上"3种选项，其中"放置在垂直面上"指将喷头放置在垂直面上。用户可根据实际情况选择合适的放置方式。

图3-201

连接管道的端头和喷头，除了可以使用"连接到"工具放置喷头外，还有另一种放置方式。将管道的端头移动至能捕捉到喷头的边缘或中心，如图3-202所示，这时喷头会通过自动生成的弯头和立管与管道进行连接，如图3-203所示。

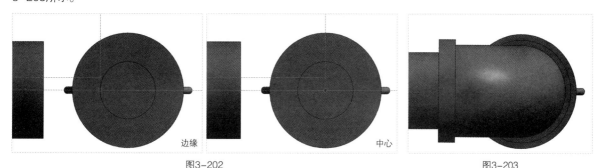

边缘

中心

图3-202

图3-203

提示 放置喷头时，喷头的中心要和管道的中心线在同一水平线上，不在一条水平线上将无法自动连接。此外，当喷头和连接的管道的管径大小不一致时，喷头和管道端头的连接处会自动生成过渡件进行连接。

4. 存水弯和清扫口的放置

连接卫生设备和管道时，通常需要添加一个存水弯，下面介绍存水弯的放置方式。

⊙ **存水弯**

绘制一段公称直径为80mm的立管，然后在"系统"选项卡中单击"管路附件"按钮，如图3-204所示。

图3-204

在打开的"载入族"对话框中选择"管路附件"文件夹中的"180°S形存水弯"族文件，然后单击"打开"按钮，将其载入项目，如图3-205所示。

载入族后，在"属性"面板中对所需连接的管道进行编辑，设置"公称半径"为40mm，如图3-206所示。

图3-205　　　　　　　　　图3-206

在三维视图中放置存水弯。捕捉立管端头或中轴线，如图3-207所示，单击后即可完成存水弯的放置，如图3-208所示。

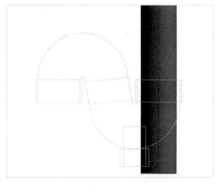 

图3-207　　　　　　　　　图3-208

⊙ **清扫口**

清扫口的放置方法和存水弯的放置方法类似。绘制一段公称直径为80mm的立管，然后单击"管路附件"按钮，载入"管路附件"文件夹中的"清扫口_管道末端"族，如图3-209所示。

载入族后，在"属性"面板中对其所需连接的管道进行编辑，设置"公称直径"为80mm，如图3-210所示。

图3-209　　　　　　　　　图3-210

在三维视图中放置清扫口。捕捉立管端头的中心，如图3-211所示，单击后即可完成清扫口的放置，如图3-212所示。

图3-211

图3-212

3.3.2 机械设备的放置

分集水器、水箱、水泵和消火栓等设备，通常统称为机械设备，放置机械设备的方式和放置阀门、喷头的原理相同。

扫码观看视频

1. 机械设备的放置与编辑

关于机械设备的放置，这里讲解水泵和消火栓箱这两种常见的设备。

⊙ 水泵

在"系统"选项卡中单击"机械设备"按钮，如图3-213所示。

图3-213

在弹出的"载入族"对话框中选择"04 机械设备"文件夹中的"B-BS-1 水泵"族（载入时需确认载入的族的尺寸和类型），然后单击"打开"按钮，将其载入项目，如图3-214所示。

在水泵的"属性"面板中需设置"进口管径"和"出口管径"，这两个参数表示和这个设备连接的管道的管径大小，如设置进水口、出水口的管径为80mm，那么这个设备能连接的进水管的管径为80mm，出水管的管径为80mm，如图3-215所示。

图3-214

图3-215

拖曳鼠标指针，使管道起点捕捉到该设备的中轴线，如图3-216所示，然后沿着中轴线从右至左绘制管道并捕捉设备端口与设备进行连接，如图3-217所示。

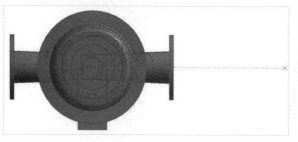

图3-216

图3-217

当所绘制的管道高度和水泵连接点不在同一高度上且保证足够距离时，将会自动在设备的端口和管道的连接处生成立管，如图3-218所示。

图3-218

提示 管道与设备不同高程时的连接需保证管道和设备之间的高差足以确保弯头及立管的生成。当管道与设备之间的距离不够时，软件将弹出空间不足的提示并给出修改方法，如图3-219所示。

Autodesk Revit 2020

错误 - 不能忽略

没有足够的空间放置所需管件。请考虑增加管段长度，或移动管段使其相距更远，以便生成解决方案。

显示(S) 更多信息(I) 展开(E) >>

确定(O) 取消(C)

图3-219

除此之外，还可以使用第2种方式放置水泵。在平面图中选择设备，然后在端头的 ⊞ 图标处单击鼠标右键，在弹出的菜单中选择"绘制管道"命令，如图3-220所示，之后选择要连接的管道类型并在该端头绘制一段管道，如图3-221所示。

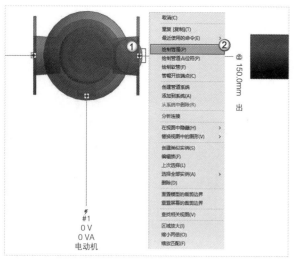

图3-220

图3-221

提示 使用上述两种方式绘制管道时，在不修改高程的情况下，绘制的管道高程默认和设备端头在同一水平面上。如果绘制前更改管道的高程，那么管道会自动生成立管并与弯头在设备和管道的连接处进行连接。

⊙ 消火栓箱

消火栓箱的放置方式和水泵的放置方式相同。选中机械设备，然后在"类型选择器"中选择"消火栓连体箱"，然后单击"编辑类型"按钮，在它的"类型属性"对话框中设置和消火栓箱相连接的管线的"直径"为65mm、"安装高度"为800，其他参数保持不变，单击"确定"按钮，如图3-222所示。

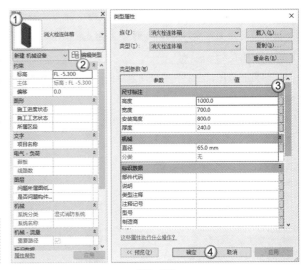

图3-222

> **提示** "高度"指消火栓顶面到底面的距离，"安装高度"指消火栓栓口到地面的距离，这个数值通常为1100mm。

将消火栓箱放置在预定位置，如图3-223所示。在出现的 图标处单击鼠标右键，在弹出的菜单中选择"绘制管道"命令，接着选择要连接的管道类型并在栓口管道的连接件处绘制管道，然后与其连接即可，如图3-224所示。

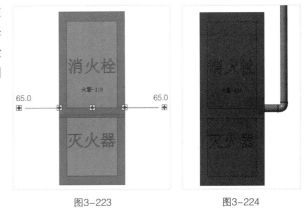

图3-223   图3-224

2. 卫浴设备的放置与编辑

除了常见的机械设备，在布置卫生间时还需要放置大便池、小便斗和洗手台等设备，这些与卫生相关的一类设备，统称为卫浴设备。卫浴设备的放置方式和机械设备的方式相同，下面以小便斗的放置为例，介绍卫生设备的放置方法。

在"系统"选项卡中单击"卫浴装置"按钮，如图3-225所示。

在弹出的"载入族"对话框中选择"04 机械设备"文件夹中的"小便斗-基于墙"族，单击"打开"按钮，将其载入项目，如图3-226所示。

图3-225   图3-226

小便斗是悬挂在墙上的，因此在放置小便斗时需绘制一面用于小便斗放置的墙体。墙绘制完成后，在三维视图中将小便斗放置在距地面300mm处，因此需要在"属性"面板内设置"立面"为300，然后选择墙面将其放置，如图3-227所示。

放置完成后，小便斗将自动显示进、出水管的连接方向和管径大小，用于小便斗和管道的连接，如图3-228所示。

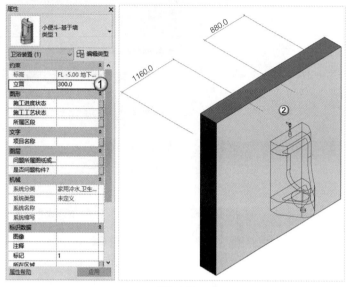

图3-227

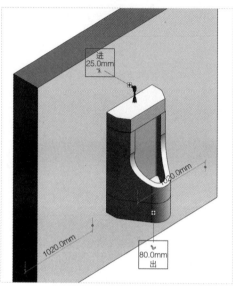

图3-228

提示　放置完成后，还可以在"属性"面板中通过编辑小便斗的立面参数和与墙面的距离来改变小便斗的放置位置。

选中放置完成的小便斗，在"修改|卫浴装置"上下文选项卡中单击"拾取新主体"按钮，可对已选中的小便斗重新进行放置，如图3-229所示。

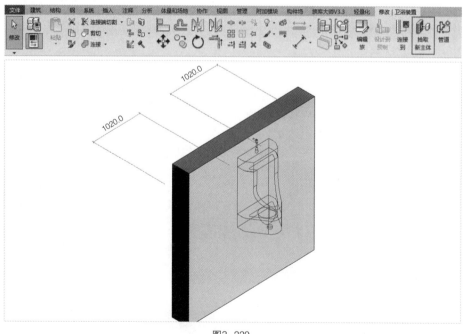

图3-229

提示　无论机械设备是在放置前还是在放置完成后，都可以在"类型属性"对话框中对其属性进行定义。

实战：放置地下车库的管路附件和设备

素材位置	素材文件>CH03>实战：放置地下车库的管路附件和设备
实例位置	实例文件>CH03>实战：放置地下车库的管路附件和设备
视频名称	实战：放置地下车库的管路附件和设备.mp4
学习目标	掌握项目中清扫口、喷头、消火栓、水泵、Y型过滤器和阀门的放置方法

扫码观看视频

　　基于"地下车库给排水平面图.dwg"图纸文件，以放置管路附件和设备的基本原则为依据，完成地下车库的清扫口、喷头、消火栓、水泵、Y型过滤器和阀门的放置，如图3-230所示。图3-231所示为放置的管路附件和设备的位置示意图。

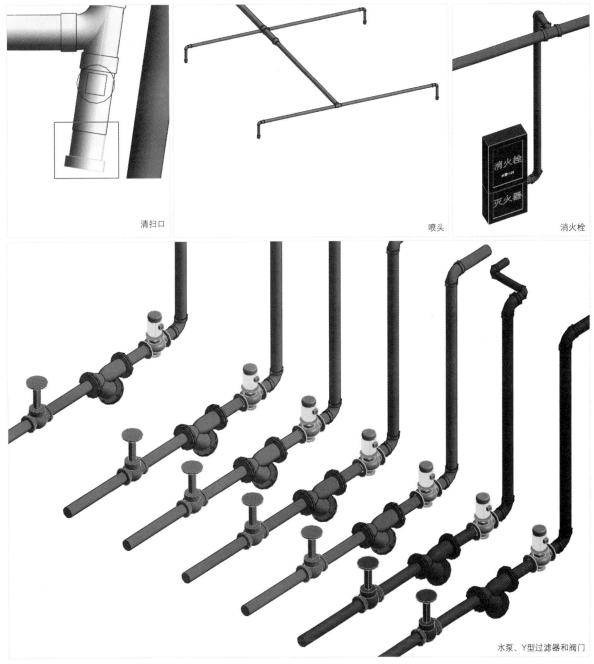

清扫口　　　　　　　　　　　　　　　　　喷头　　　消火栓

水泵、Y型过滤器和阀门

图3-230

123

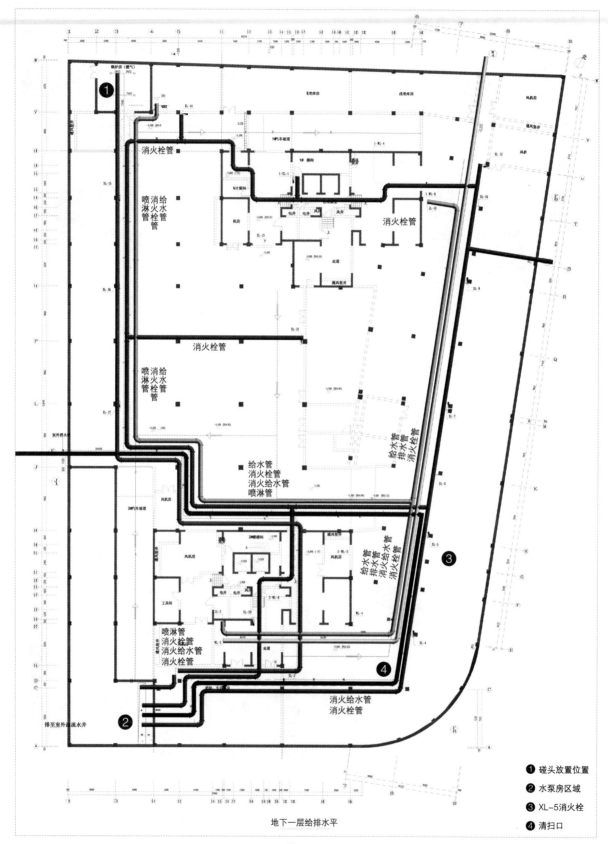

地下一层给排水平

图3-231

1. 放置清扫口

本例排水管道的末端需要布置清扫口，布置清扫口的位置如图3-232所示。

01 打开"素材文件>CH03>实战：放置地下车库的管路附件和设备>实战：放置地下车库的管路附件和设备.rvt"，如图3-233所示。

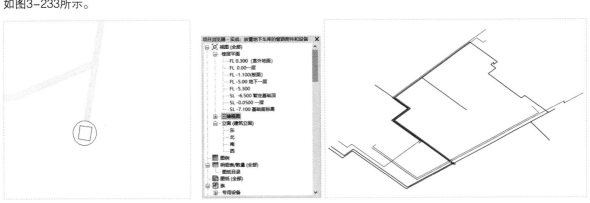

图3-232   图3-233

02 在"插入"选项卡中单击"载入族"按钮，在弹出的"载入族"对话框中切换到"素材文件>CH03>族文件>03 管路附件"文件夹下，然后载入其中的各类管路附件族，如图3-234所示。

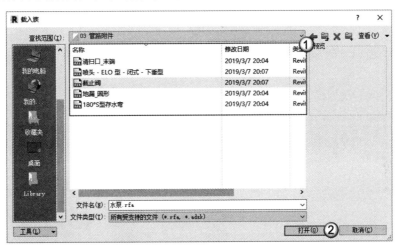

图3-234

03 选择排水弯头，单击弯头下侧的➕图标，如图3-235所示，这时弯头将自动转换为三通，如图3-236所示。

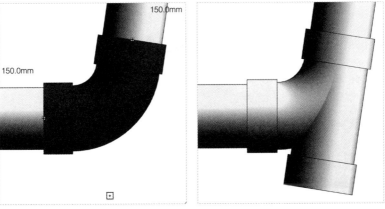

图3-235   图3-236

04 选中三通，然后在图标上单击鼠标右键，在弹出的菜单中选择"绘制管道"命令，继续向下绘制一段管道，如图3-237所示。

05 延伸的一段管道绘制完成后，单击该管道，然后单击所选管道的临时尺寸标注，并修改管道的长度为300mm，如图3-238所示。

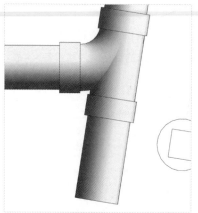

图3-237

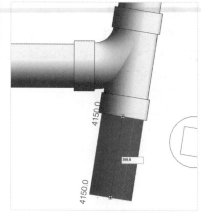

图3-238

06 在"系统"选项卡中单击"管路附件"按钮，再在"属性"面板内选择清扫口的类型为"清扫口_末端 聚乙烯管"，然后单击"编辑类型"按钮，在弹出的"类型属性"对话框中，单击"复制"按钮创建一个"名称"为"PVC管"的新附件，单击"确定"按钮，如图3-239所示。

07 在"类型属性"对话框中单击"材质"右侧的按钮，打开"材质浏览器"对话框，然后搜索出PVC-U材质并将其作为清扫口的材质，最后单击"确定"按钮退出设置，如图3-240所示。

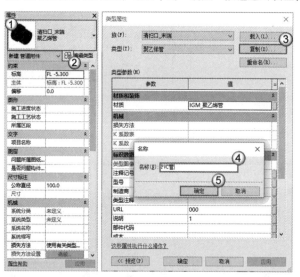

图3-239

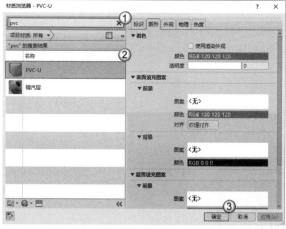

图3-240

08 在"属性"面板中设置"标高"为"FL 0.00一层"、"偏移"为0mm、"公称直径"为150mm，如图3-241所示。

09 捕捉管道的端头，单击即可进行放置，如图3-242所示。清扫口布置完成后，效果如图3-243所示。

图3-241

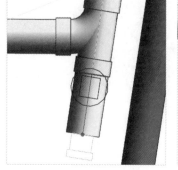

图3-242

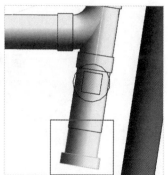

图3-243

2. 布置喷头

本例的锅炉房区域需要布置喷头，喷头类型为下喷，且高度为管道下方200mm处。锅炉房区域喷头的定位图如图3-244所示。

01 在"系统"选项卡中单击"喷头"按钮🔲，然后在"属性"面板内选择喷头的类型为"喷头-ELO型-闭式-下垂型"，并设置"标高"为"FL 0.00一层"、"偏移"为-2350。接着单击"编辑类型"按钮🔡，在弹出的"类型属性"对话框中确认"公称直径"为25mm、"公称半径"为12.5mm，如图3-245所示。

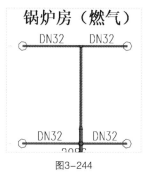

锅炉房（燃气）

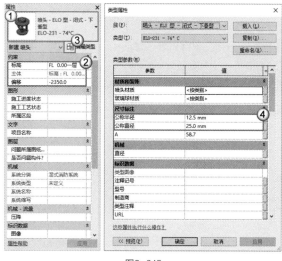

图3-244 图3-245

02 对于管道端头的喷头，可以通过拖曳管道，待捕捉到喷头中心，即可完成管道与喷头的连接，如图3-246所示。

03 按照同样的方式连接剩下的喷头，效果如图3-247所示。

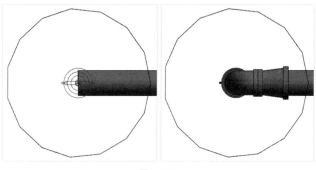

图3-246 图3-247

3. 放置消火栓

本例的XL-5立管处需放置消火栓，XL-5立管的定位图如图3-248所示。

01 在"插入"选项卡中单击"载入族"按钮🔲，在弹出的"载入族"对话框选择"素材文件>CH03>族文件>04机械设备>消火栓连体箱.rfa"文件，单击"打开"按钮，如图3-249所示。

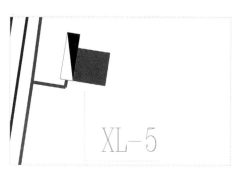

图3-248

图3-249

02 XL-5立管属于高区，在"属性"面板内设置消火栓放置的"标高"为"FL -5.00地下一层"、"偏移"为0mm，然后单击"编辑类型"按钮，在弹出的"类型属性"对话框中设置消火栓的"高度"为1800mm、"安装高度"为1100mm、与消火栓管相连接的管道的"直径"为65mm，如图3-250所示。

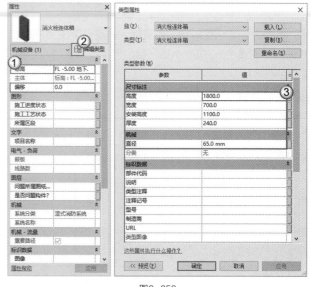

图3-250

03 配合使用"移动"工具和空格键完成消火栓箱在CAD图纸上的放置，如图3-251所示。放置完成后的效果如图3-252所示。

图3-251   图3-252

04 选择消火栓箱管道的连接处，然后单击鼠标右键，在弹出的菜单中选择"绘制管道"命令，待延伸一段管道后单击，如图3-253所示。选中管道的临时尺寸标注，修改管道长度为300，如图3-254所示。完成后按两次Esc键退出管道绘制。

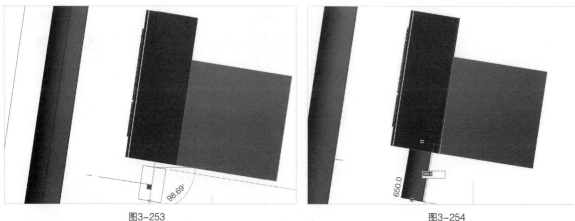

图3-253   图3-254

05 选择与消火栓箱相连接的管道，然后单击鼠标右键，在弹出的菜单中选择"创建类似实例"命令，然后在"属性"面板中修改"参照标高"为"FL 0.00一层"、"偏移"为-1150mm，如图3-255所示。完成消火栓管道与箱体的连接后，效果如图3-256所示。

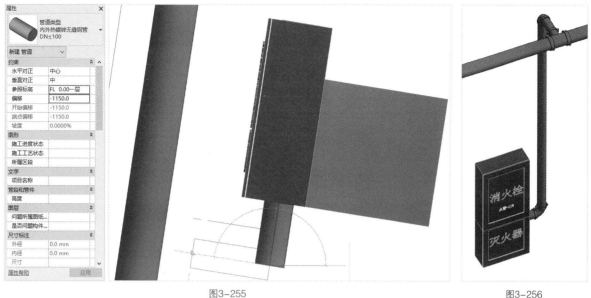

图3-255　　　　　　　　　　　　　　　　　　　　　图3-256

4. 放置水泵、Y型过滤器、阀门

本例的水泵房区域需放置水泵、Y型过滤器和阀门，它们的位置如图3-257所示。

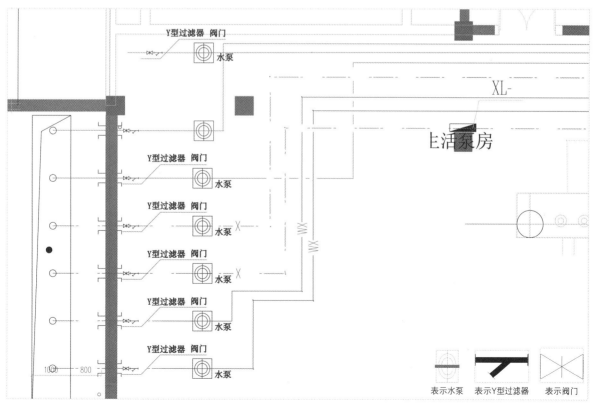

图3-257

⊙ **放置水泵**

01 在"插入"选项卡中单击"载入族"按钮📥，在弹出的"载入族"对话框中选择"素材文件>CH03>族文件>04机械设备>B-BS-1水泵.rfa"文件，单击"打开"按钮，如图3-258所示。

02 在"系统"选项卡中单击"机械设备"按钮📧，在"属性"面板内设置水泵放置的"标高"为"FL-5.00地下一层"、"偏移"为0mm、"进口管径"和"出口管径"均为150mm，如图3-259所示。

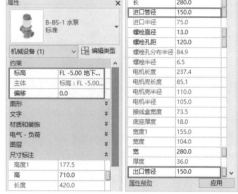

图3-258　　　　　　　　　　　　　　　　　　图3-259

03 在图纸的预定区域完成水泵的放置。先拖曳管道，待捕捉到水泵与管道的连接点时，管道将与设备完成连接，如图3-260所示。

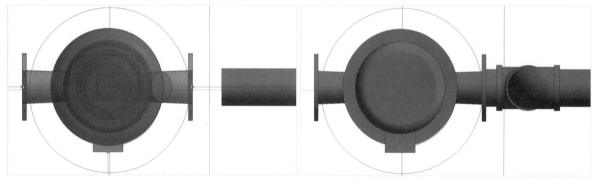

图3-260

04 绘制完成后，在"属性"面板内修改所绘制的管道类型为"内外热镀锌无缝钢管DN≥100"、"系统类型"为"04P消火栓给水管"，如图3-261所示。

05 按照同样的方式放置水泵房中所有的水泵，如图3-262所示。

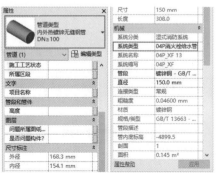

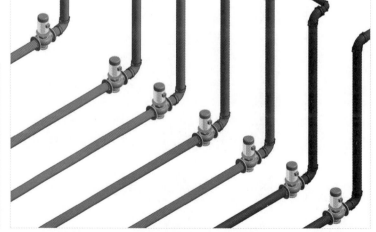

图3-261　　　　　　　　　　　　　　　　图3-262

⊙ 放置过滤器

01 在"系统"选项卡中单击"管路附件"按钮，在"属性"面板内选择Y型过滤器的类型为"DN150"，如图3-263所示。

图3-263

02 拖曳鼠标指针，待捕捉到管道端头进行单击，完成Y型过滤器的放置，如图3-264所示，接着在过滤器另一端的图标上单击鼠标右键，在弹出的菜单中选择"绘制管道"命令，完成Y型过滤器另一端管道的绘制，如图3-265所示。

03 按照同样的方式放置水泵房中所有的过滤器，如图3-266所示。

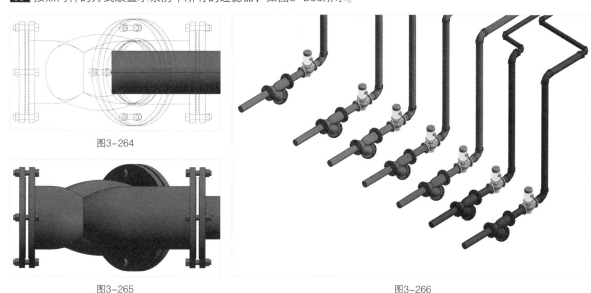

图3-264

图3-265

图3-266

⊙ 放置阀门

01 在"系统"选项卡中单击"管路附件"按钮，在"属性"面板内选择阀门的类型为"截止阀150mm"，然后单击"编辑类型"按钮，在弹出的"类型属性"对话框中设置"公称半径"为75mm，如图3-267所示。

02 拖曳截止阀并捕捉到管道的中心线，如图3-268所示，完成截止阀的放置，效果如图3-269所示。

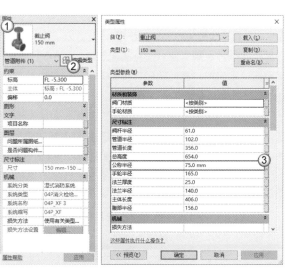

图3-267

图3-268

图3-269

03 按照同样的方式放置水泵房中所有的截止阀，如图3-270所示。

图3-270

3.4 本章小结

绘制模型的思路都是先对对象进行选择，再在"类型属性"对话框中进行编辑，待满足属性的需求后，根据绘制的思路进行绘制。通过第3章的学习，我们知道了管道布管系统的定义方法，了解了管道绘制的基本思路、操作流程和机械设备的放置方式，除此之外，还需要注意以下3点。

第1点，图纸查阅的顺序。一套完整的建筑施工图，通常由建筑、结构、给排水、暖通和电气5部分组成，查阅图纸时应先阅读建筑设计总说明，了解该项目的建筑名称、结构类型和建设高度等工程概况，再结合建筑平面图、立面图和剖面图来了解建筑构造，查阅立面图时应了解楼层的高度、有无吊顶（有吊顶时，需考虑吊顶高度和最大梁与吊顶之间的高度）。

一般来说，室内管道安装的最高高度应贴梁底，因此在必要时刻还需结合结构图纸了解梁、板的分布，确定梁底和吊顶之间的高度（这个高度决定着管线预排布的高度确定）。

查阅完建筑结构施工图，再查阅给排水施工图。与查阅建筑施工图相同，给排水施工图在查阅设计说明的同时，还需结合给排水管道的平面图、立面图、剖面图和系统图了解管道系统类型（如管材、管件和管路附件等），同时整理排水管道的坡度、消火栓和卫生设备等信息，这些信息与管道布管系统的配置密切相关。

第2点，管道系统的整体修改。管件连接的管道和添加的管路附件一同被称为一段管道系统，当管道通过管件、管道并和设备全部连接后，它们在Revit中将成为一个整体，这时若修改系统中某一根管道的高程，那么与之相连的管道系统也将随之发生改变。同样的道理，修改系统中的某一根管件，管道系统也将整体发生改动。

第3点，管件和管路附件的批量修改。选中管道系统中的某一根管件，单击鼠标右键，在弹出的菜单中选择"选择全部实例"命令，在级联菜单中提供了"在视图中可见"和"在项目中可见"两个命令。

"在视图中可见"表示选择在视图中全部可见的管件，"在项目中可见"表示项目中的全部管件将被选择，包括在其他视图中不可见的其他相同管件。全部选择的目的在于可以一次性全部编辑，全部选择完成后，可在"属性"面板内对该管件进行批量替换，或对全部选择的管件进行高度编辑。

第 **4** 章

暖通系统风管绘制

学习目的

了解暖通管道的系统分类及对应的管道类型

掌握暖通管道的布置及绘制方法

掌握暖通管道系统的设置编辑方法

本章引言

　　风管是用于空气输送和分布的管道系统，一般为矩形，日常类型包含新风、送风、排风和排烟等。暖通系统主要包括暖通采暖管道、空调排水管道和各种风管，其中暖通采暖管道一般由热水供水管道、热水回水管道组成；空调排水管道一般由冷凝、冷媒管道组成，这两类管道共同为空调机组输送冷热交换用的流体。这两大管道和给排水管道的编辑及绘制原理相同，因此可比对第 3 章的内容进行学习。本章将重点学习暖通系统中各类型风管的绘制方法。

4.1 风管类型的布置方法

与给排水管道相似，要绘制某一个系统的风管，首先应进行该段风管的布管系统设置。风管的布管系统设置方式和管道的布管方式相似，主要包括管材、管件和尺寸等的设置。

4.1.1 风管基本类型设置

风管按照材质分为金属风管、复合风管和高分子风管等类型。给排水系统在布置时，不同类型的给排水管道会根据使用要求的不同更换不同的材质，但是对于风管来说，普通民用建筑的通风风管的材质大多数可以采用"镀锌钢板"（虽然不同类型的风管承担的任务不同，但是一般情况下管件的使用可以相同）。

扫码观看视频

> **提示** 根据功能和需求，风管也可由酚醛复合板材、无机玻璃板材等非金属材料作为材质。

1. 选择工具

在"系统"选项卡中单击"风管"按钮，如图4-1所示，将自动激活"修改|放置 风管"上下文选项卡，如图4-2所示。

图4-1

图4-2

2. 定义属性

与管道的属性类别相同，下面介绍风管的实例属性和类型属性。

⊙ 实例属性

"属性"面板内置了默认的风管类型，可对其属性进行编辑，如图4-3所示。

图4-3

⊙ **类型属性**

单击"属性"面板内的"编辑类型"按钮，弹出该风管的"类型属性"对话框，单击"复制"按钮，并在弹出的对话框中输入新风管的名称，如"新风管–镀锌钢板"，然后单击"确定"按钮即可完成风管类型的新建，如图4-4所示，此时可对风管类型的各种属性进行设置，设置完毕后单击"确定"按钮。其他风管类型也可以使用同样的方式进行设置。

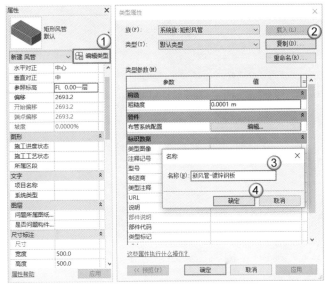

图4-4

3. 风管类型

使用类似的方式依次新建各种风管。新建完成后，在"属性"面板的"类型选择器"中或在"类型属性"对话框的"类型"下拉列表中，都能看到新建完成的风管类型，如图4-5所示。

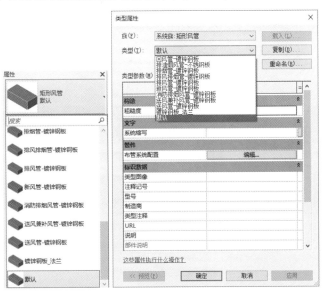

图4-5

> **提示**　风管有"矩形风管""圆形风管""椭圆形风管"3种类型，一般情况下选择矩形，特定情况下选择圆形或椭圆形。另外，这3种风管都需要单独建立各自的类型才能使用，如在"矩形风管"类别下通过复制创建"送风管–镀锌钢板"，以满足矩形风管类别的绘制；同理，若要绘制圆形风管，则需要在圆形风管类别下新建风管，以满足其使用需求。

4.1.2 风管布管系统的配置

在"类型属性"对话框中单击"编辑"按钮，可对风管的"布管系统配置"进行编辑，如图4-6所示。下面介绍对风管进行布管系统配置的方式。

图4-6

1. 管道布管系统

单击"编辑"按钮，在弹出的"布管系统配置"对话框中，可以对不同类型的风管所使用的连接方式进行设置，如图4-7所示。需要设置的参数还包括风管尺寸等。在相应的下拉列表中，可以明确风管的连接方式，其中主要包括弯头、首选连接类型、连接、四通、过渡件、活接头等。

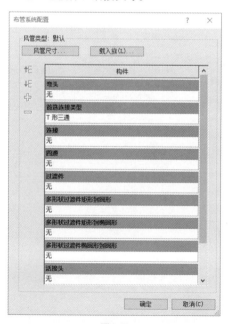

图4-7

重要参数介绍

◇ **风管类型：** 新建的风管类型名称。

◇ **风管尺寸：** 对该类型风管采用的材质、尺寸和连接方式等属性进行限定。

◇ **载入族：** 载入该风管连接方式所需要的管件族。

◇ **多形状过渡件矩形到圆形：** 设置矩形风管和圆形风管连接的默认方式。

◇ **多形状过渡件矩形到椭圆形：** 设置矩形风管和椭圆形风管连接的默认方式。

◇ **多形状过渡件椭圆形到圆形：** 设置椭圆形风管和圆形风管连接的默认方式。

◇ **活接头：** 设置风管方便连接拆卸的默认连接类型。

> **提示** 在风管布管系统的编辑中提供了"接头"和"T形三通"两种首选连接类型，在连接风管和风管时，采用不同的首选连接类型将会得到不同的效果，如图4-8所示。

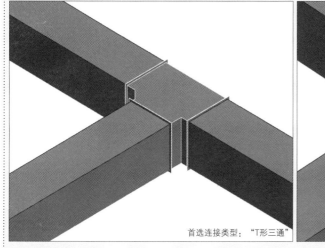
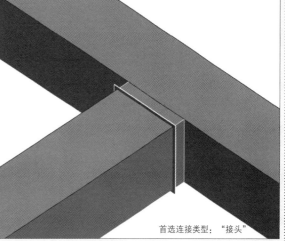

首选连接类型："T形三通"　　　　　　　　　首选连接类型："接头"

图4-8

2. 机械设置

在"布管系统配置"对话框中单击"风管尺寸"按钮，弹出"机械设置"对话框，可对风管的系统进行进一步编辑，如图4-9所示。

重要参数介绍

◇ **转换：** 设置风管系统自动布置时的管道转换类型。

◇ **矩形：** 新建或删除矩形风管的尺寸参数。

◇ **椭圆形：** 新建或删除椭圆形风管的尺寸参数。

◇ **圆形：** 新建或删除圆形风管的尺寸参数。

◇ **新建尺寸：** 添加原有尺寸中没有的管道尺寸参数，新建参数可供管道绘制时使用。

◇ **删除尺寸：** 删除尺寸列表中不需要的尺寸参数，删除后绘制管道时将无法选择该尺寸。

图4-9

◇ **尺寸：** 绘制风管时可选用的尺寸列表。

◇ **用于尺寸列表：** 绘制风管时，设置该尺寸是否默认用于风管尺寸大小，一般默认勾选。

◇ **用于调整大小：** 绘制风管时，设置该尺寸是否可用于更改风管的直径大小，一般默认勾选。

3. 新建风管材质及尺寸

风管材质及尺寸的添加方式与给排水系统材质及尺寸的添加方式相同，只需在新建风管类型时添加即可。

⊙ **添加材质**

在风管系统的"类型属性"对话框中可为风管添加材质，如图4-10所示。

图4-10

⊙ **新建风管尺寸**

在"机械设置"对话框中选择风管的类型，然后单击"新建尺寸"按钮，在弹出的"风管尺寸"对话框中输入数值，单击"确定"按钮即可将其添加到尺寸列表中，如图4-11所示。选择某一尺寸，单击"删除尺寸"按钮可将该尺寸删除。

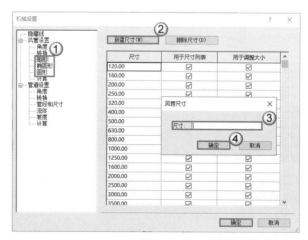

图4-11

4. 新建布管系统

风管所采用的弯头、三通和四通等连接方式都是以族构件的形式在项目中使用（通常称它们为风管管件），因此若要配置风管，就要先载入对应的族。下面以送风风管为例进行布管系统的配置，管道的基本信息如下。

① 风管名称：送风管_镀锌钢板。
② 风管材质：镀锌钢板。
③ 连接方式：法兰连接。

⊙ 载入族

在"布管系统配置"对话框中单击"载入族"按钮，如图4-12所示。

在弹出的"载入族"对话框中依次选择"01 管件族"文件夹中的全部风管管件，然后单击"打开"按钮，将其载入项目，如图4-13所示。

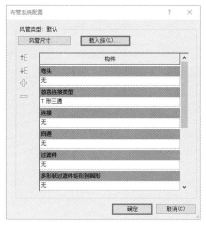

图4-12

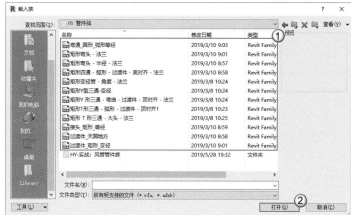

图4-13

⊙ 布管系统配置

风管管件载入完成后，设置"弯头"的连接类型为"矩形弯头-半径-法兰:0.8W"、"首选连接类型"为"接头"、"连接"的连接类型为"T三通_矩形_异径同底:定制标准"、"四通"的连接类型为"矩形四通-弧形-过渡件-底对齐-法兰:标准"、"过渡件"为"过渡件_矩形_变径:定制标准"。如果需设置矩形风管和圆形风管，那么可设置矩形风管和圆形风管的过渡件连接类型为"过渡件_天圆地方:定制标准"；如果需要设置矩形风管和椭圆形风管，那么可以设置矩形风管和椭圆形风管的过渡件连接类型为"HY-矩形到椭圆形过渡件-长度:标准"，如图4-14所示。完成布管系统的设置后，单击"确定"按钮退出设置。

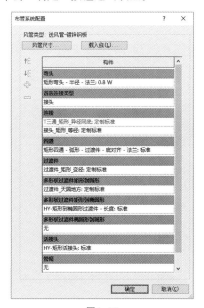

图4-14

> **提示** 一般情况下，风管使用法兰进行连接。

实战：风管布管系统配置

素材位置	素材文件>CH04>实战：风管布管系统配置
实例位置	实例文件>CH04>实战：风管布管系统配置
视频名称	实战：风管布管系统配置.mp4
学习目标	掌握项目中污水管道、有压管道的布置方法

扫码观看视频

配置完成后，风管的布管系统如图4-15所示。

图4-15

1. 打开案例文件

打开"素材文件>CH04>实战：风管布管系统配置>风管布管系统配置.rvt"，如图4-16所示。

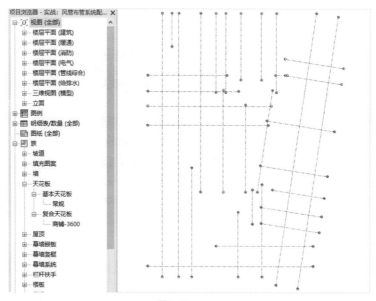

图4-16

2. 布管系统配置

根据给出的管道信息，载入相应的管件族并完成新风风管布管系统定义，管道的基本信息如下。

① 管道名称：新风管–镀锌钢板。

② 弯头：HY–矩形弯头–弧形–法兰：镀锌钢板。

③ 首选连接类型：接头。

④ 连接：HY–矩形弯头–45度接入–法兰：标准、HY–矩形T形三通–斜接–法兰：镀锌钢板。

⑤ 四通：HY–矩形四通–弧形–法兰：镀锌钢板。

⑥ 过渡件：HY–矩形变径管–角度–法兰：45度。

⑦ 多形状过渡件矩形到圆形：天方地圆–角度–法兰：90度。

⑧ 多形状过渡件矩形到椭圆形：HY–矩形到椭圆形过渡件–长度：镀锌钢板。

⑨ 多形状过渡件椭圆形到圆形：无。

⑩ 活接头：HY–矩形活接头：镀锌钢板。

⑪ 管帽：HY–矩形堵头：镀锌钢板。

> **提示** 风管系统的布管系统定义方法与给排水管道系统布管系统定义相似，即先通过复制新建风管类型，然后选择对应的管段材质，设置其可编辑的管段尺寸，最后设置管段弯头、三通和四通等管件类型，完成管道布管系统的设置。

01 在"系统"选项卡中单击"风管"按钮，如图4-17所示。

图4-17

02 在"属性"面板内选择风管的类型为"矩形风管"，然后单击"编辑类型"按钮，在弹出的"类型属性"对话框中单击"复制"按钮，创建一个"名称"为"新风管–镀锌钢板"的风管类型，单击"确定"按钮，如图4-18所示。

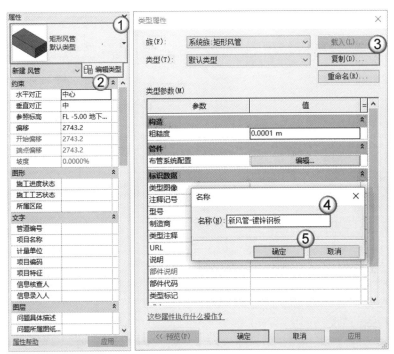

图4-18

03 单击"布管系统配置"右侧的"编辑"按钮，在弹出的"布管系统配置"对话框中单击"载入族"按钮，如图4-19所示。

图4-19

04 在弹出的"载入族"对话框中切换到"素材文件>CH04>族文件>风管管件"文件夹，并依次选择各类管件族，单击"打开"按钮，将其载入项目，如图4-20所示。

05 载入管件族后，根据提供的信息，在"布管系统配置"对话框中各个管件的下拉列表中依次选择对应的管件族，如图4-21所示。最后单击"确定"按钮，完成新风管的布管系统配置。

图4-20

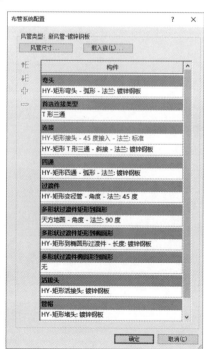

图4-21

4.2 风管的绘制

当风管的布管系统配置完成后，便可以开始对风管进行绘制，绘制风管时应始终注意风管的系统类型、该段风管参照的标高和相对该段标高所偏移的距离等问题。同时应参照施工图纸设置风管的高度变化、方向变化和管径变化。

4.2.1 风管的基本绘制

风管的绘制应注重掌握平面管道、立管、特定角度管道和各类管件的连接使用命令，此外各类管件的连接应满足设计及安装规范的要求。

扫码观看视频

1. 风管绘制的命令

新建风管类型和布管系统定义完成后，一般在"FL 0.00 一层"楼层平面视图对风管进行绘制，如图4-22所示。下面介绍绘制风管时使用的命令。

在"系统"选项卡中单击"风管"按钮（快捷键为D+T），激活风管的"属性"面板，可在"类型选择器"中选择需要绘制的风管类型，这里以"送风管–镀锌钢板"为例，如图4-23所示。

在"属性"面板内可对风管的属性进行编辑。与第3章编辑管道属性的方式相同，选择了对应的风管类型后，还需选择该风管对应的系统类型，如送风管道对应的"系统类型"为"01M送风管"，如图4-24所示。

重要参数介绍

◇ **水平对正**：风管绘制时水平方向风管连接所参照的点，包含"中心""左""右"3种水平对正方式。

» **中心**：水平方向上对正时风管将以中心作为参照点，如图4-25所示。

» **左**：水平方向上对正时风管将以左边顶点作为参照点，如图4-26所示。

» **右**：水平方向上对正时风管将以右边顶点作为参照点，如图4-27所示。

图4-22　　　　　图4-23　　　　　图4-24

图4-25

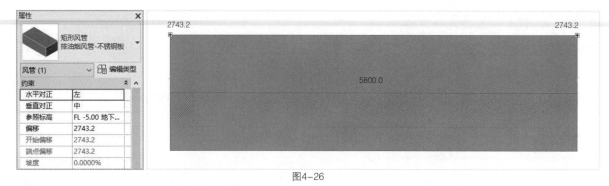

图4-26

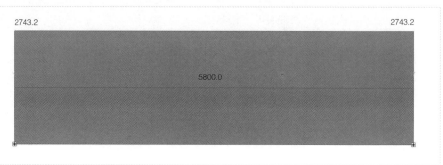

图4-27

◇ **垂直对正**：与"水平对正"相似，由于不同尺寸的风管在连接时参照的平面不同，因此有"顶""中""底"3种垂直对正方式，分别表示以风管的顶平面、中心线和底平面进行垂直对正。

　　» **顶**：垂直方向风管对正时以顶部作为参照点，如图4-28所示。

　　» **中**：垂直方向风管对正时以中心作为参照点，如图4-29所示。

　　» **底**：垂直方向风管对正时以底部作为参照点，如图4-30所示。

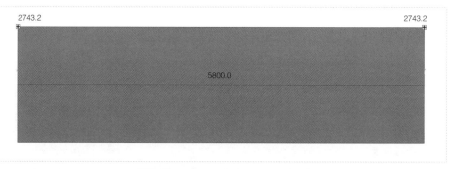

图4-28

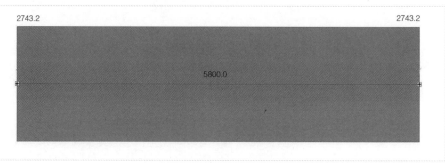

图4-29

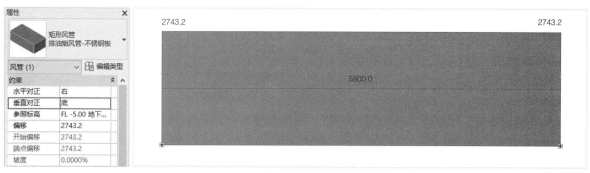

图4-30

◇ **尺寸：** 该风管的长度×宽度的数值。

◇ **宽度：** 该风管的净宽度数值。

◇ **高度：** 该风管的净高度数值。

◇ **长度：** 该风管的长度数值。

> **提示** 风管的"属性"面板内会默认将"水平对正"和"垂直对正"设置为"中心"和"中"，在绘制风管时应根据实际情况选择对正方式。

与排水管道的绘制方式相同，在绘制风管的过程中，一般使用"修改|放置 风管"上下文选项卡中的编辑命令进行风管绘制前的编辑，如图4-31所示。风管绘制完成后，选择对应的风管，可在风管的"属性"面板内对其定义的各类属性进行修改。

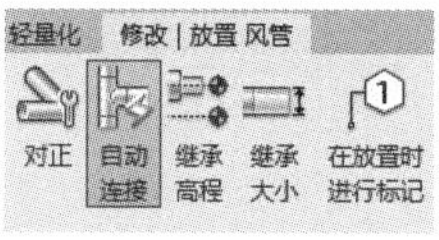

图4-31

2. 平面风管的绘制

与管道的绘制方式相同，一般在楼层平面中进行平面风管的绘制，并采用过渡件、弯头、三通和四通等管件进行不同管径大小或不同方向的风管连接。

⊙ **定义属性**

在"属性"面板内选择风管类型为"送风管-镀锌钢板"，并设置"系统类型"为"01M送风管"，如图4-32所示。

图4-32

在选项栏中选择"标高"为"FL 0.00一层"，选择或输入"宽度"为400mm、"高度"为250mm、"偏移"为–2600mm，如图4-33所示。设置完成后即在一层平面图向下2600mm的高度绘制了一段宽度为400mm、高度为250mm的矩形风管。

图4-33

⊙ 风管的绘制方式

风管的绘制方式和管道的绘制方式类似，将鼠标指针移动至绘图区域，待鼠标指针显示为十字形时，即可绘制起点。在绘制区域选择任意一点单击，将单击位置作为风管的起点，向右移动鼠标指针，这时将自动显示该风管的绘制轨迹和长度。下面介绍风管的两种绘制方式。

绘制平行风管

与绘制管道的方式相似，绘制平行风管时，输入具体的数值，如3000mm，按Enter键结束，风管会从起点延伸3000mm后停止，如图4-34所示。另外，确定起点后水平移动鼠标指针到距离起点3000mm的位置处单击，同样也能完成该段风管的绘制。

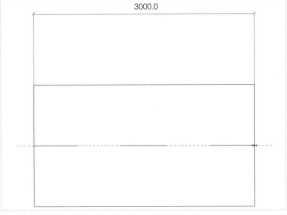

图4-34

绘制倾斜风管

确定风管的起点后，在起点的右上方或右下方移动鼠标指针，待达到所需倾斜角度后单击即可完成绘制，如图4-35所示。

图4-35

> **提示** 虽然圆形风管、椭圆形风管和矩形风管的类型不同，但是它们的绘制方式和矩形风管的绘制方式是相同的。

3. 不同管径风管的绘制

与管道的绘制方式相似，风管也需要在不同位置设置不同的管径进行连接。

⊙ **不同管径风管的连接**

在绘制风管时，一段风管绘制完成后，可继续绘制不同管径的风管，即在不退出风管绘制命令的情况下，直接在选项栏中输入下一段风管的宽度和高度，继续进行下一段风管的绘制。使用这种方式绘制的风管在变径位置处将自动生成过渡连接件，而连接件的类型由该风管MEP设置中所选择的形式决定。下面以风管尺寸为500mm×500mm和尺寸为400mm×250mm的送风风管的连接为例，介绍不同管径的风管的绘制方式。

在"FL 0.00一层"平面视图中设置"偏移"为1000，然后选择"矩形风管"的类型为"送风管_镀锌钢板"、"系统类型"为"01送风管"，如图4-36所示。接着在选项栏中设置"宽度"为500mm、"高度"为500mm，选择起点后移动鼠标指针至该段管道的终点，再次单击完成该段风管的绘制，如图4-37所示。

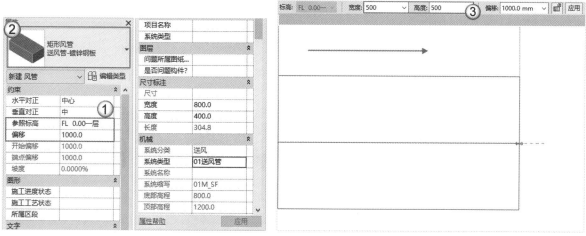

图4-36

图4-37

在选项栏中设置"宽度"为400mm、"高度"为250mm，即下一段风管的尺寸为400mm×250mm，设置完成后将鼠标指针继续移动一段距离，如图4-38所示。

确定终点后单击，第2段风管绘制完成，此时在第1段风管和第2段风管的连接处将自动生成一个过渡件，完成不同管径风管之间的连接，如图4-39所示。

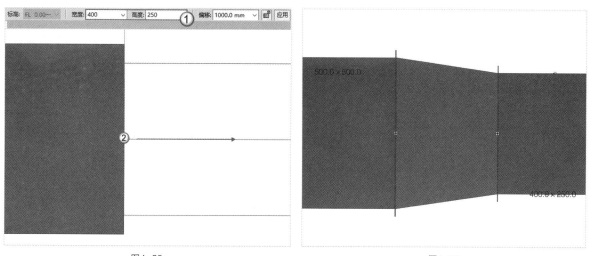

图4-38

图4-39

⊙ **不同管径风管连接的对齐方式**

与给排水管道相同，不同管径的风管连接一般有中心对齐、顶对齐和底对齐3种对齐方式。一般情况下，不同管径的风管在连接时默认为中心对齐，即风管中心在一条线上，如图4-40所示，三维效果如图4-41所示。

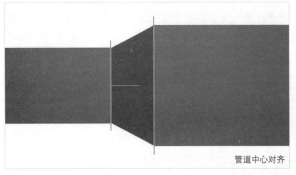
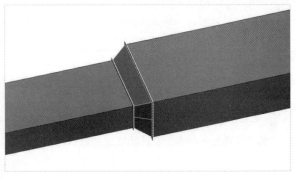

图4-40   图4-41

而在实际的风管安装或实际项目的绘制中，风管会出现顶对齐（俗称"顶平"）或底对齐（俗称"底平"）的情况，即不同管径的风管顶部在同一条直线上或底部在同一条直线上，如图4-42所示。

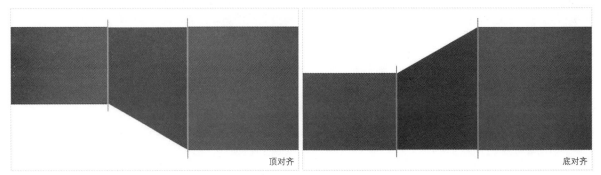

图4-42

那么"顶对齐"或"底对齐"是怎么绘制的呢？风管的"顶对齐"的绘制方法和"底对齐"的绘制方法相同，下面以风管的"底对齐"的绘制说明其绘制方法，绘制的方法有两种。

通过移动工具

对于中心对齐的连接后的不同管径风管，需要先删除中间连接件，如图4-43所示。

图4-43

在三维视图中使用ViewCube控件切换至"右"立面视图，此时风管的效果如图4-44所示。

在"修改|风管"上下文选项卡中使用"移动"工具，然后选择小管径风管底面的最低点，将其拖曳至与大管径风管的底面的顶点在一条直线上，如图4-45所示，最终效果如图4-46所示。

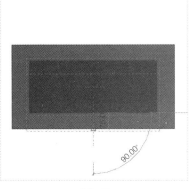

| 图4-44 | 图4-45 | 图4-46 |

通过对齐工具

在"修改"选项卡中使用"对齐"工具 ，如图4-47所示。先拾取大尺寸风管底面，再拾取小尺寸风管，也可以使大小风管的底面对齐。

在三维视图中使用ViewCube控件切换至"上"立面视图，此时风管的效果如图4-48所示。

| 图4-47 | 图4-48 |

按住小管径风管的 图标，然后将其拖曳至大管径风管，如图4-49所示，这时大小管径风管将自动生成连接件完成底平的连接，三维效果如图4-50所示。

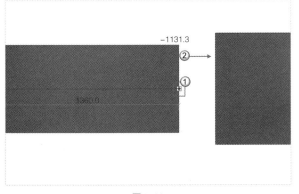

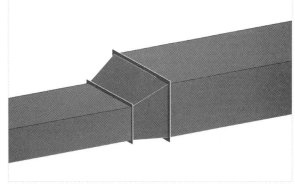

| 图4-49 | 图4-50 |

4. 不同方向风管的连接

对不同方向的风管进行连接的方式有弯头、三通和四通3种，在一定条件下还可相互进行转化，下面一一进行说明。

⊙ 弯头

与排水管道的连接方式类似，风管与风管之间生成弯头的形式也非常灵活，根据不同情况共有4种生成方式，读者可灵活运用。

第1种方式

绘制不同方向风管的连接方式和绘制不同管径风管的连接方式类似，以送风管为例。先在水平方向绘制一段任意长度、尺寸为500mm×500mm的风管，不退出风管的绘制界面，在竖直方向继续移动任意长度，如图4-51所示。单击后的风管会在连接处自动生成90°弯头（弯头的形式是根据该风管在进行MEP设置时弯头的设置方式决定的），如图4-52所示。

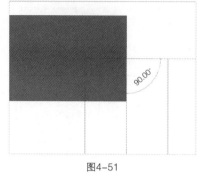
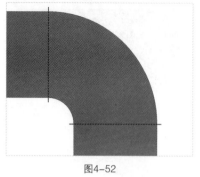

图4-51

图4-52

第2种方式

对于非特定角度连接的风管，也可以采用类似第1种方式进行绘制。先在水平方向绘制一段任意长度、尺寸为500mm×500mm的风管，不退出风管的绘制界面，在非竖直方向（与水平方向管成非90°夹角）继续移动任意长度，如图4-53所示。单击后风管将在连接处自动生成非90°弯头，如图4-54所示。

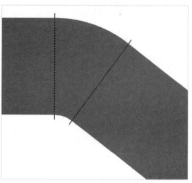

> **提示** 风管的绘制和给排水管道的绘制方式类似，可使用"修剪/延伸为角"工具 （快捷键为T+R）进行修剪连接。

图4-53

图4-54

第3种方式

除了可以在生成弯头的地方绘制风管，使其自动生成弯头，还可以在离风管一定距离处，先绘制一段风管，再移动鼠标指针捕捉到另一根风管的端点，如图4-55所示。在生成风管的同时，两根风管的连接处会根据这两根风管所成的角度自动生成弯头，如图4-56所示。

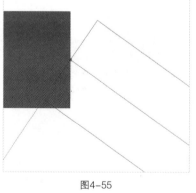
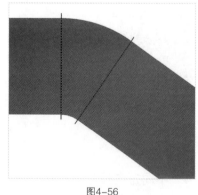

图4-55

图4-56

第4种方式

将已经完成的风管移动至另一根风管的端点，也可以自动生成弯头连接，如图4-57所示。简言之，两根风管只要在端点处进行连接，就会根据角度生成对应的弯头，如图4-58所示。

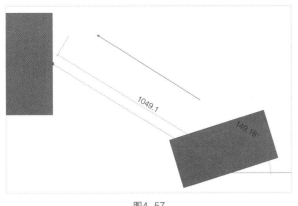

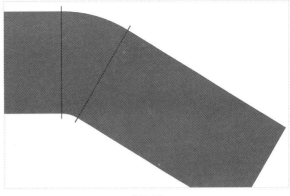

图4-57   图4-58

⊙ 三通

三通的连接方式和弯头的连接方式类似，根据不同情况有以下3种生成方式。

第1种方式

先绘制任意一段水平风管，再在竖直方向上绘制另外一段风管，并将其移动至水平风管的上下边缘或中心线，这时拼接的部分将以蓝色线条显示，如图4-59所示。当出现蓝色线条时单击，水平方向处的风管将和竖直方向处的风管在连接处自动生成弯头进行连接，如图4-60所示。

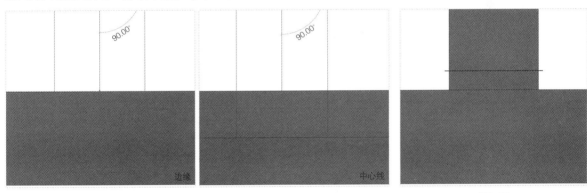

图4-59   图4-60

> **提示** 风管在进行三通连接时的类型是由该段风管在"首选连接类型"中设置的方式决定的。

第2种方式

与生成弯头的道理相同，也可以先在离水平方向风管一定距离处绘制一段竖直方向的风管，再移动鼠标指针捕捉到水平风管的中心线，如图4-61所示。在生成风管的同时，这两根风管的连接处会根据它们所成的角度自动生成三通，如图4-62所示。若两根风管之间的角度不是90°，则会生成斜三通。

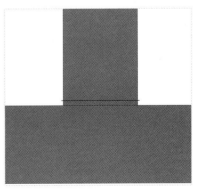

图4-61   图4-62

第3种方式

与绘制给排水管道的方式类似，风管的三通连接方式也可以通过"修剪延伸单个图元"工具⊣完成。

⊙ **四通**

四通的连接方式和三通的连接方式类似，区别在于在连接三通时只需捕捉到风管的边缘或中心线，而连接四通时需将第2根风管移动至超过第1根风管处，如图4-63所示。这时在风管的十字交叉处将自动生成四通，如图4-64所示。若两根风管之间的角度小于90°，则会自动生成斜四通。

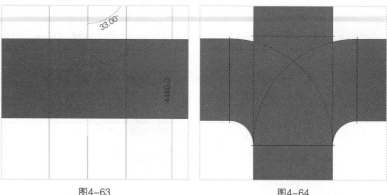

图4-63   图4-64

5. 不同类型风管的连接

风管的绘制还涉及矩形风管与圆形风管、矩形风管与椭圆形风管、圆形风管与椭圆形风管的连接。以送风风管为例，在绘图区域的任意高度绘制一段矩形风管，完成后不退出风管的绘制界面，在风管的"属性"面板内选择圆形风管并绘制一段风管，此时在矩形风管和圆形风管的连接处将自动生成"过渡件_天圆地方"连接件，如图4-65所示，连接效果如图4-66所示。

图4-65

图4-66

> **提示** 连接构件的类型由之前风管在进行机械设置时选用的管件来确定，椭圆形风管与圆形风管也可以通过设置相关连接构件进行连接。

6. 风管软管的绘制

风管软管的绘制方式和管道软管的绘制方式类似，也包含软管绘制方式的选择及软管与风管之间的连接。

⊙ **软管的绘制方式**

在"系统"选项卡中单击"软风管"按钮（快捷键为F+D），如图4-67所示。

在软风管的"类型选择器"中一共提供了"矩形软风管"和"圆形软风管"两种类型，如图4-68所示，读者可以根据实际需求灵活选择。

图4-67   图4-68

无论是圆形软风管还是矩形软风管，其绘制方式都与管道的软管的绘制方式相似。选择需要绘制的软风管类型，在选项栏中输入或选择需要的软管尺寸、标高和相对标高偏移的距离，待捕捉到软风管的起点后单击一次，然后移动鼠标指针在任意位置再次单击，这时软管会在单击处随着鼠标指针移动的方向自动显示其转弯轮廓，通过连续移动转换位置并不断单击，软管的形式和显示样式不同，按Enter键完成软管的绘制。图4-69所示分别为圆形软风管和矩形软风管，方框标注表示鼠标单击处。

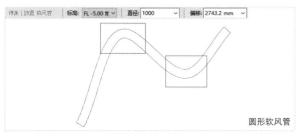 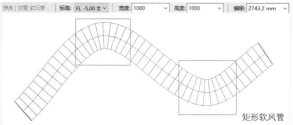

图4-69

⊙ 处理风管端头和软管的连接

在处理风管端头和软管的连接时，应先绘制一段风管，再在接头处绘制软管，可实现软管和风管的连接。以矩形风管和圆形软风管的连接为例，先绘制一段矩形风管，完成后不退出风管绘制界面，单击"软风管"按钮⑴并继续进行绘制，如图4-70所示，则矩形风管和圆形软风管的连接处将自动生成连接件，如图4-71所示。

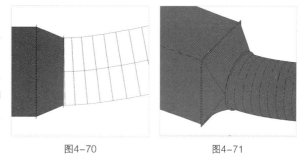

图4-70   图4-71

7. 风管立管的绘制

在日常施工中，风管需要穿越楼板到达下一层，这种情况就需要绘制风管立管。风管立管的绘制方式与给排水系统立管的绘制方式类似，下面以送风风管为例进行介绍。

绘制立管时先确定当前处于一层平面图，然后在选项栏中设置"宽度"为400mm、高度为250mm、"偏移"为900mm，表示风管的尺寸为400mm×250mm，起点高度为900mm，然后在绘图区域内单击，确定风管的起点，如图4-72所示。

再次输入"偏移"为3600mm，表示风管的终点高度为3600mm。第2次数值设置完成后，单击两次"应用"按钮将自动生成立管，如图4-73所示。

最终绘制完成的立管的起点高度为900mm，终点高度为3600mm，起点和终点之间的距离即为立管的高度，如图4-74所示。

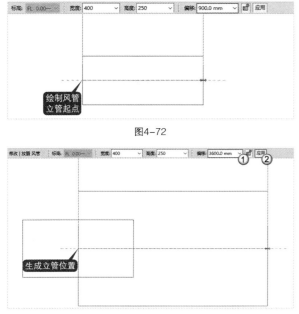

图4-72

图4-73

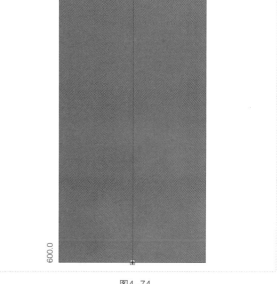

图4-74

8. 风管保温隔热层

在实际的管道安装中，对于具备输送热能等功能的风管系统，需对其设置保温隔热层。

⊙ **添加隔热层**

选中绘制完成的风管，在"修改|风管"上下文选项卡中单击"添加隔热层"按钮🔲或"添加内衬"按钮🔲即可为风管添加保温隔热层或内衬，如图4-75所示。两者的编辑方式完全相同，以风管保温层的设置方法说明保温隔热层或内衬的添加方式。

图4-75

单击"添加隔热层"按钮🔲，在弹出的"添加风管隔热层"对话框中可进行保温隔热层材质和隔热层厚度的设置，如设置"隔热层类型"为"纤维玻璃"、"厚度"为25mm，设置完成后选中需要添加隔热层的风管，如图4-76所示。

在"添加风管隔热层"对话框中单击"编辑类型"按钮🔲，然后在弹出的"类型属性"对话框中单击"材质"右侧的🔲按钮，可进行保温隔热层材质的替换，如图4-77所示。

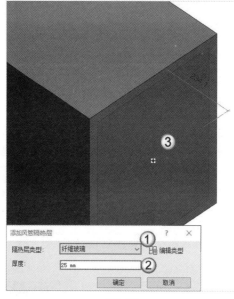

图4-76

图4-77

在弹出的"材质浏览器"对话框中，搜索出"内衬-纤维玻璃板"材质以替换保温隔热层材质，如图4-78所示。

图4-78

> **提示** 风管保温隔热层的材质颜色一般与风管过滤器设置的颜色相同，可不进行单独设置。

⊙ 编辑隔热层

选择已经添加管道隔热层的风管，这时"编辑隔热层"按钮和"删除隔热层"按钮被激活，如图4-79所示。

单击"编辑隔热层"按钮，在隔热层的"属性"面板内可对隔热层的类型和厚度进行编辑，如图4-80所示。接着单击"编辑类型"按钮，可切换到保温隔热层的"类型属性"对话框。

单击"删除隔热层"按钮，会弹出是否删除风管隔热层的提示，单击"是"按钮，即可将风管保温隔热层删除，如图4-81所示。

图4-79   图4-80   图4-81

4.2.2 风管与管件的编辑

风管和管件的连接类型主要包括风管与弯头、三通、四通、过渡件等管件之间的连接，其具体的连接方式由该风管的布管系统的具体形式决定。

扫码观看视频

1. 不同高度风管的连接

绘制风管时，只需要不断更改其偏移值，即可实现风管在不同高度之间的自动连接，下面以送风风管为例说明不同高度风管之间的连接方式。

⊙ 弯头

在"标高"为"FL 0.00一层"的平面中绘制一段"高度"为500mm、"宽度"为500mm、"偏移"为2000mm的风管。在绘图区域确定风管的起点后，将鼠标指针移动至距离起点2000mm的位置，单击即可完成该段风管的绘制，如图4-82所示。

图4-82

不退出风管绘制界面，选择风管的绘制起点后将风管移动任意一段距离，继续输入"偏移"为5000mm，表示下一段风管的绘制高度为一层平面图往上偏移至5000mm，这时风管将自动生成一段立管进行连接，如图4-83所示。

当高度为2000mm的风管和下一段高度为5000mm的风管绘制完成后，由于两根风管不在一条直线上，因此两根风管的高差会通过立管补充，并在两端以弯头的形式进行连接，如图4-84所示。

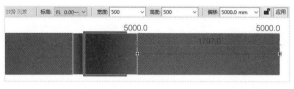

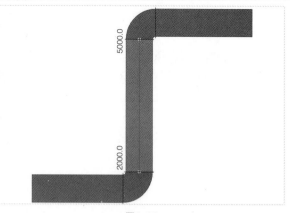

图4-83

图4-84

⊙ 三通

在不同高度下风管的三通的连接方式和弯头的连接方式相似，以送风风管为例，先在水平方向绘制一段风管，假设风管高度为2000mm，再在竖直方向绘制另一段高度为5000mm的风管；移动竖直方向上的风管直至捕捉到水平方向风管的风管壁或风管中心线，单击完成该段风管的绘制，如图4-85所示。

风管绘制完成后，在两根风管的连接处将自动生成不同高度的三通进行连接，如图4-86所示。

图4-85

图4-86

2. 风管的编辑

与给排水管道的编辑方式相同，当风管的绘制完成后，也可以根据需求对风管进行修改。选中绘制完成的风管，将在风管的两端出现数值，提示该风管在相对平面的相对高度，风管中间的数值表示该段风管的长度，如图4-87所示。

图4-87

⊙ 绘制倾斜风管

单击风管的任意端头并修改数值，使两端头处数值不一致，便可以绘制一条倾斜的风管，如图4-88所示。

图4-88

按住✛图标进行拖曳，或移动原有的中心线，可对风管的端点进行移动。除此之外，还可以通过更改端点处的数值使其被重新放置，如图4-89所示。

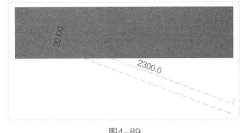

图4-89

⊙ 对齐风管

对于位置有偏差的两段风管，可以使用"对齐"工具 （快捷键为A+L）使两段风管的中心线对齐。选项栏的"首选"下拉列表中提供了"参照墙中心线""参照墙面""参照核心层中心""参照核心层表面"4种对齐方式，如图4-90所示。这里保持默认选择的"参照墙面"选项，然后依次选择两段风管的中心线，即可实现风管的对齐，如图4-91所示。

图4-90   图4-91

3. 过渡件的编辑

除了在绘制之前对风管和管件进行编辑，绘制完成后也可以根据需求对风管和管件进行修改。在风管的"属性"面板内，可通过"类型选择器"对风管的类型进行替换；在"类型属性"对话框中可对风管的布管系统重新进行定义。下面以不同尺寸间的风管的连接为例介绍过渡件的编辑方式。

在绘图区域的任意高度绘制一段尺寸为800mm×320mm的风管，再绘制一段尺寸为630mm×200mm的风管，这时两段风管中间将以过渡件进行连接，如图4-92所示。选中过渡件，即可在"属性"面板内替换过渡件类型，如图4-93所示。

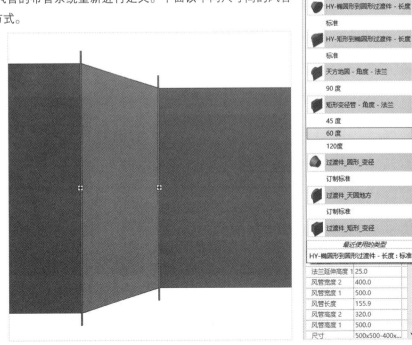

图4-92   图4-93

157

选中风管，然后单击鼠标右键，在弹出的菜单中选择"删除"命令（按Delete键）将风管删除，只保留过渡件。

选中过渡件，在过渡件的两端会分别出现800×320、630×200两组数值，表示该过渡件的两端分别所能连接或绘制的风管尺寸，如图4-94所示。

选中过渡件，在其右端▦图标上单击鼠标右键，然后在弹出的菜单中选择"绘制风管"命令，即可在这个端头绘制一段尺寸为630mm×200mm的风管，如图4-95所示。

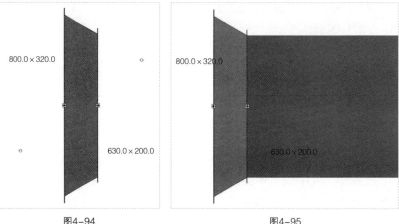

图4-94　　　　　　　　　　图4-95

与过渡件的绘制方式相同，可以继续绘制弯头、三通或四通，也可以通过单击该系列管件修改管件的形式和数值，并对管件和风管的连接大小进行限定。

4. 风管三通的编辑

与给排水管道有所不同的是，风管三通一般由Y形三通或T形三通组成，在实际的绘图过程中要依据CAD图纸或实际情况来决定风管的三通连接形式。

⊙ Y形三通

一般情况下，风管还需要采用Y形三通和风管进行连接，由于Y形三通的角度不一，因此很难直接采用Y形三通直接连接3段风管，可先在"系统"选项卡中单击"风管管件"按钮▦，如图4-96所示。

图4-96

在弹出的"载入族"对话框中，选择"01 管件族"文件夹中的"矩形Y形三通-弯曲-过渡件-顶对齐-法兰"族，然后单击"打开"按钮，将其载入项目，如图4-97所示。

选中放置完成的Y形三通，修改其3个端头的3组数值，使数值和将要连接的风管的端口处的数值相同，然后依次进行风管的绘制，如图4-98所示。

图4-97

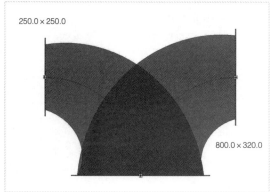

图4-98

⊙ T形三通

除了使用上述方式对Y形三通进行管件的连接外，通过风管T形弯头、三通和四通这3类管件的转换也可以对管件进行替换，实现风管的三通连接。

在"插入"选项卡中单击"载入族"按钮，在弹出的"载入族"对话框中选择"01 管件族"文件夹中的"矩形T形三通–弧形–过渡件–顶对齐1"族，然后单击"打开"按钮，将其载入项目，如图4-99所示。

在风管"布管系统配置"对话框中设置风管的"首选连接方式"为"T形三通"、"连接"的连接形式为"矩形T形三通–弧形–过渡件–直边中心对齐：直边中心对齐–中心"，如图4-100所示。

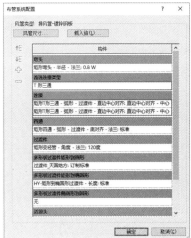

图4-99   图4-100

设置完成后在任意平面内的任意高度绘制两段矩形风管，并使用90°直角弯头进行连接。单击该弯头，在弯头的另外两端会出现✚图标，单击其中任意一个✚图标，如图4-101所示，则该弯头会在单击✚图标的方向自动生成三通，并在新弹出的管件端头处出现✚图标，如图4-102所示。在该图标上单击鼠标右键，在弹出的菜单中选择"绘制风管"命令，即可在此端头绘制一段风管，实现风管的三通连接。

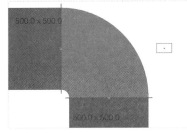

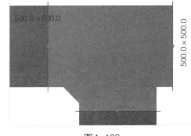

图4-101   图4-102

同理，单击绘制完成的三通，待出现✚图标后单击，如图4-103所示，即可生成四通，如图4-104所示，可接着添加新的风管，实现风管的四通连接。

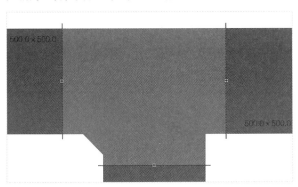

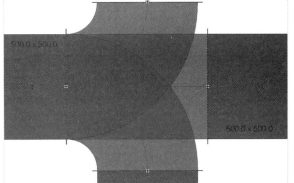

图4-103   图4-104

综上所述，弯头和三通可通过在✚图标处单击，实现弯头转化为三通、三通转化为四通的过程。在没有绘制新风管的情况下，选中生成的三通和四通，单击出现的━图标，可实现三通转化为弯头、四通转化为三通的过程。

实战：绘制地下车库的风管

素材位置	素材文件>CH04>实战：绘制地下车库的风管
实例位置	实例文件>CH04>实战：绘制地下车库的风管
视频位置	实战：绘制地下车库的风管.mp4
学习目标	掌握项目中暖通风管、软风管的布置方法

扫码观看视频

基于"地下车库暖通风管施工图 _ t3.dwg"图纸文件，以绘制风管的基本原则为依据，完成地下车库风管的绘制，如图4-105所示。图4-106所示为地下车库绘制风管的平面布置图（序号1表示送风风管，序号2表示排风风管与排烟风管）。

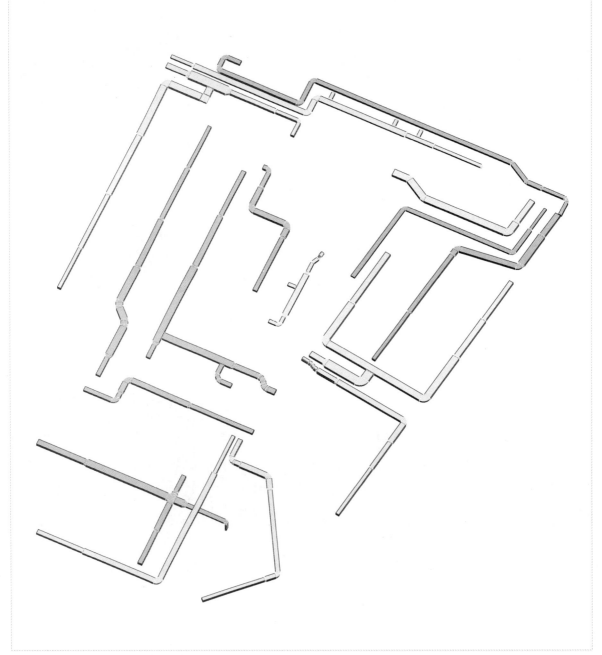

图4-105

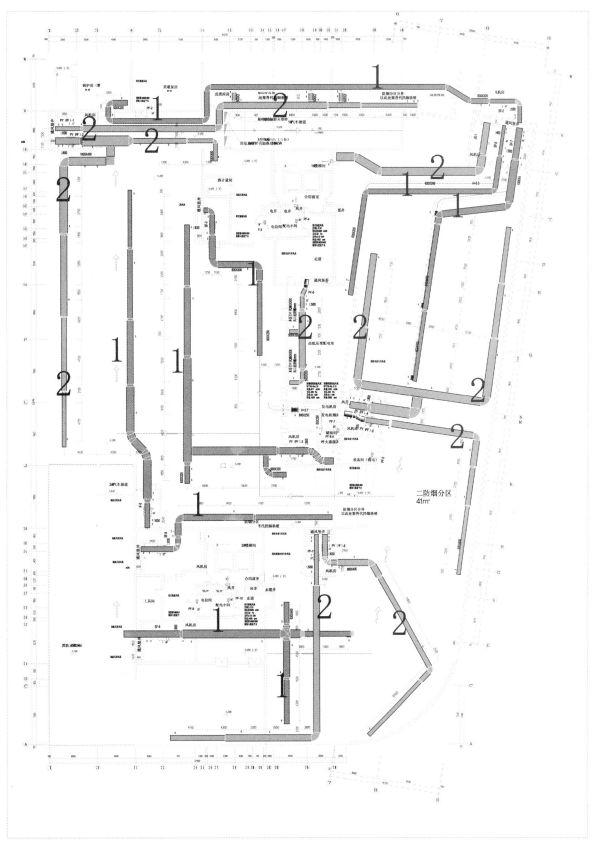

图4-106

1. 绘制前的准备

在绘制风管之前，首先要识读图纸并确定风管的高度和管径，其次要完成图纸的准备工作并确定风管的可见性和过滤器。

⊙ 综合案例图纸识读

通过阅读"素材文件>CH04>实战：绘制地下车库的风管>地下车库暖通风管施工图＿t3.dwg"图纸文件，可了解该项目案例由高区和低区两部分组成：高区的底部标高为–5.3m，顶部标高为–0.5m，高程为4.8m；低区的底部标高为–5.0m，顶部标高为–1.1m。

通过风管施工图可知，这个地下车库的主要风管类型为送风风管、排风风管和排烟风管。各类风管高程已在CAD图中给出。

⊙ 确定风管绘制高度

高区风管的绘制高度选定在"FL –5.0地下一层"平面视图，并向上偏移3300mm；低区风管的绘制高度选定在FL –5.3平面视图，并向上偏移2700mm。各类风管在高低区的分布情况如图4–107所示。

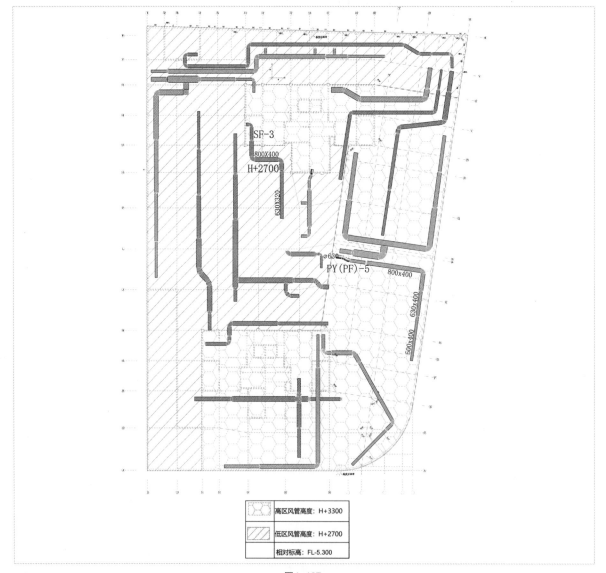

图4–107

⊙ 导入CAD图纸

01 打开"素材文件>CH04>实战：绘制地下车库的风管>风管.rvt"文件，在"暖通"专业视图中，将视图的标高切换至FL −5.3 平面视图，如图4−108所示。

02 在"插入"选项卡中单击"导入CAD"按钮，选择"素材文件>CH04>实战：绘制地下车库暖通风管施工图 _ t3.dwg"文件，将图纸导入项目中，如图4−109所示。

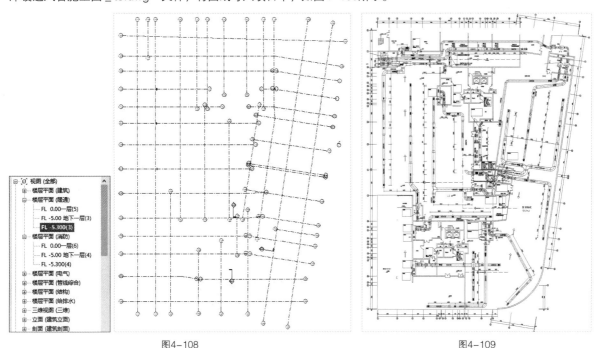

图4−108　　　　　　　　　　　　　　　　　　　图4−109

⊙ 确认管道可见性及过滤器

01 按快捷键V + V，弹出相应的可见性/图形替换对话框，然后确认风管管件、风管、风管占位符和风管附件全部可见，如图4−110所示。

图4−110

02 切换到"过滤器"选项卡，确认本例中6种风管对应的过滤器名称和颜色设置无误，并已勾选其"可见性"选项，如图4-111所示。

图4-111

2. 绘制送风风管

下面以SF-3编号送风风机连接风管说明本例送风风管的基本绘制方法，读者可参照该绘制方法结合在线视频完成全部送风风管的绘制。SF-3编号送风风机连接风管的示意图如图4-112所示。该风管的位置位于低区，参照标高为FL -5.3楼层平面视图。根据CAD图示，SF-3编号送风风机所连接的风管相对地面高度为2700mm；风机房内初始为圆形风管，尺寸为630mm；出了风机房后为矩形风管，尺寸依次为800mm×400mm和630mm×320mm。

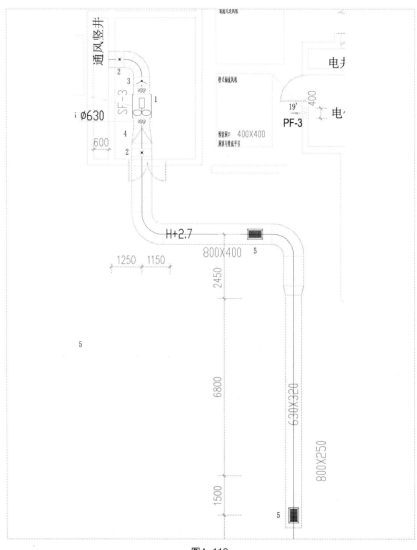

图4-112

01 先绘制圆形风管。在"系统"选项卡中单击"风管"按钮 ，然后在激活的"属性"面板中选择"圆形风管送风管–镀锌钢板"风管类型，并设置"参照标高"为FL –5.3、"偏移"为2700、"系统类型"为"01送风管"，接着在选项栏中设置风管的"直径"为630mm，最后捕捉风管的起点，并根据图纸上的风管线绘制水平方向的圆形风管，效果如图4-113所示。

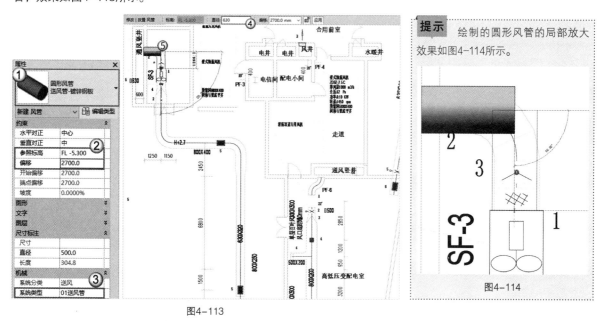

图4-113

提示 绘制的圆形风管的局部放大效果如图4-114所示。

图4-114

02 在绘制时切换方向，开始绘制竖直方向的圆形风管，这时两个风管之间将自动生成90°弯头进行连接，如图4-115所示。

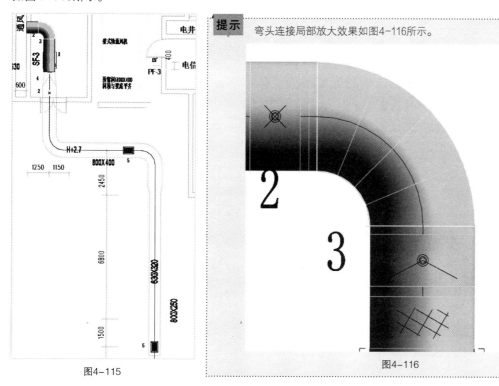

图4-115

提示 弯头连接局部放大效果如图4-116所示。

图4-116

03 在圆形风管和矩形风管的转换区域中，将风管类型切换为"送风管-镀锌钢板"，然后在选项栏中输入风管的"宽度"为800mm、"高度"为400mm，接着沿着风管线继续在垂直方向绘制风管，此时在圆形风管和矩形风管的连接处将自动生成"天圆地方"连接件，用于圆形风管与矩形风管的连接，如图4-117所示。

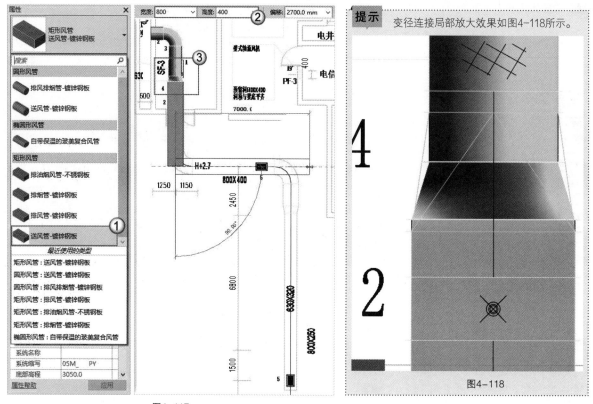

图4-117

图4-118

04 继续沿着CAD图示风管线进行风管的绘制，按照同样的方式，在下一个风管变径处修改风管长宽尺寸为630mm×320mm，变径处将自动生成过渡件用于风管的连接，如图4-119所示。

05 按照相同的方式，完成全部的送风管，绘制完成后的效果如图4-120所示（图中数字代表流程，仅供参考）。

图4-119

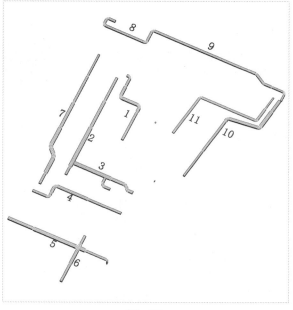

图4-120

3. 绘制排风/排烟风管

与送风风管相同，排风风管在风机房内端头为圆形风管，连接风机后与矩形风管相连接。下面以PY（PF）−5编号排风排烟风机所连接的风管绘制说明本例排风/排烟风管的绘制方法，定位图如图4−121所示（具体位置参见前面管道绘制高度标识）。

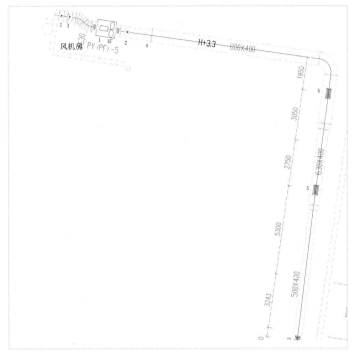

图4−121

01 先绘制圆形风管。PY（PF）−5编号排风排烟风机所连接的风管位于高区，其地面底部标高为FL −5.00平面视图。因此设置"参照标高"为"FL −5.00地下一层"，选择风管类型为"排风排烟管−镀锌钢板"，并设置"偏移"为3300mm、"系统类型"为"03排风管"，接着在选项栏中设置风管的"直径"为630mm，然后捕捉风管的起点，并根据图纸上的风管线进行绘制，圆形风管绘制完成后单击结束，如图4−122所示。

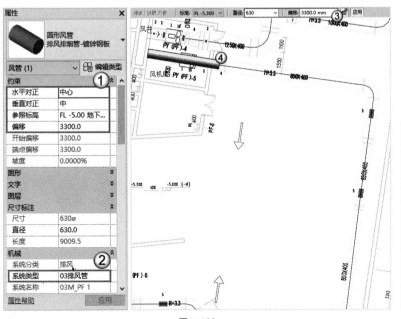

图4−122

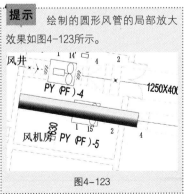

提示 绘制的圆形风管的局部放大效果如图4−123所示。

图4−123

02 在圆形风管与矩形风管的转换区域切换风管类型为"排风排烟管–镀锌钢板"，然后在选项栏中输入风管的"宽度"为800mm、"高度"为400mm，接着沿着CAD风管线继续绘制风管，在风管转弯处完成绘制，此时圆形风管与矩形风管会自动生成"天圆地方"连接件进行连接，如图4-124所示。

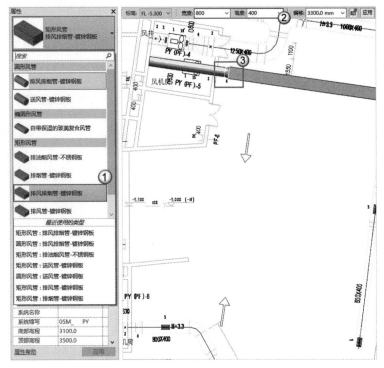

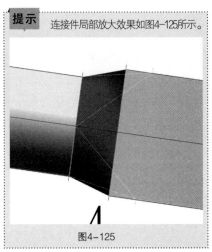

提示 连接件局部放大效果如图4-125所示。

图4-125

图4-124

03 在选项栏中修改风管的"宽度"为630mm，沿着CAD风管线继续进行风管的绘制，在转弯处切换绘制方向，然后在风管的下一个变径处单击结束，在转弯处将自动生成过渡件和弯头进行连接，如图4-126所示。

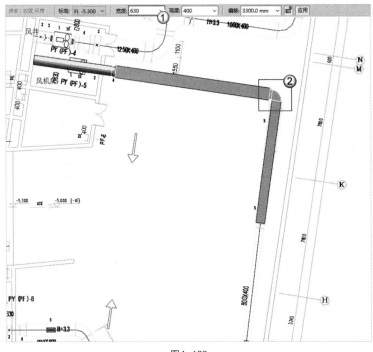

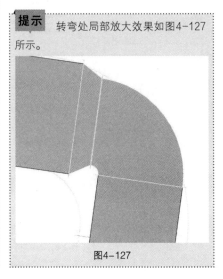

提示 转弯处局部放大效果如图4-127所示。

图4-127

图4-126

04 按照同样的方式，在下一个风管的变径处修改风管的尺寸为500mm×400mm，变径处将自动生成过渡件用于风管的连接。至此，完成一条排风/排烟风管的绘制，如图4-128所示。

05 按照相同的方式完成其他所有排风/排烟风管的绘制，绘制完成后的效果如图4-129所示（图中序号用于表示风管绘制的先后顺序，仅供参考）。

图4-128

图4-129

4.3 风管附件和机械设备的放置

风管附件是关于通风、空调风管系统中的各类风口、阀门、排气罩、风帽、检查门和测定孔等启闭和调节装置的总称；机械设备是对风管系统风力输送、调节等一系列设备的总称。本节将重点介绍风管附件和机械设备的放置方法。

4.3.1 风管附件的放置

风管附件的放置方式与给排水管道管路附件的放置思路相同，先选择需要放置的风管，然后在预定位置拾取风管中心线并单击结束，即可在风管上完成风管附件的放置。

扫码观看视频

1. 阀门的放置与编辑

下面以矩形防火排烟阀的放置为例，介绍以阀门为代表的风管附件的放置方法。在绘图区域的任意高度绘制一段任意尺寸的风管，在"系统"选项卡中单击"风管附件"按钮，如图4-130所示，通过载入阀门族完成阀门的放置。

图4-130

在弹出的"载入族"对话框中选择"02 管路附件"文件夹中的"矩形排烟防火阀"族，然后单击"打开"按钮，将其载入项目，如图4-131所示。

风管阀门的放置思路依旧是"先选择，再编辑，后放置"。在"属性"面板内选择阀门类型为"HY-矩形排烟防火阀"，该阀门的放置大小会根据矩形风管的大小自动进行调整，如图4-132所示。

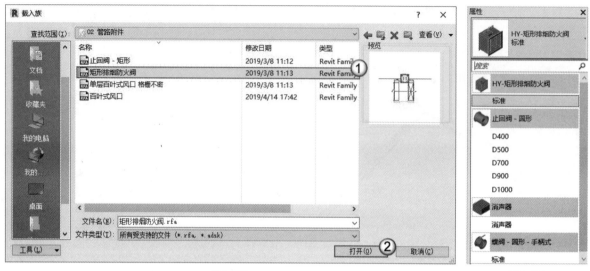

图4-131   图4-132

> **提示** 一般情况下，阀门的布置类别和风管的类别应该相同，如矩形风管应该使用矩形类别的附件进行布置，圆形风管应该采用圆形风管附件进行布置。

在三维视图中放置阀门，应在选项栏中取消勾选"放置后旋转"选项，这时移动鼠标指针并捕捉到风管的中心线，如图4-133所示，单击即可实现该阀门在风管上的放置，如图4-134所示。放置完成后，选择阀门，在阀门的周边会出现↻图标，该图标可用于调整阀门的方向。最终放置效果如图4-135所示。

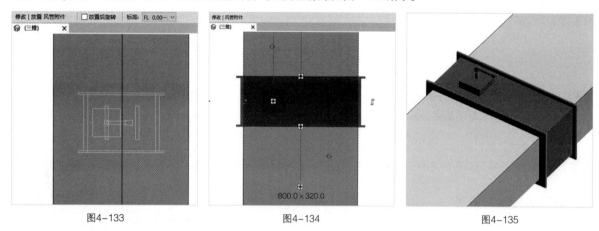

图4-133   图4-134   图4-135

选中放置完成的阀门并按Enter键确认，这时将跳转到阀门的放置界面，用户可根据情况继续进行阀门的放置。

2. 风口的放置与编辑

风口的放置与阀门和给排水管道中的地漏、喷头等的放置方式相似，下面以末端散流器为例说明风口的放置方式。先在平面图中绘制一段尺寸为400mm×250mm的矩形风管，然后在"系统"选项卡中单击"风道末端"按钮▦，如图4-136所示，通过载入风口族完成阀门的放置。

图4-136

在弹出的"载入族"对话框中选择"02 管路附件"文件夹中的"单层百叶式风口 格栅不密"族，然后单击"打开"按钮，将其载入项目，如图4-137所示。

风口一般在风管的下方，且与风管具有一段距离。切换至一层平面图，在"属性"面板内可通过选定标高并输入相对标高的偏移值的方式对风道末端散流器的位置进行布置，如图4-138所示。布置完成后，单击"编辑类型"按钮，在"类型属性"对话框中可对风口尺寸进行修改。

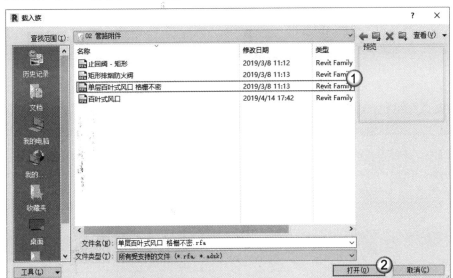

图4-137

图4-138

编辑完成后，拾取中心线并在预定位置处单击，如图4-139所示，这时末端散流器风口会自动捕捉到风管，并自行完成布置连接，完成末端散流器的放置，效果如图4-140所示。

图4-139

图4-140

提示

放置散流器风口时，注意不要单击"风道末端安装到风管上布局"按钮，因为单击此按钮后，末端散流器将自动放置在风管上，而无法在预定高度处和风管进行连接。

风口和连接立管的尺寸不符合时会自动生成过渡件进行连接，其风道末端支管的连接形式由风管设置时选择的"首选连接方式"决定。

在放置风道末端装置时，风道末端的中心线要和风管的中心线在同一水平线上，否则将无法自动连接。

当通过拾取风管中心线布置风口或散流器时，在选项栏中会提示是否需要勾选"放置后旋转"选项，如图4-141所示。

图4-141

布置风口时，若没有勾选"放置后旋转"选项，那么布置出来的风口可能会出现风口的长边方向与风管的方向不在一条直线上而是垂直的情况，如图4-142所示。

出现这种情况的原因是因为风口在布置时，其长边方向默认与风管绘制的方向垂直，因此在使用拾取风管中心线的方式布置风口时，需勾选选项栏中的"放置后旋转"选项。勾选该选项后，在布置风口时，选项栏中就会出现"角度"数值框，在其中输入90°表示所布置的风口将会以风口中心为圆心旋转90°，如图4-143所示，这样就能保证风口的长边与风管在同一个方向上。

按Enter键完成风口的布置，最终效果如图4-144所示。

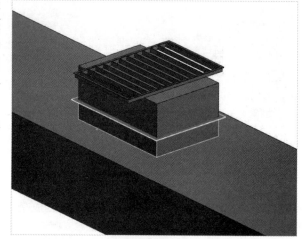

图4-142

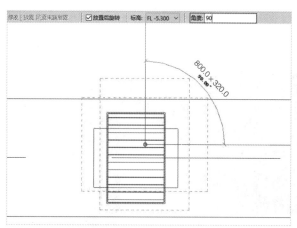

图4-143

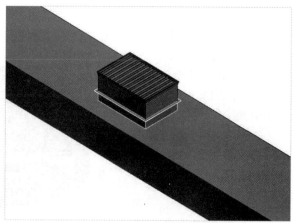

图4-144

对于没有和风管连接的风管末端，可单击"连接到"按钮，然后单击要连接散流器的风管，如图4-145所示。此时风管的中段将会自动生成三通和立管与散流器进行连接，如图4-146所示，同时风管的端头会自动生成弯头和立管与末端的散流器连接。

图4-145

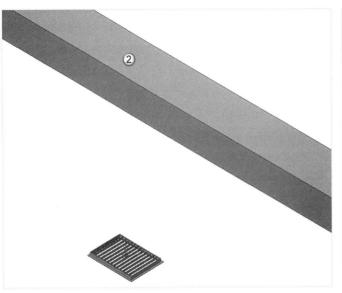

图4-145（续）

图4-146

当风管端头连接了风口时，除了使用"连接到"按钮 放置风口，我们还可以使用另一种方式放置风口。将风管的端头移动到风口边缘或中心时，如图4-147所示，风口将和风管通过自动生成的弯头和立管进行连接，完成风口的放置，如图4-148所示。

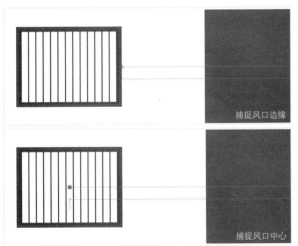

图4-147

图4-148

4.3.2 机械设备的放置

空调机组、静压箱等设备通常统称为暖通系统的机械设备，放置机械设备的方式和放置阀门的方式类似，下面以某单一空调为例对机械设备的放置进行说明。在"系统"选项卡中单击"机械设备"按钮 ，如图4-149所示，载入空调机组族（载入时需确认载入的族的尺寸和类型）。

图4-149

在弹出的"载入族"对话框中，选择"02 管路附件"文件夹中的"单层百叶式风口 格栅不密"族，然后单击"打开"按钮，将其载入项目，如图4-150所示。

与给排水设置族的放置方式类似，在"属性"面板内也可以对布置平面和参照标高进行设置。在"类型属性"对话框中，还需设置"送风口宽度"和"送风口高度"，这两个参数表示和此设备连接的风管的尺寸大小，例如，当设置"送风口宽度"和"送风口高度"均为500时，那么设备能连接的进出风管尺寸即为500mm×500mm，如图4-151所示。

图4-150

图4-151

选中设备，在出现的 ✛ 图标处单击鼠标右键，然后在弹出的菜单中选择"绘制风管"命令，如图4-152所示，即可在该端头绘制一段尺寸为500mm×500mm的风管（同时选择将要连接的风管类型），如图4-153所示。

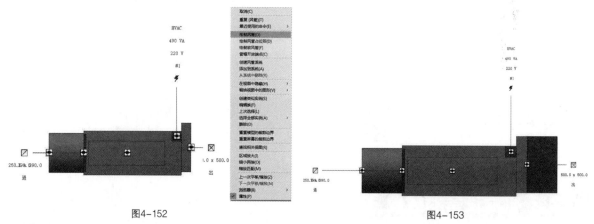

图4-152　　　　　　　　　　　　　　　　　　　　　　图4-153

> **提示**　在不修改高程的情况下，绘制的风管的高程默认和设备的端头在同一水平面上，如果在绘制前更改风管的高程（风管中心和设备端口的中心不在同一水平面），那么风管会自动生成立管和弯头使设备与风管进行连接，但是当生成的弯头和立管的高度不能保证时，设备和风管将无法进行连接，因此注意留出足够的高差使其连接成功。

除此之外，也可以在和设备相同的平面绘制风管。通过捕捉设备的中轴线，沿着中轴线绘制风管并捕捉设备的端口，使风管和设备进行连接。

> **提示**　若风管的尺寸和端口的尺寸不相同，那么在连接设备时，设备的端口处会自动生成过渡件和设备连接。

实战：风管附件和机械设备的放置

素材位置	素材文件>CH04>实战：风管附件和机械设备的放置
实例位置	实例文件>CH04>实战：风管附件和机械设备的放置
视频名称	实战：风管附件和设备的放置.mp4
学习目标	掌握项目中风口、阀门和风机的放置方法

扫码观看视频

基于"地下车库暖通风管施工图_t3.dwg"图纸文件，以放置风管附件和机械设备的基本原则为依据，完成地下车库的风口、阀门和风机的放置，如图4-154所示。图4-155所示为放置的风管附件和机械设备的位置示意图。

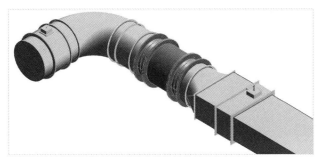

图4-154

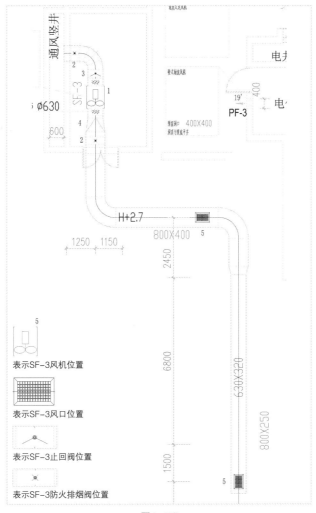

图4-155

1. 放置风口

本例所表示的风管需要进行风口布置，风管底部会显示风口位置，布置风口的CAD定位图如图4-156所示。本例风管绘制参照标高为FL -5.300，低区风管的绘制高度为2700mm，风口的布置高度为2200mm；高区风管的绘制高度为3300mm，风口的布置高度为2600mm。

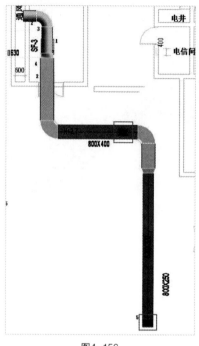

图4-156

⊙ 布置末端风口

01 打开"素材文件>CH04>实战：风管附件及机械设备的放置>风管.rvt"，如图4-157所示。

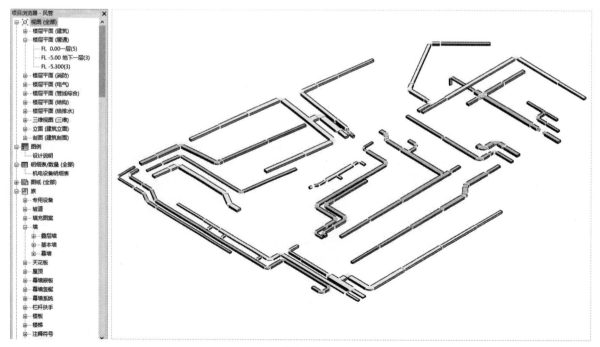

图4-157

02 在"系统"选项卡中单击"风道末端"按钮，在弹出的"载入族"对话框中选择"素材文件>CH04>族文件>02 管路附件>百叶式风口.rfa"，单击"打开"按钮，将其载入项目，如图4-158所示。

03 在百叶式风口的"类型属性"对话框中单击"复制"按钮创建一个"名称"为"送风口"的新附件类型，单击"确定"按钮，如图4-159所示。

图4-158

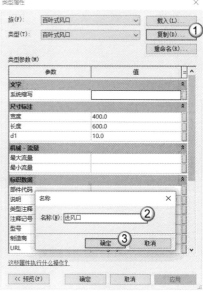

图4-159

> **提示** 布置排风口的方法与布置送风口相同，复制创建一个排风口即可。

04 先进行送风管末端风口的布置。在"属性"面板内确认风口放置的"标高"为FL −5.300，"偏移"为2200mm，然后根据CAD图纸捕捉风管末端，风口将自动完成与风管末端的连接，如图4-160所示。

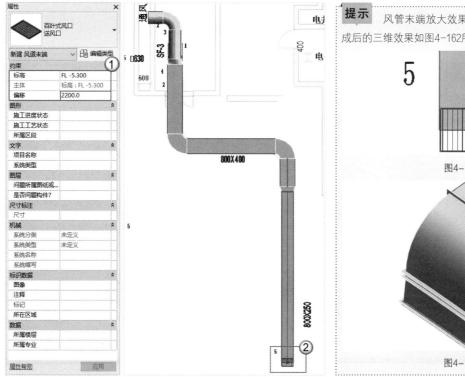

图4-160

> **提示** 风管末端放大效果如图4-161所示，放置完成后的三维效果如图4-162所示。

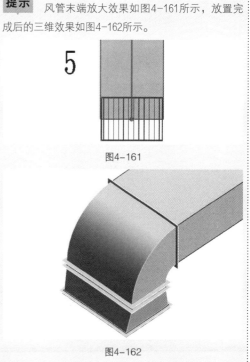

图4-161

图4-162

⊙ **布置中端风口**

01 在选项栏中勾选"放置后旋转"选项，在图纸中单击即可完成风口放置，这时发现风口的方向与图纸不对应，因此需要在选项栏中修改"角度"为90°，如图4-163所示。

02 按Enter键完成风口的放置，效果如图4-164所示。

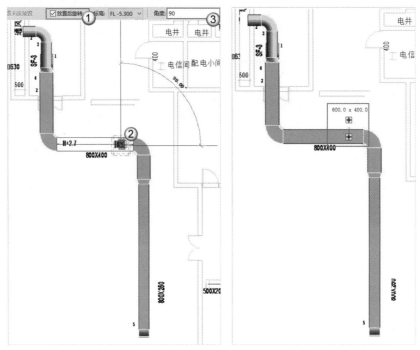

图4-163   图4-164

03 切换至三维视图，风口布置完成后的效果如图4-165所示。

图4-165

> **提示** 风口连接处的局部放大效果如图4-166所示。
>
>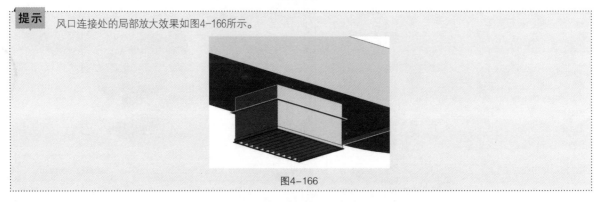
>
> 图4-166

2. 放置阀门、风机

本例需要放置的阀门为防火排烟阀和止回阀，然后还需要放置风机。SF-3编号表示需要布置的防火排烟阀、止回阀和风机全部位于SF-3风管上部机房内，如图4-167所示。

选择机房内的风管，风机（序号1）、防火排烟阀（序号2）和止回阀（序号3）的具体位置如图4-168所示。

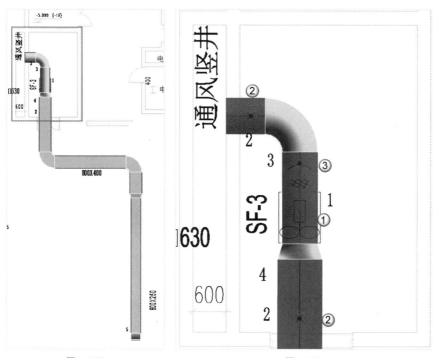

图4-167　　　　　　　　　　　　图4-168

⊙ 放置风机

01 风机的放置方式与阀门类似，在"系统"选项卡中单击"机械设备"按钮，在弹出的"载入族"对话框中选择"素材文件>CH04>族文件>03 机械设备>风机.rfa"，单击"打开"按钮，将其载入项目，如图4-169所示。

02 在"类型属性"对话框中单击"复制"按钮创建一个"名称"为"送机"的新风机类型，单击"确定"按钮，如图4-170所示。

图4-169

图4-170

> **提示** 放置排风管所连接的风机时，也需要通过复制创建新的风机类型，即"排风机"。

03 在平面视图或三维视图中移动鼠标指针，待捕捉到风管的中心线后单击，如图4-171所示。

04 这时风机将根据风管的大小自动调节尺寸，完成风机的放置，如图4-172所示。

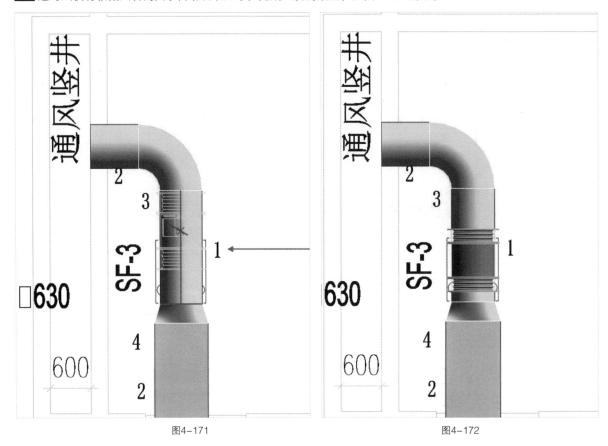

图4-171　　　　　　　　　　　　　　图4-172

⊙　**放置阀门**

01 在"系统"选项卡中单击"风管附件"按钮，在弹出的"载入族"对话框中选择"素材文件>CH04>族文件>02 管路附件>止回阀-圆形.rfa、矩形排烟防火阀.rfa、圆形排烟防火阀.rfa"，单击"打开"按钮，将其载入项目，如图4-173所示。

图4-173

02 圆形排烟防火阀、矩形排烟防火阀和止回阀的放置方式完全相同，先放置矩形排烟防火阀。在平面视图或三维视图中将阀门类型切换为"矩形排烟防火阀"，然后拾取风管的中心线进行放置，如图4-174所示。

03 这时矩形排烟防火阀将根据风管大小自动调节尺寸，完成阀门的放置，如图4-175所示。

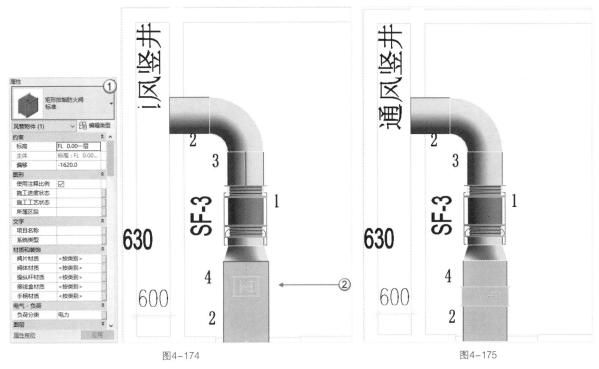

图4-174　　　　　　　　　　　　图4-175

04 将阀门类型切换为"圆形排烟防火阀"，在预定位置处拾取圆形风管的中心线进行放置，如图4-176所示，完成后的效果如图4-177所示。

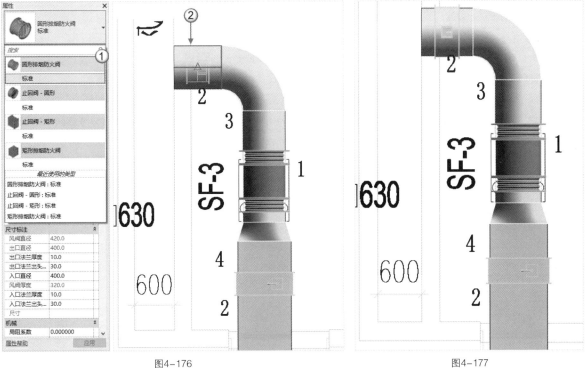

图4-176　　　　　　　　　　　　图4-177

05 按照同样的方式将阀门切换为止回阀并进行放置，放置完成后效果如图4-178所示。

06 风机、阀门放置完成后，该区域的三维效果如图4-179所示。

图4-178　　　　　　　　　　　　　　　　　　　　　　　图4-179

4.4 本章小结

　　暖通系统的全称为供热供燃气通风及空调工程，主要包括采暖、通风和空气调节3个方面，与给排水系统共同作为建筑工程安装中的重要部分。暖通系统管道类型主要由风管和管道组成，暖通采暖管道和空调排水管道的绘制方式与第3章所讲的内容相同，因此本章重点讲解暖通系统中风管的绘制方法。

　　绘制风管的主体思路为"先编辑，再绘制"。在学习中应明确风管布管系统的定义方法，掌握风管绘制的基本思路、操作流程和机械设备的放置方法，同时还需要注意以下两点。

　　第1点，风管系统的整体修改。由管件连接的风管或添加的风管附件被称为一段风管系统，当风管通过管件、风管和机械设备全部连接后，它们在Revit中将成为一个整体，此时若修改系统中的某一根风管的高程，则与之相连的风管系统会随之发生改变。同样的道理，修改系统中的某一根风管，风管系统也将整体完成修改。

　　第2点，管件和风管附件的批量修改。选中风管系统中的某一根管件，单击鼠标右键并选择"选择全部实例"命令，在级联菜单中提供了"在视图中可见"和"在项目中可见"两个命令。"在视图中可见"命令用于选择在视图中全部可见的管件；"在项目中可见"命令用于选择项目中的全部管件，包括在其他视图中不可见的其他相同管件。全部选择的目的在于可以一次性全部编辑，全部选择完成后，可在"属性"面板中对该管件进行批量替换，或对全选的管件进行高度编辑。

电气系统管线绘制

本章引言

　　一般来说，凡是属于用电的设备，都可以称为电气装置，这个概念相当广泛。本章主要立足于建筑工程的电气管线和设备安装。建筑工程电气设计主要包括低压配电系统、电力系统、照明系统、火灾自动报警系统、电视和综合桥架布线系统等。本章主要介绍灯具、开关和插座等设备的放置，导线连接及线管预埋，电缆桥架的绘制等内容，并对电气系统的设置和应用进行介绍。

5.1 定义配电系统

与给排水管道和暖通风管的绘制思路有所不同，在绘制电气系统时应先放置设备，再用导线和设备进行连接。下面以某一房间的灯具、开关和插座的放置为例来说明日常电气设备的放置和连接。正常情况下，我们需要在一套房间内布置灯具、开关和插座3类电气装置，以满足房屋日常的照明和用电需求。除此之外，还必须具备配电箱来供电：由配电箱中引出导线，与房间内布置的灯具相连接，同时灯具也应和开关相连接；房间内布置在墙上的插座，也应通过导线和配电箱连接。

> **提示** 在Revit中，导线仅在平面视图中可见，在三维视图中不可见。因此若只是进行管线综合或二次深化设计，那么我们可以不用绘制导线。

5.1.1 电气装置的放置

常见的电气装置主要包括照明灯具、开关、插座和配电箱设施，其放置的主体思路依旧为"先载入，再编辑，后放置"。在"系统"选项卡中有"电气设备""设备""照明设备"等工具，分别用于电气设备、小型电气装置、照明设施等设备的放置，如图5-1所示。

扫码观看视频

图5-1

重要参数讲解

◇ **电气设备：** 用于放置配电箱、变压器等电气设备。

◇ **设备：** 用于放置开关、插座等小型电气装置。

◇ **照明设备：** 用于放置灯具等照明设施。

在"设备"下拉列表中，共提供了8个类别，分别用于放置不同类别的电气装置，如图5-2所示。

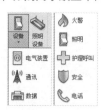

图5-2

1. 电气装置放置前的设置

在矩形墙体中放置电气装置，如图5-3所示。

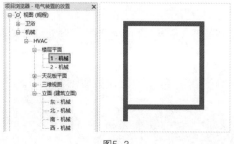

图5-3

在"1-机械"楼层平面视图的"属性"面板内设置"规程"为"协调",然后单击"视图范围"右侧的"编辑"按钮,如图5-4所示。

在弹出的"视图范围"对话框中选择"顶部"为"标高之上(标高2)",设置"偏移"为3000,单击"确定"按钮,如图5-5所示。

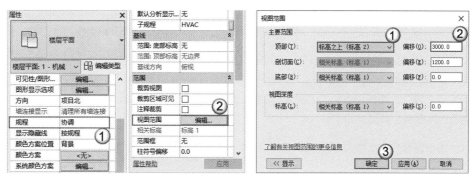

图5-4   图5-5

> **提示** 本次电气装置的放置都是以"标高1"作为参照平面的,调节"标高1"的视图范围是为了使"标高2"上放置的灯具在"标高1"的平面视图中可见。

按快捷键V+V,弹出相应的可见性/图形替换对话框,在其中勾选"照明设备""电气装置""电气设备""导线"的"可见性"选项,如图5-6所示。

图5-6

2. 放置电气装置

电气装置的放置主要包括灯具、开关、插座和配电柜等用电设施设备的放置。切换至系统选项卡，单击照明设备选项，可弹出"项目中未载入照明设备族，是否要现在载入？"的提示，单击式"是"可进行族的载入，如图5-7所示。

图5-7

在弹出的"载入族"对话框中选择"03 电气设备"文件夹中的"M_天花板灯-线性框-220V"族，单击"打开"按钮，将其载入项目，如图5-8所示。

在灯具的"类型属性"对话框中，需设置"默认高程"为1200mm、"流明电压"为220V，如图5-9所示。

图5-8

图5-9

> **提示** 默认的电压和电流负荷等参数和我国的要求不符，因此在设置时应先对设备进行类型属性的编辑，使其符合国家标准。此外，在连接灯具和配电箱时，电压值的设置必须相同，不然无法进行连接。

与给排水、暖通设备的放置方式相同，在激活的"修改|放置 设备"上下文选项卡中，为电气装置提供了"放置在垂直面上""放置在面上""放置在工作平面上"3种放置方式。单击"放置在工作平面上"按钮◈，然后在选项栏中取消勾选"放置后旋转"选项，并选择放置的标高为"标高2"，如图5-10所示。

在矩形墙体的内部选择灯具要放置的位置并单击,3组灯具放置完成后的效果如图5-11所示。

图5-10

图5-11

> **提示** 灯具一般放置在天花板的平面上，在"属性"面板中，立面的"默认高程"表示相对于放置的垂直面的高程，并不是参照标高高程。

⊙ **放置开关和插座**

灯具放置完成后，在内墙的边缘位置放置一个开关和一组插座（3个），为了便于区分开关和插座的放置位置，将开关放在灯具的右侧墙体上，插座放在灯具的左侧墙体上。

放置开关

在"系统"选项卡中单击"电气设备"按钮，如图5-12所示。

图5-12

在弹出的"载入族"对话框中，选择"03 电气设备"文件夹中的开关族和插座族，单击"打开"按钮，将其载入项目，如图5-13所示。

图5-13

> **提示** 开关及插座都默认选择以"放置在垂直面上"进行放置。

在"属性"面板内设置开关的类型为"单联开关–暗装单控"、"立面"为300mm，同时在选项栏中设置"标高"为"标高1"。单击"编辑类型"按钮，在弹出的"类型属性"对话框中设置"开关电压"为220V、"负荷分类"为"照明"，如图5-14所示。

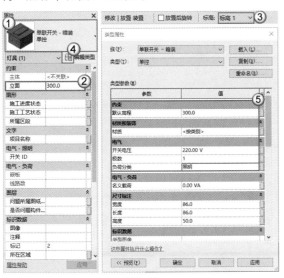

图5-14

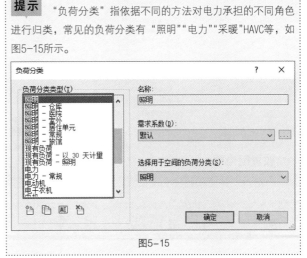

> **提示** "负荷分类"指依据不同的方法对电力承担的不同角色进行归类，常见的负荷分类有"照明""电力""采暖"HAVC等，如图5-15所示。

图5-15

在"1-机械"平面视图中，切换"视觉样式"为"线框"，然后移动鼠标指针，待捕捉到右侧墙体边缘时，在中间位置处单击，如图5-16所示。

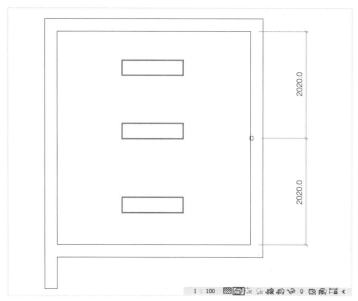

图5-16

放置插座

与开关的放置方式相同，先设置"属性"面板的"立面"为200mm，然后移动鼠标指针，待捕捉到左侧墙体边缘时单击，按照同样的方式依次完成3个插座的放置，如图5-17所示。

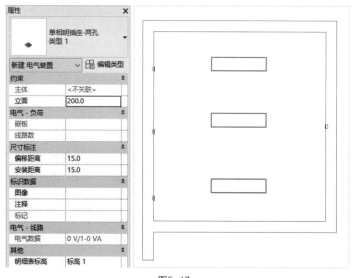

图5-17

⊙ 放置配电箱

将灯具、插座和开关放置在墙边后，在"系统"选项卡中单击"设备"按钮，如图5-18所示。

图5-18

在弹出的"打开"对话框中,选择"03 电气设备"文件夹中的"照明配电箱–暗装"族,单击"打开"按钮,将其载入项目,如图5-19所示。

图5-19

在"属性"面板中设置"立面"为500mm,然后单击"编辑类型"按钮,在弹出的"类型属性"对话框中确定"配电盘电压"为220V、"负荷分类"为"照明",如图5-20所示。

移动鼠标指针,待捕捉到左侧墙体边缘时单击,如图5-21所示。

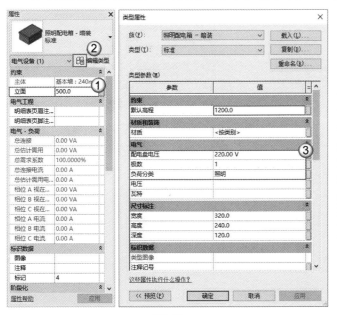

图5-20

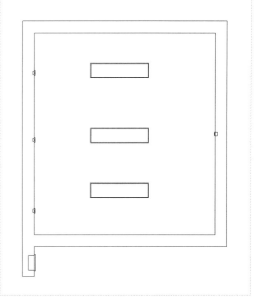

图5-21

选中已放置的配电箱,在选项栏中选择或确认其配电系统为"220/380星形",如图5-22所示。

图5-22

> **提示** 放置配电箱后需为配电箱选择对应的配电系统,否则将无法完成用电设备和配电箱的连接。
>
> 在常用的低压三相四线供电系统中,相电压为220V,线电压为380V,一般称380/220V为三相四线制供电系统,这是建筑电气工程中常用的供电方式。

5.1.2 电气装置与设备的导线连接

在Revit中，提供了自动和手动两种方式来用于电气装置与导线连接，为了使所绘制的连接样式满足需求，一般情况下采用手动方式完成电气装置与导线的连接。下面将通过灯具、插座等电气装置与配电柜的连接讲解电气装置与设备之间的导线连接。

1. 照明设备与配电箱的导线连接

选择已放置的3个灯具，在"修改|照明设备"上下文选项卡中单击"电力"按钮▣，如图5-23所示。此时绘图区域会显示灯具的导线连接样式，如图5-24所示。

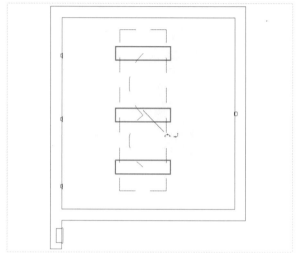

图5-23

图5-24

> **提示** 在图中显示的导线连接样式并不是绘制完成后最终的导线样式。

在激活的"修改|电路"上下文选项卡中单击"选择配电盘"按钮▣，然后选中配电箱，绘图区域将显示和配电箱相连接的导线连接样式，如图5-25所示。

在"修改|电路"上下文选项卡中还提供了"弧形导线"和"带倒角导线"两种类型，可根据实际情况进行选择。单击"弧形导线"按钮，将生成的导线箭头连接至配电箱，完成灯具和配电箱的导线连接，如图5-26所示。

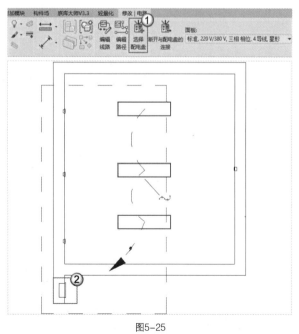

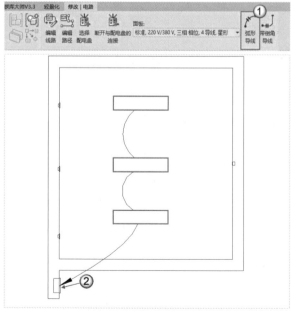

图5-25

图5-26

2. 插座与配电箱的导线连接

与灯具和配电箱的导线连接方式相同，选择所有的插座，并在激活的"修改|电气装置"上下文选项卡中单击"电力"按钮⚟，如图5-27所示。

图5-27

接着在激活的"修改|电路"上下文选项卡中单击"选择配电盘"按钮⚟，然后单击视图中的照明-配电箱，并选择生成的导线类型为"带倒角导线"⚟，再完成插座和配电箱的导线连接（序号表示单击和连接的顺序），如图5-28所示。

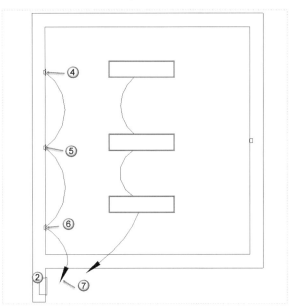

图5-28

3. 开关与灯具的导线连接

选择全部灯具，在激活的"修改|照明设备"上下文选项卡中单击"开关"按钮⚟，如图5-29所示。

图5-29

在激活的"修改|开关系统"上下文选项卡中单击"选择开关"按钮⚟，并在绘图区域单击已经放置好的开关，这时开关和灯具之间会自动生成导线的连接样式，如图5-30所示。

> **提示** 使用这种方式生成的导线连接样式并不是导线连接的最终样式。开关和灯具之间无法自动创建导线，因此需单击"弧形导线"按钮⚟，自行绘制（手动绘制）连接开关和灯具的导线。

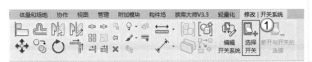

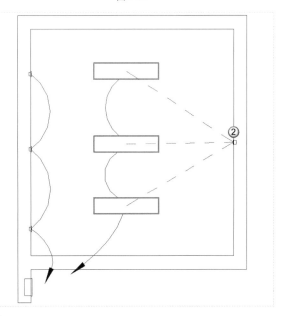

图5-30

4．手动绘制导线

在日常绘图中一般使用手动绘制导线的方式。在"系统"选项卡中单击"导线"下拉按钮，可以看到下拉列表中一共提供了3种导线绘制方式，分别为"弧形导线""样条曲线导线""带倒角导线"，可以在绘制时根据需求选择，如图5-31所示。

选择"样条曲线导线"选项 ƒ，可通过依次捕捉灯具的中心来完成导线的连接，如图5-32所示。

图5-31

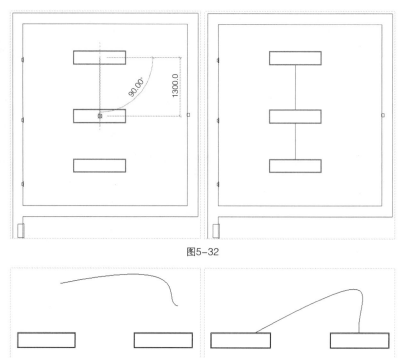

图5-32

绘制不规则导线时，可先在外部使用"弧形导线" 或"样条曲线导线" ƒ 绘制出轮廓，再与设备进行连接（或先连接设备，通过移动已经绘制完成的导线轮廓，再与另一个设备进行连接），如图5-33所示。

图5-33

5．导线类型设置

单击绘制完成的导线，在"属性"面板内的"类型选择器"中提供了4种导线类型，分别对应日常电气专业中的"消防""照明""地线""应急线"，此外还可以调整"火线""零线""地线"的数量，如图5-34所示。

图5-34

> **提示** 在导线两端出现的➕图标和➖图标分别表示添加和减少导线内部火线的数量，因此只适用于修改火线的数量，若要修改零线或地线的数量，则需要在"属性"面板内输入具体的数值。

在"管理"选项卡中执行"MEP设置>电气设置"命令，如图5-35所示，在弹出的"电气设置"对话框中可对导线的名称进行编辑，如图5-36所示。

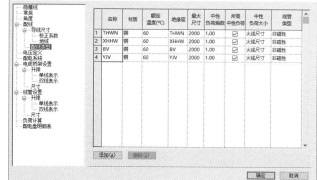

图5-35

图5-36

提示 导线类型和对应的中文名称介绍如下：

BV——消防，THWN——照明，XHHW——地线，YJV——应急线。

实战：导线的绘制与电气装置、设备的连接

素材位置	素材文件>CH05>实战：导线的绘制与电气装置、设备的连接
实例位置	实例文件>CH05>实战：导线的绘制与电气装置、设备的连接
视频名称	实战：导线的绘制与电气装置、设备的连接.mp4
学习目标	掌握电气装置、设备的连接方法

扫码观看视频

图5-37所示为绘制完成的电气装置图。

1. 载入族并导入图纸

01 打开"素材文件>CH05>实战：电气导线绘制与电气装置、设备的连接>导线的绘制与电气装置、设备的连接.rvt"，然后切换至"1-机械"平面视图，如图5-38所示。

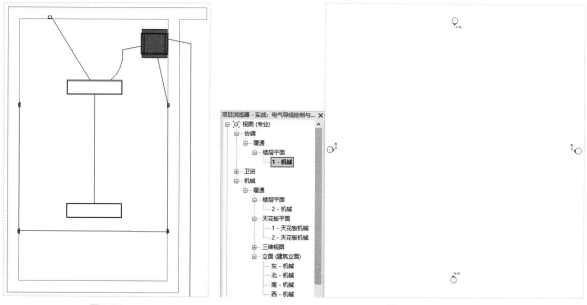

图5-37

图5-38

02 在"插入"选项卡中单击"载入族"按钮📥，在弹出的对话框中选择"素材文件>CH05>族文件>03 电气设备"文件夹下的灯具、开关、插座、配电箱和配电柜族，单击"打开"按钮，如图5-39所示，将其载入项目。

03 在"插入"选项卡中单击"导入CAD"按钮📥，在弹出的"导入CAD格式"对话框中选择"素材文件>CH05>实战：导线的绘制与电气装置、设备的连接>导线的绘制与电气装置、设备的连接.dwg"文件，单击"打开"按钮，将其作为底图，打开图纸后的效果如图5-40所示。

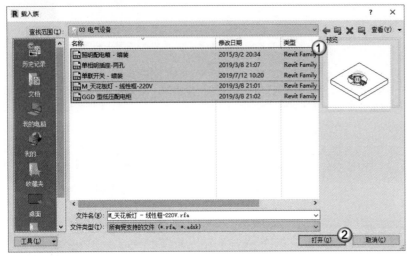

图5-39

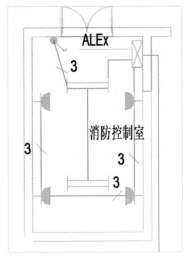

图5-40

2. 绘制墙体

01 在"结构"选项卡中单击"墙"按钮📐，然后在"属性"面板内选择墙的类型为"基本墙-250mm"，如图5-41所示。

02 在墙的"类型属性"对话框中单击"复制"按钮创建一个"名称"为"基本墙-250mm"的新墙体，单击"确定"按钮，然后单击"结构"右侧的"编辑"按钮，如图5-42所示。

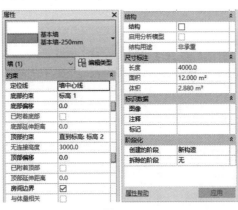

图5-41

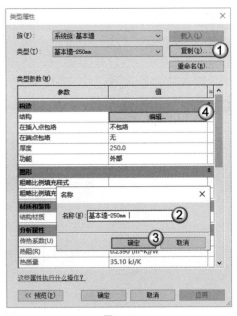

图5-42

03 在弹出的"编辑部件"对话框中设置"结构[1]"的"厚度"为250mm，然后在"材质"一列中单击🔳按钮，如图5-43所示。

04 在弹出的"材质浏览器"对话框中搜索到名称为"混凝土，现场浇注"的材质，单击"确定"按钮，如图5-44所示。

05 在墙的"属性"面板内设置墙的"定位线"为"墙中心线"，墙的"底部约束"为"标高1"、"顶部约束"为"直到标高：标高2"、"底部偏移"和"顶部偏移"均为0，如图5-45所示。

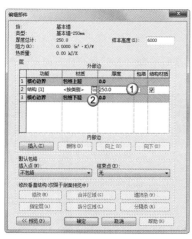
图5-43

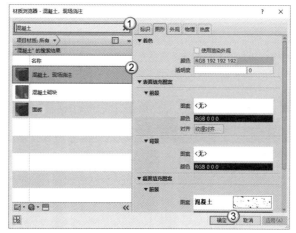
图5-44

图5-45

06 根据CAD底图，确定起点并捕捉该墙体的中心线，如图5-46所示，然后移动鼠标指针，待捕捉到终点后完成墙体的绘制，效果如图5-47所示。

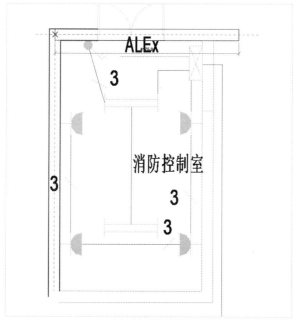
图5-46

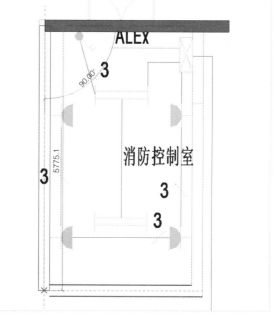
图5-47

07 按照同样的方式依次绘制墙体的轮廓，绘制完成后的效果如图5-48所示。

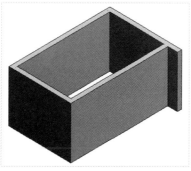
图5-48

3. 布置电气系统

01 在"系统"选项卡中单击"照明设备"按钮✎，激活"放置|设备"上下文选项卡，以"放置在工作平面上"的方式拾取CAD底图中的灯具位置并完成灯具的放置，同时在选项栏中选择"放置平面"为"标高：标高2"，如图5-49所示。放置完成后，效果如图5-50所示。

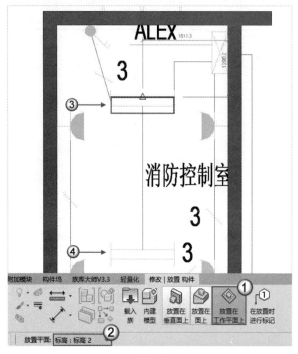

图5-49

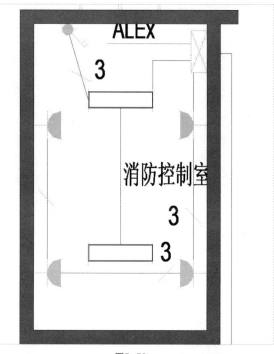

图5-50

02 在"系统"选项卡中单击"电气设备"按钮☷，在ALEX（应急配电箱）标识位置处放置配电箱，配电箱布置的相对高度为500mm，如图5-51所示。

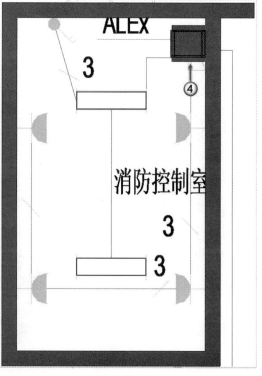

图5-51

03 在"系统"选项卡中执行"设备>电气装置"命令，并以"放置在垂直面上"的方式完成插座和开关的放置。在插座和开关的"属性"面板内分别设置"立面"为300mm和900mm，如图5-52所示。

04 在 ◀ 符号处的墙边缘布置插座，在 ● 符号处的墙边缘布置开关，布置完成后切换模型的"视觉样式"为"线框"，如图5-53所示。

图5-52

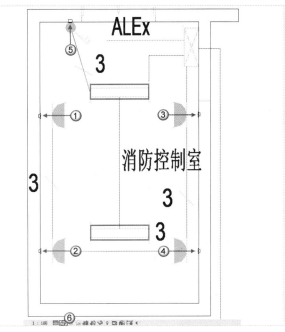

图5-53

05 在"系统"选项卡中执行"导线>弧形导线"命令，然后捕捉配电箱的电极连接点并单击，将其作为导线连接的起点，接着捕捉灯具的电极连接点并单击，完成配电箱和灯具的导线连接，如图5-54所示。

06 按照同样的方式连接灯具和开关、插座和导线，然后删除CAD底图，最终效果如图5-55所示。

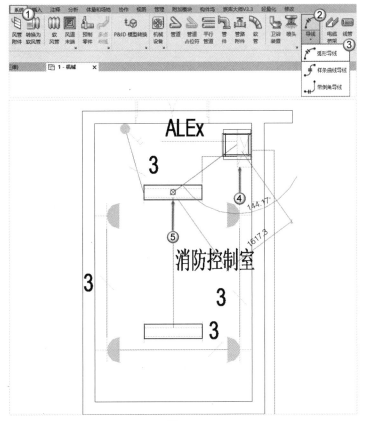

图5-54

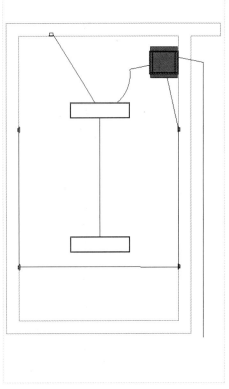

图5-55

5.2 布置线管

在实际的施工过程中，整个工程的电气线路都是预先埋设的，并且电气线路穿插在线管中，建筑内部不能外露线管和电线。因此所有管道都必须埋设在砼内，线管在混凝土整体浇筑前暗埋在结构中。本节主要阐述线管预埋中线管的基本布置方法。

5.2.1 线管的布管设置

线管的布置依旧遵循"先编辑，后绘制"的思路。

扫码观看视频

1. 线管类型及尺寸设置

在"管理"选项卡中执行"MEP设置>电气设置"命令，如图5-56所示。

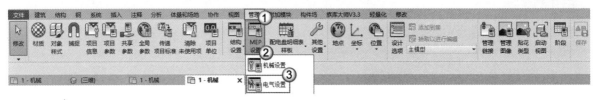

图5-56

在弹出的"电气设置"对话框中，需要设置"线管设置"类别中的"尺寸"选项，可以通过新建或删除等方式编辑线管的样式和尺寸，如图5-57所示。单击"添加标准"按钮，在弹出的"新建标准"对话框中可基于已有的线管标准创建新的线管标准，如图5-58所示。

图5-57

图5-58

> **提示** 线管标准就是线管类型的官方称谓，其中EMT指钢管，IMC指金属导线管，RMC指铝管，RNC指PVC管。使用这4种内置基准标准，可以创建新的标准。

在"尺寸"设置界面中单击"新建尺寸"按钮，弹出"添加线管尺寸"对话框，可对线管的公称直径、内径、外径和最小弯曲半径进行编辑，如图5-59所示，新建的相关尺寸将出现在尺寸列表中。

> **提示** 与给排水管道、暖通管道的设置相同，某一类别的线管只有在"尺寸"列表中设置并应用该规格尺寸，才能在绘制时选择该尺寸。

图5-59

2. 线管类型属性设置

在"系统"选项卡中提供了"线管"和"线管配件"工具，可用于绘制线管和添加线管配件。单击"线管配件"按钮🖇️，可在内置族库中载入线管配件族，如图5-60所示。

图5-60

在弹出的"载入族"对话框中，选择"线管 RNC"文件夹中的接线盒、接头、管帽、变径套管和外露箱族，然后单击"打开"按钮，将其载入项目，如图5-61所示。

图5-61

在"系统"选项卡中单击"线管"按钮🌀，然后在激活的"属性"面板中选择线管的类型为"刚性非金属线管（RNC Sch 40）"，接着单击"编辑类型"按钮🖶，在弹出的"类型属性"对话框中配置已载入的各类管件族，如图5-62所示。

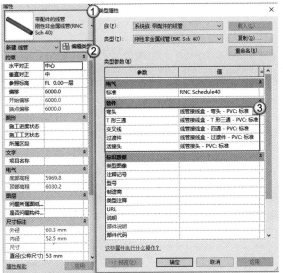

图5-62

5.2.2 线管的绘制与连接

线管属于电气专业，但也是管道的一种，因此它的编辑和绘制方式，如线管在进行不同高程和不同管径的连接时都和管道的绘制方法完全相同。

扫码观看视频

1. 线管绘制的命令

线管设置完成后，应在"1-机械"平面视图对线管进行绘制，如图5-63所示。

在"系统"选项卡中单击"线管"按钮▭，激活线管的"属性"面板，可在"类型选择器"中选择需要绘制的线管类型，以"刚性非金属导管（RNC Sch 40）"为例，如图5-64所示。

在"属性"面板内对线管的属性进行编辑，可以设置的属性包括绘制的参照标高、相对偏移值和直径等，如图5-65所示。

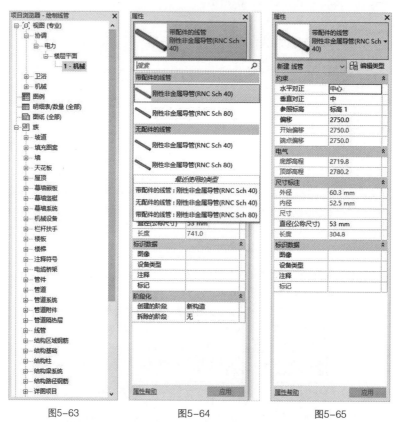

图5-63　　　　　　　　图5-64　　　　　　　　图5-65

重要参数介绍

◇ **水平对正：** 设置水平线管在绘制连接时的对正类型，默认为中心对正。

◇ **垂直对正：** 设置垂直线管在绘制连接时的对正类型，默认为中心对正。

◇ **参照标高：** 线管绘制所参照的标高。

◇ **偏移：** 该线管以参照标高为起点偏移的距离。

◇ **直径：** 该线管选用的公称直径。

◇ **开始偏移：** 绘制线管时起点在参照标高上的偏移值，用于绘制斜线管。

◇ **端点偏移：** 绘制线管时终点在参照标高上的偏移值，用于绘制斜线管。

◇ **底部高程：** 管道绘制时带有的坡度设定值。

◇ **顶部高程：** 管道绘制完成后从起点到终点的长度参数值。

◇ **外径：** 线管外圆的直径。

◇ **内径：** 线管内圆的直径。

◇ **直径（公称尺寸）：** 线管外径和内径的平均值。

◇ **长度：** 绘制线管的起点和终点的距离。

2. 线管的绘制

一般在楼层平面中绘制平面线管，包括但不限于采用连接件、过渡件、弯头、三通和四通等管件进行不同管径大小或不同方向的线管连接。

⊙ **定义属性**

在"属性"面板内选择线管类型为"刚性非金属导管（RNC Sch 40）"，如图5-66所示。

图5-66

在选项栏中选择或直接输入"直径"为53mm、"偏移"为2750mm，如图5-67所示。设置完成后，即在一层平面图向上2750mm的高度绘制一根公称直径为53mm的线管。

图5-67

> **提示** 预埋时线管的弯曲半径不应小于管外径的10倍，在绘制时需根据管径的大小合理地进行设置。

⊙ **线管的绘制方式**

线管的绘制方式和管道的绘制方式类似，将鼠标指针移动至绘图区域，待鼠标指针显示为十字形时即可绘制起点。在绘图区域选择任意一点进行单击，将单击位置作为线管的起点，然后向右移动鼠标指针，这时将自动显示该线管的绘制轨迹和长度。下面介绍线管的两种绘制方式。

绘制平行线管

绘制平行线管时，输入具体的数值并按Enter键结束即可。例如，输入1000mm后按Enter键，则线管会从起点延伸1000mm后停止，如图5-68所示。此外，确定起点后到距离起点1000mm的位置处单击，同样也能完成该段线管的绘制。

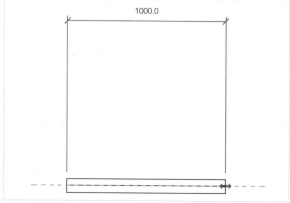

图5-68

绘制倾斜线管

确定线管的起点后，使鼠标指针在起点的右上方或右下方移动，确定终点即可完成绘制，如图5-69所示。

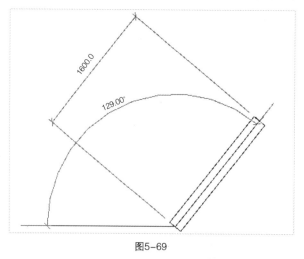

图5-69

3. 线管的直线连接

根据规定，在进行线管预埋时，线管直线不应该出现转弯，同时每隔30m应设置一个接线盒用于线管的连接。

⊙ **线管与接线盒的连接方式**

线管直线和接线盒连接的方式有以下两种。

先画管，再画配件

在绘图区域的任意高度绘制一段任意大小的线管，在"系统"选项卡中单击"线管配件"按钮，如图5-70所示。

图5-70

在"属性"面板内选择接线盒的类型为三联的"外露箱-两个出口-双侧-PVC",如图5-71所示,移动鼠标指针,待捕捉到线管端头,单击即可进行放置。选中接线盒,在绘制线管的一端会出现❖图标,在图标上单击鼠标右键,在弹出的菜单中选择"绘制线管"命令,如图5-72所示,再在线管的选项栏内选择相应的尺寸绘制线管,最终效果如图5-73所示。

图5-71   图5-72

提示 选中蓝色数值或选中线管,在线管的"属性"面板内可更改接线盒族端头连接的线管的直径大小,因此连接该线管的接线盒也会随之变换尺寸。

当接线盒连接了多根线管时,只需更改某一端的某一根线管的大小,接线盒的尺寸就会发生改变。

图5-73

先布置配件,再画管

在"属性"面板中选择接线盒的类型为单联的"外露箱-两个出口-双侧-PVC",并在预定高度进行放置。选中接线盒,在绘制线管的一端选中❖图标,在其上单击鼠标右键,在弹出的菜单中选择"绘制线管"命令,如图5-74所示,再在线管的"属性"面板内选择相应尺寸绘制即可,最终效果如图5-75所示。

图5-74

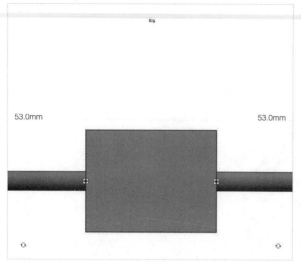

图5-75

在接线盒的"属性"面板内选择接线盒的类型时，应根据实际项目中的开关需求而定，如单联开关、双联开关和三联开关，因此这里提供的选择类型为"单联""双联""三联"，如图5-76所示。

图5-76

⊙ **接线盒的连接类型**

接线盒和线管在连接时，除了可以使用"外露箱-两个出口-双侧-PVC"的方式连接，还可以用"外露箱-一个出口-PVC""外露箱-两个出口-单侧-PVC""外露箱-三个出口-双侧-PVC"等连接方式，应根据实际情况选择合理的连接方式，如图5-77所示。

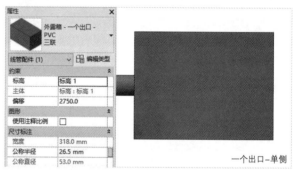

一个出口-单侧

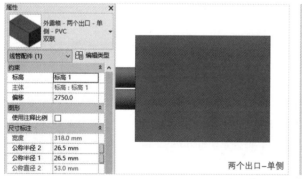

两个出口-单侧

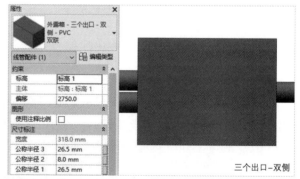

三个出口-双侧

图5-77

在线管预埋的过程中，若要连接不同公称直径的线管，应使用接线盒进行连接，如图5-78所示。

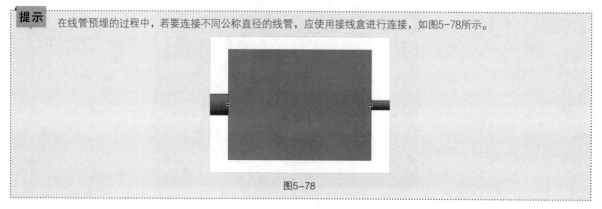

图5-78

若在绘制时需要连接不同管径的线管，选中布置完成的接线盒过渡件后，在"属性"面板内选择其他变径套管将其替换即可，如图5-79所示。

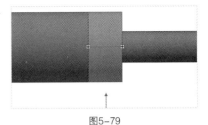

图5-79

4. 线管与接线盒转角连接

使用线管和接线盒管件时，若在一层平面图内的任意高度绘制90°线管转角，那么转角处会自动生成接线盒。选择接线盒后，在已连接线管的两端会各显示一个数值，表示的是和接线盒相连的线管的直径大小。没有连接线管的两端则会显示✚图标，可单击该图标继续添加线管，如图5-80所示。

图5-80

与给排水的弯头、三通和四通的转换方式相似，如果需要为接线盒的弯头连接3根线管，那么先单击某一端的✚图标，再选中接线盒，在✚图标处单击鼠标右键，并在弹出的菜单中选择"绘制线管"命令，此时接线盒弯头族将自动切换为接线盒T形三通族，完成三通线管的绘制，如图5-81所示。同理，三通线管绘制完成后，使用同样的方式可将接线盒T形三通族转换为四通族，如图5-82所示。

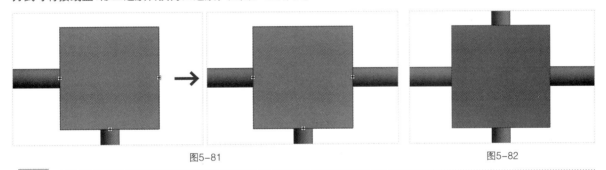

图5-81   图5-82

> **提示** 单击━图标，即可实现四通接线盒向三通接线盒、三通接线盒向弯头接线盒的转换。

选中接线盒，可在"属性"面板内对其类型进行更换，也可以对"约束"和"尺寸标注"中的参数进行修改，如图5-83所示。

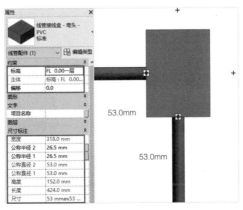

图5-83

5. 平行线管的绘制

与给排水管道类似，我们可以在"系统"选项卡中通过"平行线管"命令▤绘制水平线管和垂直线管，如图5-84所示。

图5-84

但是与给排水管道不同的是，在激活的"修改|放置平行线管"上下文选项卡中还可以选择"相同弯曲半径"和"同心弯曲半径"两种方式绘制平行线管，如图5-85所示。

图5-85

> **提示**　"相同弯曲半径"用于绘制和原始参照线管管路弯曲半径相同的平行线管，"同心弯曲半径"用于在原始参照线管管路弯曲半径的基础上使用不同的弯曲半径绘制平行线管。使用"同心弯曲半径"时，所使用的线管弯曲半径不能超过参照线管类型的最小半径，"同心弯曲半径"仅适用于无管件的平行线管类型。

6. 电气设备的放置与负荷分类

在"系统"选项卡中单击"电气设备"按钮▤，如图5-86所示。

图5-86

在弹出的"载入族"对话框中选择"03 电气设备"文件夹中的"GGD型低压配电柜"族，单击"打开"按钮，将其载入项目，如图5-87所示。

选择放置的配电柜，可在"属性"面板内对配电柜的参照标高（标高）和相对标高（偏移）进行修改。此外，配电柜族也会显示配电柜的主电压和电流等数据，在配电柜中心处还会显示▦图标，用于绘制和配电柜相连的线管，如图5-88所示。对于已经修改完成的配电柜，可以在选项栏中选择"配电系统"，如图5-89所示。

图5-87

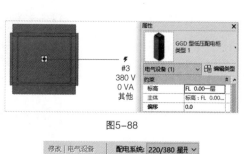

图5-88

图5-89

在配电柜的"类型属性"对话框中，可对该配电箱的主电压数值、主极数和各类型尺寸数值进行修改，如图5-90所示。单击"负荷分类"右侧的▥按钮，弹出"负荷分类"对话框，在"负荷分类类型"列表框中显示的即为该配电柜添加的负荷类别，一般将负荷分类设置为"照明"，如图5-91所示。

图5-90　　　　　　　　　　　　　　　图5-91

7．线管与电气设备的连接

一般情况下，房屋建筑中一套完整的供配电系统应该由配电柜通过线管或导线与下级配电箱连接，再由配电箱通过导线或线管与用电装置连接。下面以配电柜和线管连接为例对其进行说明。

与给排水设备、暖通设备和管道相连接的操作方式有所不同，配电柜或配电箱与线管的连接需要将配电柜作为起点进行线管的连接绘制。选择配电柜，在配电柜中部的▣图标处单击鼠标右键，在弹出的菜单中选择"从面绘制线管"命令，将自动激活"表面连接"上下文选项卡，单击"完成连接"按钮✔，如图5-92所示，完成后的效果如图5-93所示。

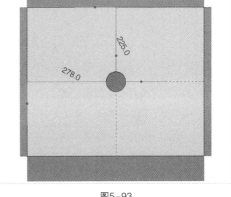

图5-92　　　　　　　　　　　　　　　图5-93

提示 在着色视觉样式下，配电柜会以绿色实心的形式显示用于连接线管的连接件位置。另外，在"表面连接"上下文选项卡中激活"移动连接件"按钮可以对线管和配电柜的连接件位置进行移动。

完成上述操作后将显示"修改|放置 线管"选项栏，单击其中的"应用"按钮两次，则会从线管底部生成一段立线管与配电柜进行连接，如图5-94所示。

图5-94

实战：线管预埋

素材位置	素材文件>CH05>实战：线管预埋
实例位置	实例文件>CH05>实战：线管预埋
视频名称	实战：线管预埋.mp4
学习目标	掌握线管预埋的方法

图5-95所示为绘制完成的效果图。

1. 载入族并导入图纸

01 打开"素材文件>CH05>实战：线管预埋>实战：线管预埋.rvt"，然后切换至"1-机械"平面视图，如图5-96所示。

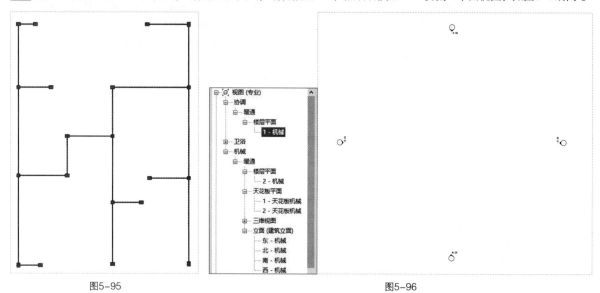

图5-95   图5-96

02 在"插入"选项卡中单击"载入族"按钮，在弹出的对话框中选择"素材文件>CH05>族文件>线管 RNC"文件夹中的PVC线管配件族，单击"打开"按钮，如图5-97所示，将其载入项目。

03 在"插入"选项卡中单击"导入CAD"按钮，在弹出的"导入CAD格式"对话框中选择"素材文件> CH05>实战：线管预埋>地下车库管线预埋示意图.dwg"，单击"打开"按钮，导入的图纸如图5-98所示。

图5-97   图5-98

2. 布置线管和接线盒

01 在"系统"选项卡中单击"线管"按钮，在激活的线管"属性"面板中选择线管的类型为"刚性非金属导管（RNC Sch 40）"，并设置"参照标高"为"标高1"、"偏移"为0mm，如图5-99所示。

02 在线管的"类型属性"对话框中设置"弯头"为"线管接线盒-弯头-PVC:标准"、"T形三通"为"线管接线盒-T形三通-PVC:标准"、"交叉线"为"线管接线盒-四通-PVC:标准"、"过渡件"为"线管接线盒-过渡件-PVC:标准"、"活接头"为"线管接头-PVC:标准"，然后单击"确定"按钮，如图5-100所示。

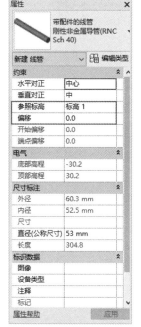

图5-99

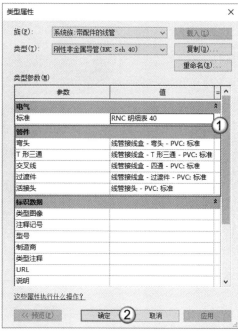

图5-100

03 切换模型的"视觉样式"为"着色"，"详细程度"为"精细"，然后从端头的接线盒进行线管的绘制，绘制到线管的转弯处，将自动生成接线盒用于线管的连接，如图5-101所示。

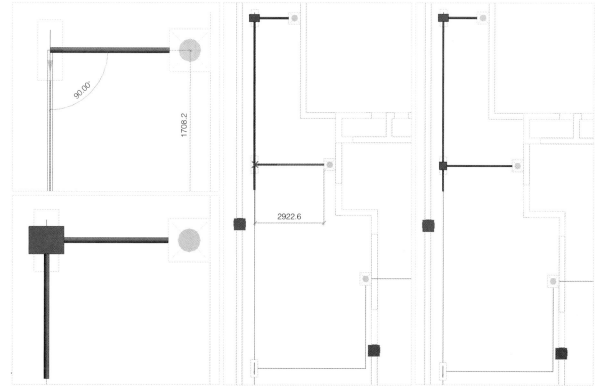

图5-101

04 弯头接线盒与三通接线盒连接完成后的效果如图5-102所示。

05 线管的端头处需要单独放置接线盒进行连接。在"系统"选项卡中单击"线管配件"按钮🖳，在"属性"面板内选择接线盒的类型为"外露箱——一个出口-PVC"，然后捕捉线管的端头并单击，如图5-103所示，完成线管端头和接线盒的连接。线管绘制完成后的效果如图5-104所示。

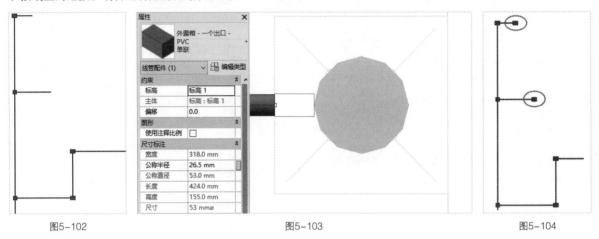

| 图5-102 | 图5-103 | 图5-104 |

06 按照同样的方式，将所需的全部线管和接线盒添加完成，如图5-105所示。

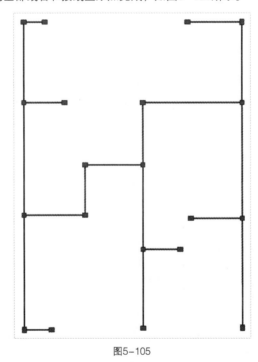

图5-105

5.3 电缆桥架的绘制

在电气专业中，电缆桥架是一个重要的模块。它是使电线、电缆和管缆铺设达到标准化、系列化和通用化的电缆铺设装置。按照材质外观，可将电缆桥架分为槽式电缆桥架、托盘式电缆桥架和梯级式电缆桥架。在工民建专业中，槽式电缆桥架的应用较为普遍。

5.3.1 电缆桥架的基本绘制

扫码观看视频

桥架可以看作是线管的一种,其布置方式与给排水管道、风管和线管的布置思路完全相同。一般在动力桥架和电力桥架内布置的线路为强电,称为强电桥架;在信号桥架和电气通信桥架内布置的线路为弱电,称为弱电桥架。消防桥架介于强电桥架和弱电桥架之间。

> **提示** 人们通常把建筑电气工程中的电力、照明等线路称为强电,把建筑中安装的楼宇对讲系统、消防系统、广播系统、网络系统和安全防范系统等线路称为弱电。

1. 桥架的基本设置

在"插入"选项卡中单击"载入族"按钮,将"01 管件族"文件夹中的电缆桥架管件族载入项目,如图5-106所示。

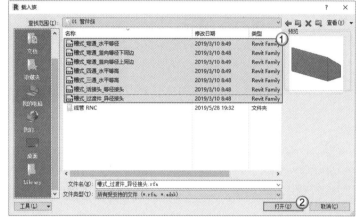

图5-106

在"系统"选项卡中单击"电缆桥架"按钮,如图5-107所示,在"属性"面板中单击"编辑类型"按钮,弹出"类型属性"对话框,单击"复制"按钮创建一个"名称"为"01E 槽式强电桥架"的新桥架,依次单击"确定"按钮完成新建,如图5-108所示。

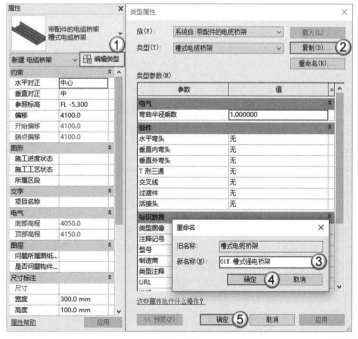

图5-107　　　　　　　　　　图5-108

> **提示** 桥架本身并无强弱电之分,但是可以按照桥架所布置的线管类型和作用,将其分为强电桥架和弱电桥架。

新建完成后，在桥架的"属性"面板内可以对桥架的对正方式等参数进行设置，这里的设置方式和风管的设置方式相似。除此之外，桥架还需对"设备类型"等参数进行选择，如图5-109所示。

在"类型属性"对话框中，在"管件"一栏选择前面载入的各类桥架配件族，单击"确定"按钮，完成桥架的布管设置，如图5-110所示。在布置桥架管件的过程中，除了需要布置常规的弯头、三通、四通、过渡件和接头等管件，还需要注意添加"垂直内弯头"和"垂直外弯头"，用于不同高程桥架的连接。设置完成后，即可开始绘制桥架。

> **提示** 根据布置的线缆不同，电缆桥架主要可以分为动力桥架、信号桥架、消防桥架、电气通信桥架和电力桥架5种。

图5-109

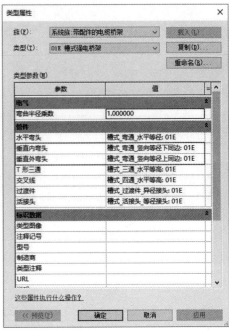

图5-110

2. 电缆桥架的绘制

一般在楼层平面视图中进行电缆桥架的绘制，并采用过渡件、弯头、三通和四通等管件进行不同管径大小或不同方向的桥架连接。

⊙ 定义属性

在"属性"面板内选择桥架类型为"槽式电缆桥架"，如图5-111所示。

在选项栏中选择"标高"为"FL -5.3地下一层"，选择或输入"宽度"为300mm、"高度"为100mm、"偏移"为4100mm，如图5-112所示。设置完成后，即可在"FL -5.300地下一层"平面视图向上4100mm的高度绘制一段宽为300mm、高为100mm的电缆桥架。

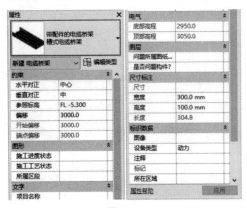

图5-111

图5-112

⊙ **桥架的绘制方式**

桥架的绘制方式和管道及风管相似,将鼠标指针移动至绘图区域,待鼠标指针显示为十字形时即可绘制起点。在绘制区域选择任意一点进行单击,将单击位置作为桥架的起点,接着向右移动鼠标指针,这时将自动显示该桥架的绘制轨迹和长度。下面介绍桥架的两种绘制方式。

绘制平行桥架

绘制平行桥架时,输入具体的数值并按Enter键即可。例如,输入1000mm并按Enter键,则桥架会从起点延伸1000mm后停止,如图5-113所示。另外,确定起点后到距离起点1000mm的位置单击,同样也能完成该段桥架的绘制。

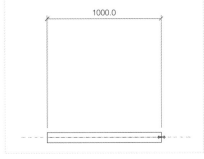

图5-113

绘制倾斜桥架

确定桥架的起点后,使鼠标指针在起点的右上方或右下方移动,确定终点后即可完成绘制,如图5-114所示。

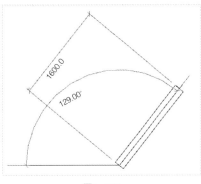

图5-114

⊙ **对齐桥架**

桥架绘制完成后,对于在平面视图中不在同一条直线上的两段桥架,可通过"对齐"工具 (快捷键为A+L)依次拾取桥架的中心线,如图5-115所示,使不同位置的桥架对齐,如图5-116所示。

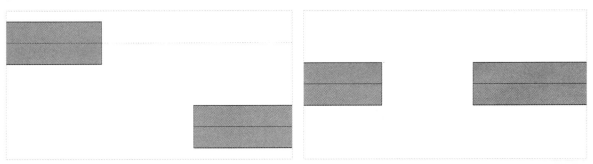

图5-115   图5-116

3. 电缆桥架的直线连接

电缆桥架的直线连接分为不同尺寸桥架的中心对齐连接和底平连接两种。

⊙ 不同尺寸桥架的中心对齐连接

与管道、风管的绘制相似，在变径位置处桥架会自动生成过渡连接件，连接件的类型由该桥架在"类型属性"对话框中所设置的连接件形式决定。下面以"槽式电缆桥架"为例对不同尺寸桥架的连接进行说明。

在"FL −5.3"平面视图中，先选择"桥架类型"为"槽式电缆桥架"，如图5−117所示，然后在选项栏中设置"宽度"为600mm、"高度"为300mm、"偏移"为3000mm，确定起点后移动鼠标指针至该段桥架的终点，再次单击完成该段桥架的绘制，如图5−118所示。

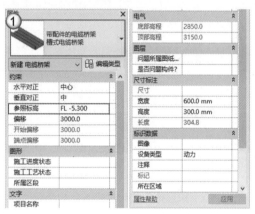

图5−117

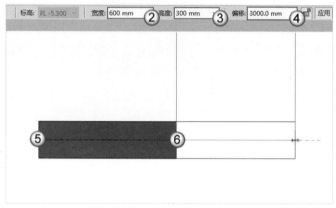

图5−118

在选项栏中设置"宽度"为300mm、"高度"为100mm，即下一段桥架的尺寸为300mm×100mm，设置完成后继续将鼠标指针向右移动一段距离，如图5−119所示。

确定终点后单击，第2段桥架绘制完成，此时在第1段桥架和第2段桥架的连接处将自动生成一个过渡件，完成不同管径桥架之间的连接，如图5−120所示。

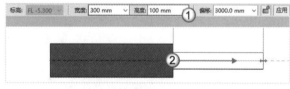

图5−119

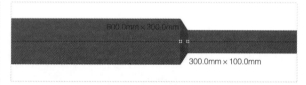

图5−120

⊙ 不同尺寸桥架的底平连接

一般情况下，桥架应该是底平连接。也就是说，即使是不同尺寸的桥架，在进行连接的时候，其底面应该在同一个水平面上。但是在实际的项目中绘制时，桥架默认会采用中心对齐方式，即不同尺寸的桥架的中心在同一条直线上，如图5−121所示。

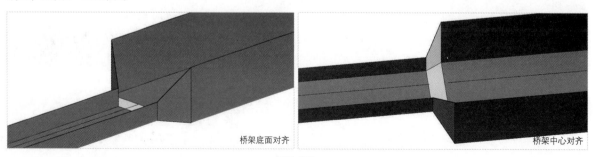

图5−121

桥架底对齐的绘制方法与管道或风管的底对齐的绘制方法相似，下面介绍使不同尺寸桥架底对齐的两种方法。

通过移动工具

对于中心对齐的已连接的不同尺寸桥架，需要先删除中间连接件，如图5-122所示。

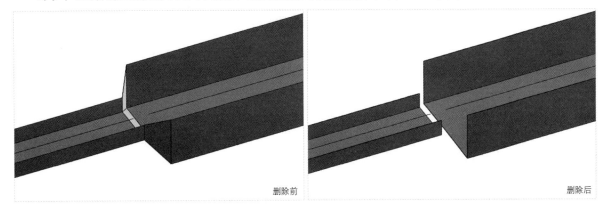

删除前　　　　　　　　　　删除后

图5-122

在三维视图中使用ViewCube控件切换至"右"立面视图，此时桥架的效果如图5-123所示。

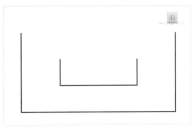

图5-123

在"修改|桥架"上下文选项卡中使用"移动"工具，然后选择小桥架底面的最低点，将其拖曳至与大桥架底面的顶点在一条直线上，如图5-124所示，即可使不同尺寸的两个桥架底对齐，最终效果如图5-125所示。

在三维视图中使用ViewCube控件切换至"上"立面视图，此时桥架的效果如图5-126所示。

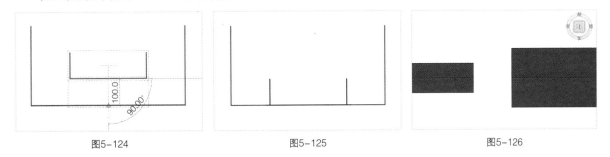

图5-124　　　　　　　　　　图5-125　　　　　　　　　　图5-126

通过对齐工具

在"修改"选项卡中使用"对齐"工具，如图5-127所示，接着先拾取大尺寸桥架的底面，再拾取小尺寸桥架，也可以使大小桥架底对齐。

图5-127

选中小桥架的⊞图标，然后将其拖曳至大桥架，如图5-128所示，这时大、小尺寸桥架间自动生成连接件完成底平的连接，如图5-129所示，三维效果如图5-130所示。

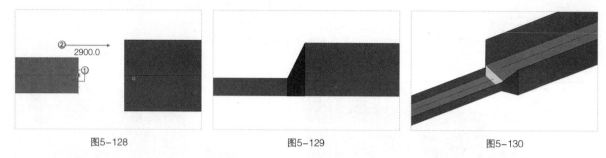

| 图5-128 | 图5-129 | 图5-130 |

4. 不同方向桥架的连接

对不同方向的桥架进行连接的方式有弯头、三通和四通3种，在一定条件下，它们还可以相互转换，下面一一进行说明。

⊙ **弯头**

生成弯头的形式非常灵活，根据不同情况有两种生成方式，读者可灵活运用。

第1种方式

不同方向的桥架的连接方式和不同管径的管道的连接方式类似。先在水平方向绘制一段任意尺寸的桥架，不退出桥架绘制界面，在竖直方向继续移动鼠标指针，如图5-131所示。单击后两段桥架会在连接处自动生成90°弯头（弯头的形式是根据该桥架在设置类型属性时所选择的弯头方式决定的），效果如图5-132所示。

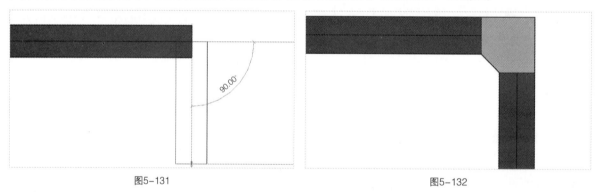

| 图5-131 | 图5-132 |

第2种方式

依次在绘图区域的水平方向和竖直方向绘制一根桥架，使用"修剪/延伸为角"工具（快捷键为T+R），依次单击两段桥架对桥架进行修剪和连接，如图5-133所示，这时桥架会自动延伸，并在两根桥架的交会处自动生成弯头，如图5-134所示。

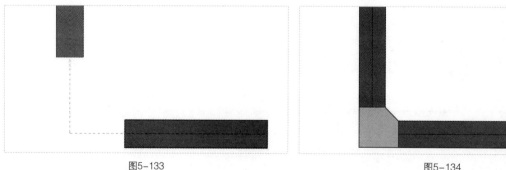

| 图5-133 | 图5-134 |

提示 非特定角度的桥架也可以用弯头进行连接，如图5-135所示。

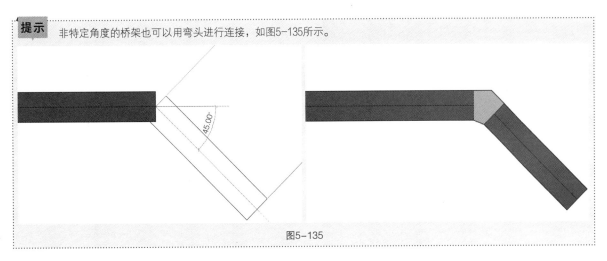

图5-135

三通

三通的连接方式和弯头的连接方式类似。先绘制任意一段水平桥架，再在竖直方向上绘制另外一段桥架，并将其移动至水平桥架的上下边缘或中心线，这时拼接的部分将以蓝色线条显示，如图5-136所示。当出现蓝色线条时单击，水平方向的桥架会和竖直方向的桥架在连接处自动生成三通进行连接，如图5-137所示。

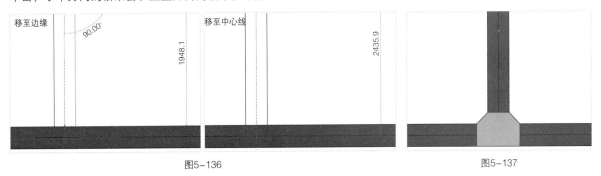

图5-136

图5-137

四通

四通的连接方式和三通的连接方式相似，区别在于用三通连接时只需捕捉到桥架的边缘或中心线，而用四通连接时则需将第2根桥架移动至超过第1根桥架处，如图5-138所示，这时在桥架的十字交叉处会自动生成四通，如图5-139所示。

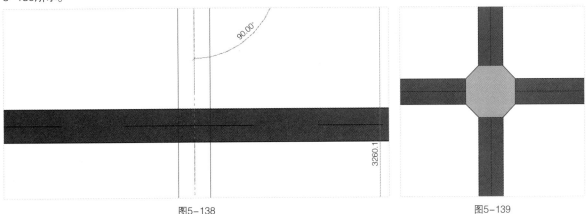

图5-138

图5-139

提示 在弯头、三通和四通周围出现的数值表示该管件所能连接的桥架尺寸，修改其中任意一端尺寸的数值，管件的大小将会发生改变，以匹配修改了尺寸的桥架。

5.3.2 电缆桥架与配件的编辑

电缆桥架的弯头、三通、四通和过渡件等管件统称为电缆桥架的配件，电缆桥架与配件之间的连接，其具体的连接方式由该桥架的类型属性所编辑的具体形式决定。

扫码观看视频

1. 不同高度桥架的连接

不同高度的电缆桥架的连接方式和不同高程的给排水管道的连接方式有所不同。原则上电缆桥架在不同高度之间的连接角度为45°，通过竖向内弯头、竖向外弯头和45°斜桥架、水平桥架进行连接，如图5-140所示。

在"电气"楼层平面的"FL 0.00一层"平面视图中，绘制一段"宽度"为300mm、"高度"为100mm、"偏移"为3000mm的桥架，在绘图区域确定桥架的起点后，将鼠标指针移动至距离起点2000mm的位置，单击后完成该段桥架的绘制，如图5-141所示。

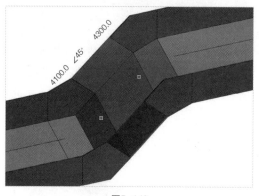

图5-140

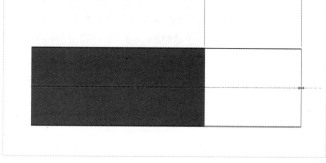

图5-141

不退出桥架绘制界面，选择绘制的桥架起点后将鼠标指针移动任意一段距离，继续输入"偏移"为3300mm，表示下一段桥架的绘制高度为一层平面图往上偏移至3300mm，这时桥架间将自动生成一段立管进行连接，如图5-142所示。

当高度为3000mm的桥架和下一段高度为3300mm的桥架绘制完成后，由于两段桥架不在一条直线上，因此两段桥架的高差会通过立管补充，并在两端以弯头的形式进行连接，如图5-143所示。

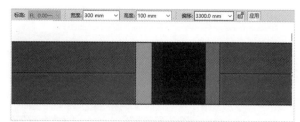

图5-142

图5-143

不同高度桥架的连接，会在高程变化处自动生成竖向内弯头和竖向外弯头，用于形成斜桥架，如图5-144所示。

竖向内弯头

竖向外弯头

图5-144

2. 桥架配件的编辑

与给排水管道、暖通管道的管件类似，电缆桥架配件的弯头和三通可通过单击✚图标实现弯头转换为三通、三通转换为四通。在没有绘制新桥架的情况下，选中生成的三通或四通，单击出现的━图标，可实现三通转换为弯头、四通转换为三通。

弯头、三通和四通这3类桥架管件也可以进行管件的替换。在绘图区域的任意高度绘制桥架，并使用弯头连接，单击该弯头，在弯头的另外两端会出现✚图标，如图5-145所示，单击其中任意一个✚图标，则该弯头会在单击✚图标的方向自动生成三通，如图5-146所示。

在新出现的管件端头处会同时出现⊞图标，在其上单击鼠标右键，在弹出的菜单中选择"绘制电缆桥架"命令，如图5-147所示，即可在此端头绘制一段桥架，实现桥架的三通连接。

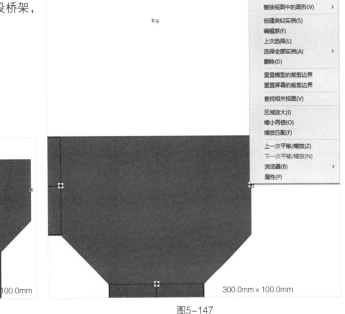

图5-145　　　　　图5-146　　　　　　　　　　　图5-147

同理，选中绘制完成的三通，也可以通过单击图5-148所示的✚图标，来生成四通，如图5-149所示，接着添加新的桥架，即可实现桥架的四通连接。

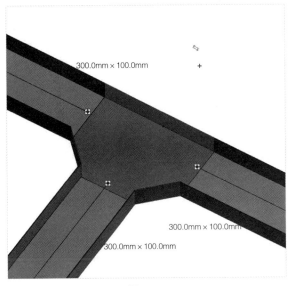

图5-148

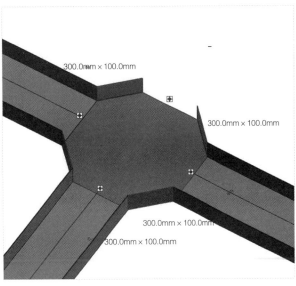

图5-149

3. 垂直桥架的绘制

垂直桥架的绘制方式和风管、管道立管的绘制方式类似。在电缆桥架的选项栏中为"偏移"设置一个数值，之后再次设置另一不同的偏移值，单击"应用"按钮即可生成垂直桥架。

> **提示** 当绘制的桥架间的高程达到一定数值时，不同高程之间的桥架将生成垂直桥架、竖向内弯头和竖向外弯头，如图5-150所示。

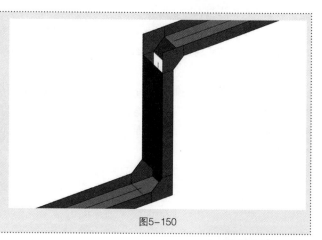

图5-150

根据实际需求，可在"属性"面板内的"类型选择器"中选择"槽式_弯通_竖向等径上同边:01E"或"槽式_弯通_竖向等径下同边:01E"对绘制的桥架连接件进行替换，如图5-151所示。

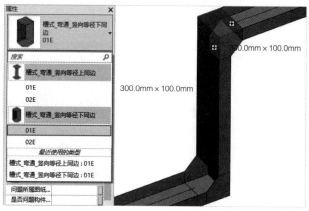

图5-151

实战：绘制地下车库的电缆桥架

素材位置	素材文件>CH05>实战：绘制地下车库的电缆桥架
实例位置	实例文件>CH05>实战：绘制地下车库的电缆桥架
视频名称	实战：绘制地下车库的电缆桥架.mp4
学习目标	掌握项目中强电、弱电桥架的布置方法

扫码观看视频

基于"地下车库强电桥架平面图_t3.dwg"和"地下车库弱电桥架平面图_t3.dwg"图纸文件，以绘制强、弱电缆桥架的基本原则为依据，完成地下车库电缆桥架的绘制，如图5-152所示。图5-153所示为地下车库绘制电缆桥架的平面布置图。

图5-152

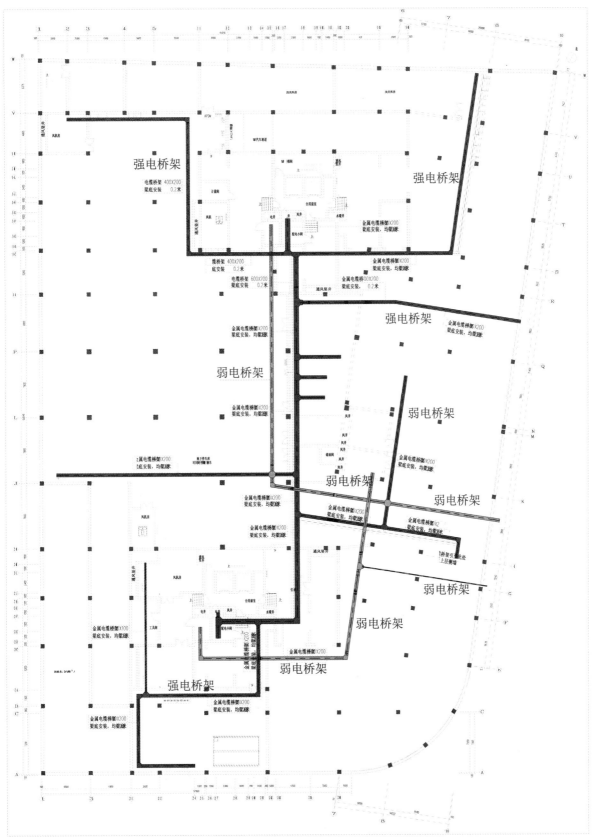

图5-153

1. 绘制前的准备

在绘制电缆桥架之前，首先要识读图纸并确定桥架的高度和尺寸，其次要完成图纸的准备工作并确定桥架的可见性和过滤器。

⊙ 确定桥架绘制高度

通过识读"素材文件>CH05>实战：绘制地下车库的电缆桥架>地下车库强电桥架平面图＿t3.dwg、地下车库弱电桥架平面图＿t3.dwg"，可了解到项目案例的电缆桥架类型为强电桥架和弱电桥架。本例应该先绘制强电桥架，后绘制弱电桥架，且强电桥架和弱电桥架在同一平面。高区相对"FL 0.00一层"的偏移量为－900mm，低区相对"FL 0.00一层"的偏移量为－2150mm。强、弱电桥架在高区和低区的分布情况如图5-154所示。

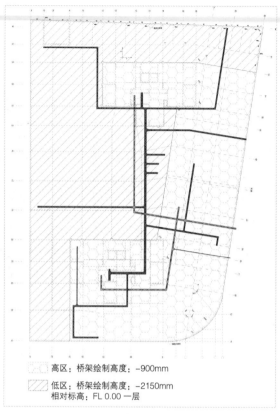

☐ 高区：桥架绘制高度：－900mm

▨ 低区：桥架绘制高度：－2150mm
相对标高：FL 0.00 一层

图5-154

⊙ 导入CAD图纸

01 打开"素材文件>CH05>实战：绘制地下车库的电缆桥架>电缆桥架.rvt"，并切换至"FL 0.00一层"电气专业平面图，如图5-155所示。

02 在"插入"选项卡中单击"导入CAD"按钮，然后在弹出的"导入CAD格式"对话框中选择"素材文件>CH05>实战：绘制地下车库的电缆桥架>地下一层强电桥架平面图＿t3.dwg"，单击"打开"按钮，导入的图纸如图5-156所示。用同样的方法导入"地下一层弱电桥架平面图＿t3.dwg"文件

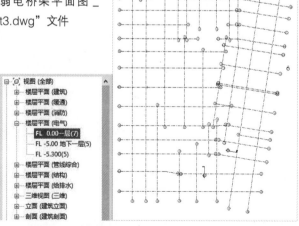

图5-155

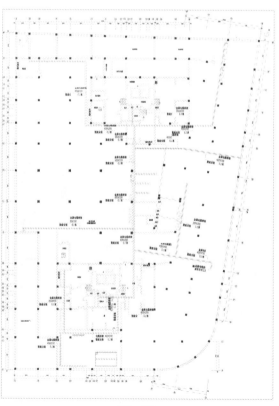

图5-156

⊙ 确认桥架可见性及过滤器

01 按快捷键V + V，弹出相应的可见性/图形替换对话框，然后确认电气设备、电缆桥架、电缆桥架配件全部可见，如图5–157所示。

图5–157

02 切换到"过滤器"选项卡，确认本例中两种桥架对应的过滤器名称和颜色设置无误，并已勾选其"可见性"选项，如图5–158所示。

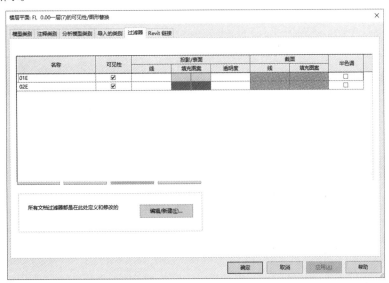

图5–158

2. 桥架的绘制

强电桥架与弱电桥架的绘制方式完全相同，下面以图5–159所示的本例左上角区域的桥架为例，讲解桥架的绘制方法和不同高程的桥架在特定角度下的连接方法，读者可参照该区域桥架的绘制方法并结合在线视频完成全部桥架的绘制。

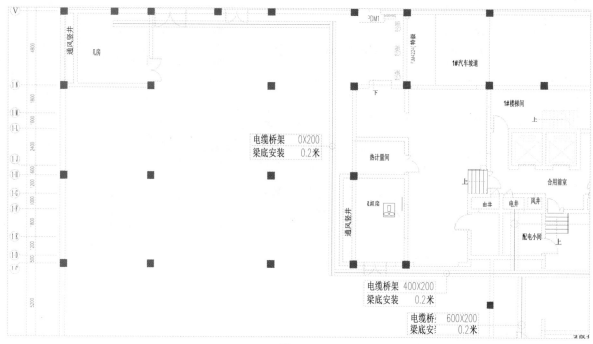

图5-159

01 在"插入"选项卡中单击"载入族"按钮🔍，在弹出的"载入族"对话框中选择"素材文件>CH05>族文件>01 管件族"文件夹中的桥架配件族，单击"打开"按钮，将其载入项目，如图5-160所示。

02 在"属性"面板内选择电缆桥架的类型为"槽式电缆桥架"，单击"编辑类型"按钮🔍，弹出"类型属性"对话框，然后单击"复制"按钮创建一个"名称"为"01E_槽式_强电桥架"的新桥架，并依次设置对应的管件族，最后单击"确定"按钮，如图5-161所示。

图5-160

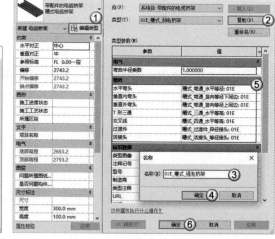

图5-161

03 在绘制前，需要确定绘制的尺寸和高度。在选项栏中设置"宽度"为400mm、"高度"为200mm、"偏移"为-2150mm，然后捕捉桥架的端点，并根据CAD底图的桥架方向进行绘制，如图5-162所示。

04 在桥架转弯处单击，完成水平方向的桥架的绘制，转而绘制竖直方向的桥架。竖直方向的桥架绘制完成后，在转弯处自动生成弯头，如图5-163所示。

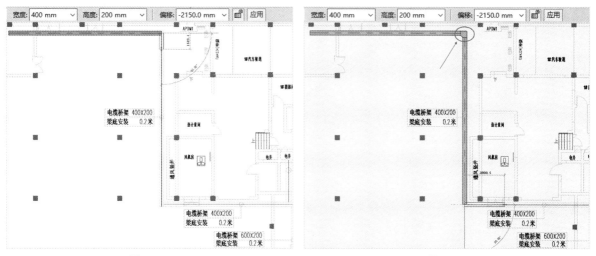

图5-162   图5-163

> **提示** 本例中的所有弯头都可以采用这种方式生成。

05 在桥架的下一个转弯处单击，完成竖直方向的桥架的绘制，接着绘制水平方向的桥架。水平方向的桥架绘制完成后，在转弯处会自动生成弯头，用于桥架的连接，如图5-164所示。

06 当桥架绘制到由低区转向高区的地方时，需要在选项栏中设置"偏移"为-900mm，然后继续进行绘制，这时桥架在低区和高区的连接处将自动生成垂直桥架，如图5-165所示。

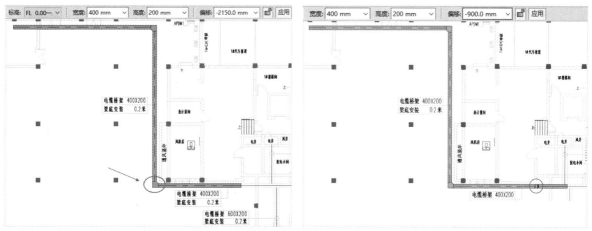

图5-164   图5-165

> **提示** 将桥架在高区和低区的连接处进行局部放大，效果如图5-166所示，对应的三维效果如图5-167所示。

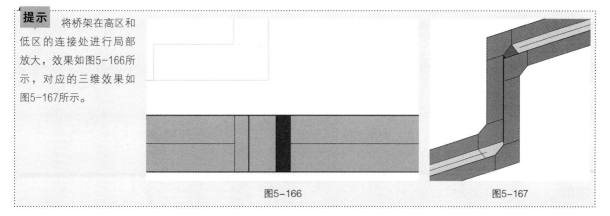

图5-166   图5-167

07 该段桥架绘制完成后，三维效果如图5-168所示。

图5-168

08 在选项栏中设置"偏移"为-900mm、"宽度"为600mm，然后根据CAD底图绘制竖直方向的桥架，待捕捉到已有桥架的中心线时，两个方向的桥架会自动生成三通进行连接，如图5-169所示。

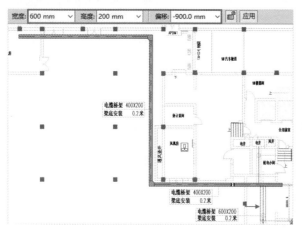

图5-169

提示 三通连接局部放大效果如图5-170所示。

图5-170

09 该段桥架绘制完成后，三维效果如图5-171所示。

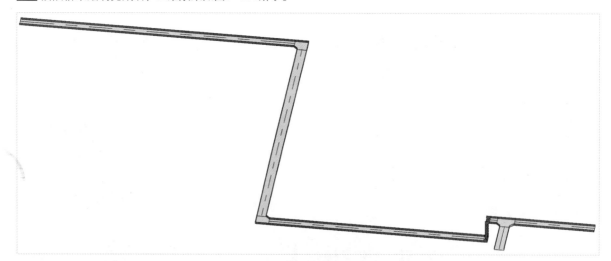

图5-171

提示 本例中所有的三通都可以采用这种方式生成。

3. 桥架的特定角度翻弯

01 一般来说，垂直桥架不便于实际安装，原则上不宜采用垂直桥架连接不同高程的桥架，因此本例中的低区和高区桥架需采用45°斜桥架进行连接，位置如图5-172所示。

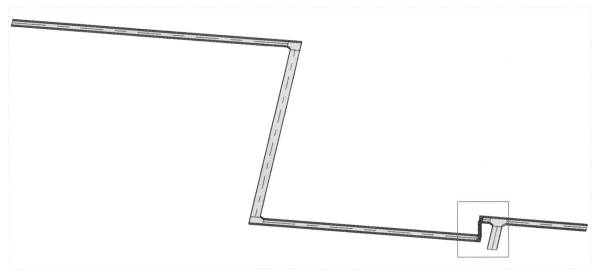

图5-172

02 在"视图"选项卡中使用"剖面"工具在高区和低区的连接处绘制一条剖面线，如图5-173所示。

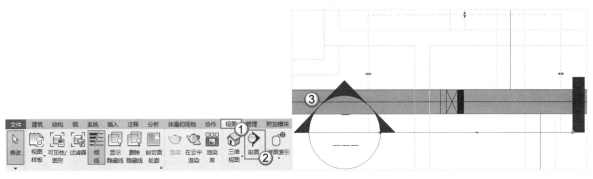

图5-173

03 选择绘制的剖面线并单击鼠标右键，在弹出的菜单中选择"转到视图"命令，如图5-174所示。为了便于查看效果，在视图控制栏中设置"视觉样式"为"着色"、"详细程度"为"精细"，效果如图5-175所示。

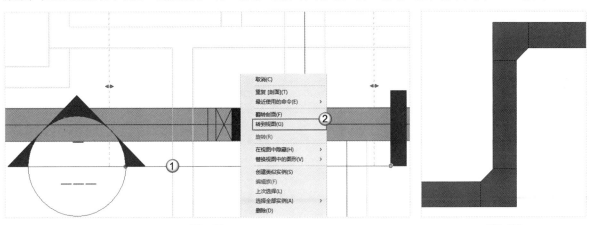

图5-174　　　　　　　　　　　　　　　　　　　　图5-175

04 删除中间的垂直桥架和连接弯头，然后捕捉下部桥架的端头，再单击鼠标右键，在弹出的菜单中选择"绘制电缆桥架"命令，接着移动鼠标指针，保证绘制的斜桥架为45°，如图5-176所示。再移动鼠标指针，待捕捉到上部桥架的中心线后单击，如图5-177所示。

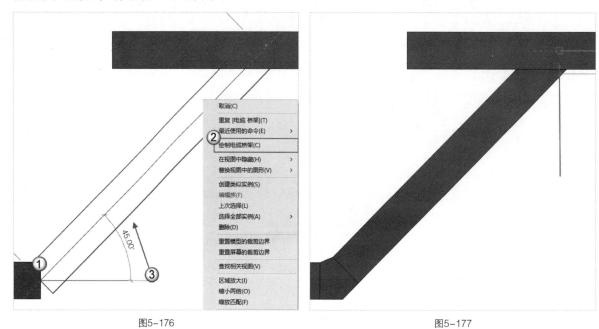

<table>
<tr><td>图5-176</td><td>图5-177</td></tr>
</table>

05 选择上部桥架的端头，然后移动鼠标指针，待捕捉到斜桥架的端头后，斜桥架将自动生成弯头与上部的水平桥架完成连接，如图5-178所示，三维效果如图5-179所示。

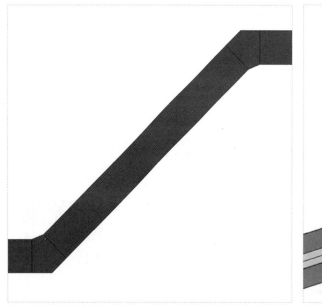

<table>
<tr><td>图5-178</td><td>图5-179</td></tr>
</table>

06 至此，区域桥架绘制完成，效果如图5-180所示。

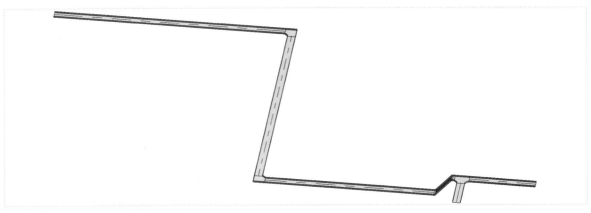

图5-180

> **提示** 本例中均采用上述方式进行桥架的特定角度的翻弯，翻弯角度为45°。

4. 完成强电和弱电桥架

01 按照同样的方法完成所有的强电桥架和弱电桥架，如图5-181所示。

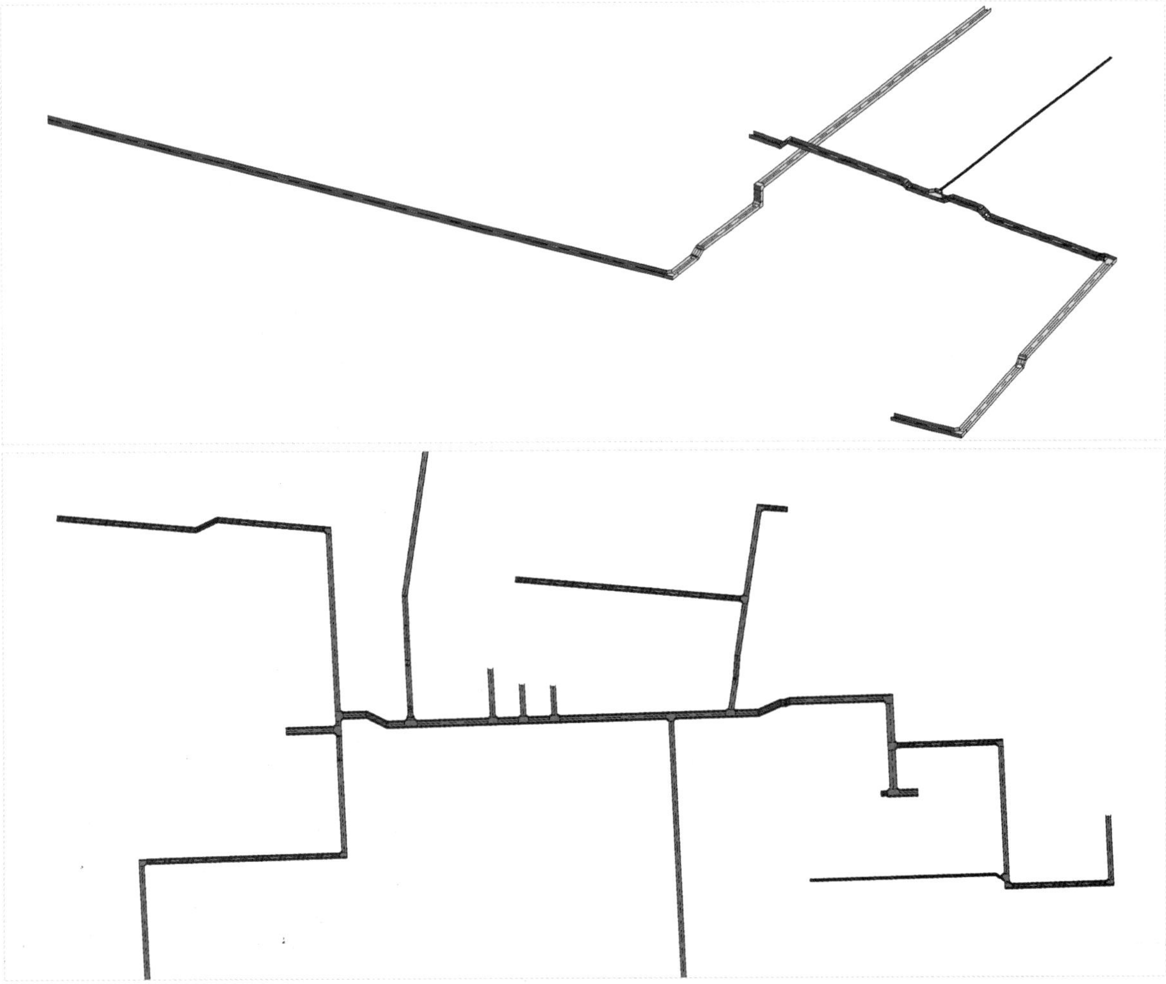

图5-181

02 绘制完成后，三维效果如图5-182所示。

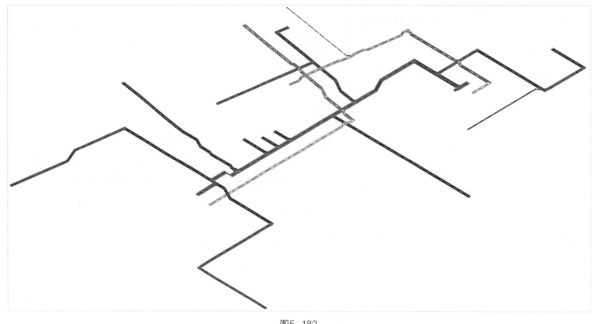

图5-182

5.4 本章小结

　　本章主要介绍导线、线管和电缆桥架的绘制方式，以及各类电气装置及设备的放置方式。其中，在绘制导线时需注意导线仅在平面视图中可见，且一般不将导线的绘制纳入多专业的管线综合范围之内。除此之外，还需注意电气设备放置时所选用的符号类型及电压等参数是否符合国标要求。

第**6**章

多专业管线综合避让

学习目的

理解碰撞检查、管线综合避让和孔洞预留的基本概念

理解管线综合排布的原理

掌握基于 BIM 技术管线综合避让的基本流程和操作方法

本章引言

    基于 BIM 技术的多专业管线综合避让是管线综合二次深化的核心，是一个发现问题并解决问题的过程。碰撞检查的主要目的在于发现基于各专业管线三维模型的碰撞；而基于 BIM 技术的多专业管线避让则是在不影响管线系统正常运转的前提下，将模型整合所发现的各专业管线交叉、碰撞等问题在 Revit 三维模型中进行解决；孔洞预留则是在多专业管线综合避让已经完成，以及各专业管线的高程、管径等信息都已经确定无误后，在土建三维模型上预留洞口，指导现场实际安装。本章将在前文已经搭建好的水暖电模型上介绍碰撞检查、管线综合避让的相关概念及操作方法，读者需要重点理解多专业管线综合避让的原理。

6.1 碰撞检查

由于现阶段图纸设计方各专业之间缺乏协调和沟通，因此按照原设计图绘制出来的管线、建筑结构和其他管线之间难免发生碰撞。我们进行碰撞检查的目的在于找到这些碰撞，以便后期对项目进行优化。

6.1.1 Revit的碰撞检查功能

Revit提供了碰撞检查的协作工具，用于检查管线和建筑结构、管线和管线之间的碰撞。下面以管道和管道之间的碰撞检查为例说明碰撞检查的方法。

在"协作"选项卡中执行"碰撞检查>运行碰撞检查"命令，如图6-1所示。

图6-1

> **提示** 第2章中已经介绍了不同专业的链接模型，链接模型无法进行碰撞检查，需"解组"后才能进行。

在弹出的"碰撞检查"对话框中分别选择进行碰撞检查的两个类别，如管道和管道、管道和墙之间的碰撞检查。下面以管道和管道之间的碰撞检查为例说明Revit碰撞检查功能，勾选"管道"和"管道"选项，单击"确定"按钮，如图6-2所示。

图6-2

> **提示** 所有需要碰撞检查的两类图元都可以通过在"碰撞检查"对话框中勾选相应的图元类别进行操作。

单击"确定"按钮后，即会弹出"冲突报告"对话框，单击需要检查的管道类型，绘图区域会自动检索发生碰撞的管道并进行显示，如图6-3所示。单击"导出"按钮，可将冲突报告以HTML格式导出，如图6-4所示。

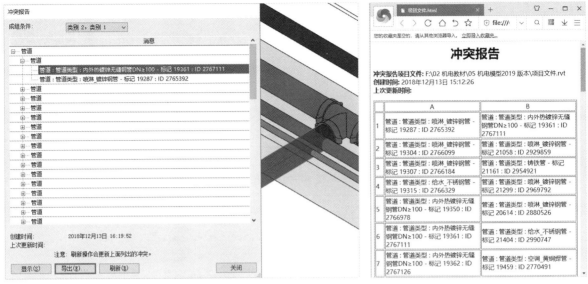

图6-3　　　　　　　　　　　　　　　　　　图6-4

在Revit中绘制的每一个图元，不论哪一个专业都对应着一个ID号，用户可以通过查找ID的方式选择和ID号对应的图元。在"管理"选项卡中单击"按ID选择"按钮，如图6-5所示，在弹出的"按ID号选择图元"对话框中输入需要查询的ID号，单击"确定"按钮即可找到和该ID号对应的图元，如图6-6所示。

图6-5

图6-6

6.1.2　碰撞检查的种类

管线的碰撞分为"间隙碰撞"和"硬碰撞"两种情况。"硬碰撞"是指管线之间发生实体的交叉碰撞，而在实际的施工中又往往存在管线之间距离过小，无法满足施工需求的情况，这种情况被称为"间隙碰撞"。

扫码观看视频

> **提示**　Revit支持检查的碰撞属于"硬碰撞"的一种，若要对间隙碰撞进行检查，可借助同为Autodesk旗下的Navisworks软件实现。

实战：碰撞检查

素材位置	素材文件>CH06>实战：碰撞检查
实例位置	实例文件>CH06>实战：碰撞检查
视频名称	实战：碰撞检查.mp4
学习目标	掌握碰撞检查输出和查看的方法

基于地下车库模型，完成管道与风管之间的碰撞检查，并导出网页版碰撞检查报告，报告结果如图6-7所示。

图6-7

1. 打开文件

打开"素材文件>CH06>实战：碰撞检查>碰撞检查.rvt"，如图6-8所示。

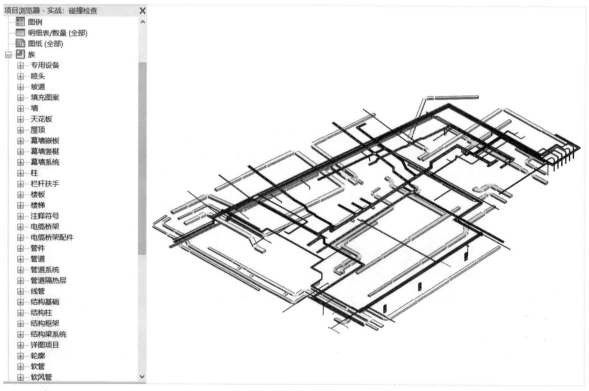

图6-8

2. 检测风管和管道

01 在"协作"选项卡中执行"碰撞检查>运行碰撞检查"命令 ，在弹出的"碰撞检查"对话框中分别勾选"风管"和"管道"选项，单击"确定"按钮开始运行碰撞检查，如图6-9所示。

02 碰撞检查完毕后，会弹出"冲突报告"对话框，单击"导出"按钮，如图6-10所示，即可导出网页版碰撞检查报告，如图6-11所示。

图6-9

图6-10

图6-11

6.2 多专业管线综合避让

随着社会的发展，建筑物的功能逐渐增多，室内各专业的机电管线也随之增多，在机电管线中各专业管线的交叉、碰撞和相互挤占空间的现象层出不穷。基于BIM技术，可以在机电各专业模型整合完成的情况下对各专业管线的交叉碰撞进行避让。

6.2.1 可见性与视图范围设置

多专业的管线综合避让一般在平面视图中进行（同时配合三维视图及剖面、立面视图），为了避免管线图元在平面视图中不可见，我们需要了解Revit软件中图元可见性的设置方法，以及视图范围的设置方法。

扫码观看视频

1. 图元可见性设置

在Revit中，主要通过改变视图的"视图范围"对图元在相应视图的可见性进行调节。例如，在"项目浏览器"中选择"管线综合"专业视图，切换至FL 0.00平面视图，并在"属性"面板内设置"规程"为"协调"，确保各专业模型都可见，如图6-12所示。

图6-12

按快捷键V＋V，在弹出的可见性/图形替换对话框中切换到"模型类别"选项卡，然后勾选所有"水管""风管""电缆桥架""管件""管道附件"等类别的"可见性"选项，以便模型能够在视图中被全部显示，如图6-13所示。

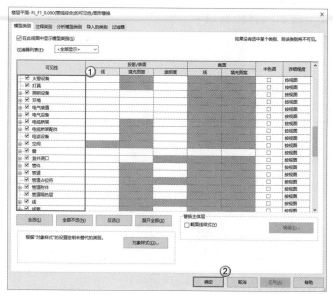

> **提示** 可见性/图形替换对话框的作用是控制各专业、各类别的图元在视图中是否可见。勾选某一类别的"可见性"选项后，该类别的图元将在视图中可见，取消勾选则不可见。此外，可见性/图形替换对话框的设置只对应某单一视图平面，切换视图后，图元的可见性需要再次进行设置。

图6-13

2. 视图范围设置

切换到"FL0.00-层"平面视图，在"属性"面板内单击"视图范围"右侧的"编辑"按钮，弹出"视图范围"对话框，如图6-14所示。

每个平面视图都具有"视图范围"属性，该属性也被称为可见范围。"视图范围"是可以控制视图中对象的可见性和外观的一组水平平面，该组水平平面包括"顶部""剖切面""底部"。顶部（顶剪裁平面）和底部（底剪裁平面）分别表示视图范围的顶部和底部；剖切面是确定视图中某些图元可视剖切高度的平面，这3个平面可以定义视图的主要范围。"视图深度"是主要范围之外的附加平面，可以通过设置视图深度的标高，显示位于底裁剪平面之下的图元，默认情况下视图深度与底部重合。

图6-15所示是以立面视图的角度表示平面视图的视图范围。

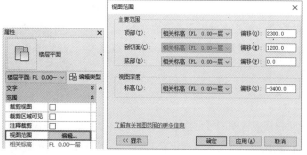

图6-14

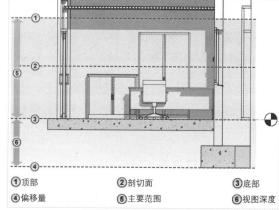

①顶部　　②剖切面　　③底部
④偏移量　　⑤主要范围　　⑥视图深度

图6-15

> **提示** 通常"剖切面"的偏移值为1200，且该值不得大于顶部偏移值，也不得小于底部偏移值，必须在两者之间。

6.2.2 多专业管线综合避让的操作方法

多专业的管线综合避让是指通过一定的方式提前在软件中对各专业管线彼此间及各专业管线与建筑结构之间的碰撞进行解决，从而为各专业管线现场安装提供有效的指导。

扫码观看视频

1.管道的拆分

管道的拆分是指对管道碰撞区域的管道进行提前拆解，是管线综合避让的准备工作。下面以单根管道的拆分和两根管道的拆分为例对管道拆分的一般方式进行说明。

⊙ 单根管道的拆分

"修改"选项卡中的"拆分图元"工具 ⊫ 是管线综合避让时的必备工具，如图6-16所示。下面介绍单根管道的拆分方法。

单击"拆分图元"按钮 ⊫ ，然后捕捉管道的中心线，并在拆分位置处单击，如图6-17所示。

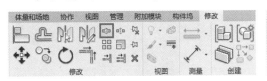

图6-16

图6-17

单击后，会在拆分位置生成连接件（连接件的具体类型由该管段的布管系统配置决定），如图6-18所示。

选择连接件左侧管道，然后选中 ⊞ 图标，将其向远离连接件的方向拖曳一定距离，如图6-19所示，此时会发现管道已经分为两段。

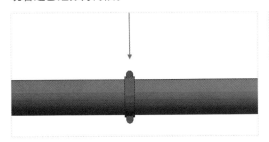

图6-18

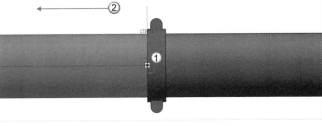

图6-19

在"修改|管道"上下文选项卡中单击"删除"按钮 ✖ ，然后选择连接件，如图6-20所示，即可将其删除。删除完成后的效果如图6-21所示。

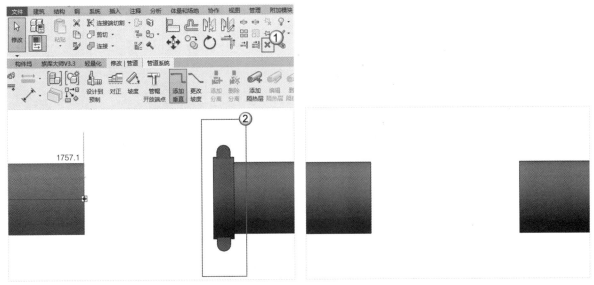

图6-20

图6-21

> **提示** 除了使用上述方法，还可以单击"用间隙拆分"按钮 ⊫ ，然后输入固定的拆分值进行管道的拆分。

⊙ 两根管道的拆分

下面以两根交叉管道的拆分为例说明拆分两根管道的常规操作。切换至一层平面视图，在相同平面内绘制两段发生交叉的管道，如图6-22所示。

使用"拆分图元"工具 ⊣⊢ ，对某一段管道的碰撞处进行拆分，如图6-23所示。

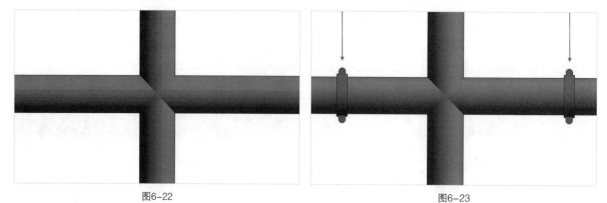

图6-22   图6-23

管道拆分后，将左右两段管道向远离连接件的方向各移动一段距离，再删除连接件，如图6-24所示。

选择拆分完成的管道，然后修改其偏移值，使其从一层平面视图向上增加一定高度，如1000mm，如图6-25所示。

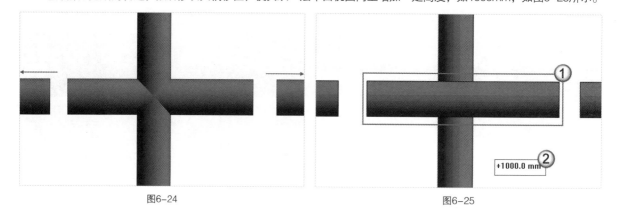

图6-24   图6-25

选择往上偏移的管道端头，然后捕捉未向上偏移的两根管道的端头，如图6-26所示，则管道会自动生成90°弯头和立管自动连接，连接完成的三维效果如图6-27所示。

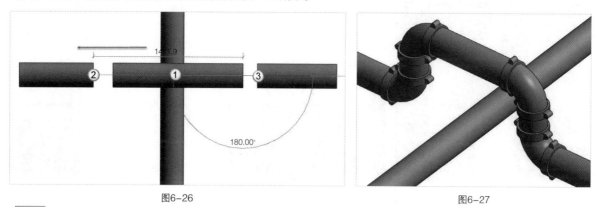

图6-26   图6-27

> **提示**　一般情况下，在进行管线避让的翻弯时，管道都应该尽量向上翻弯，且角度应该为45°，当无法上翻时可以考虑向下翻。另外，管道在进行翻弯时，向上或向下的偏移距离并没有一个固定的数值，可以根据实际情况灵活设置，但是应该保证有足够的空间生成弯头和立管。

2. 特定角度的管线避让

下面以桥架翻弯45°避让风管为例说明特定角度的管线避让。在一层平面图中绘制任意一组桥架和风管并使其发生碰撞，如图6-28所示。

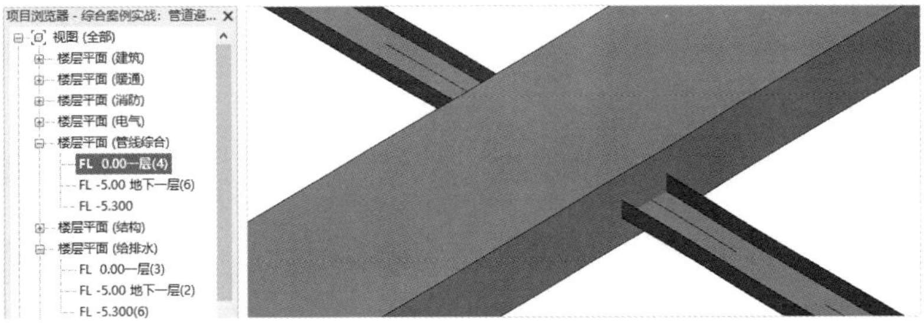

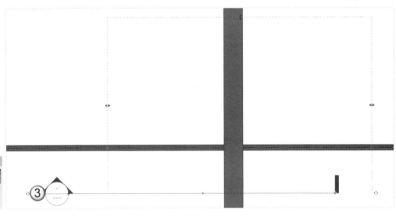

图6-28

在"视图"选项卡中使用"剖面"工具⚐，然后在桥架和风管发生交叉的下半部分绘制一条剖面线。在此过程中，通过拖曳⇕图标可以调节剖面图所能看到的视图范围，如图6-29所示。

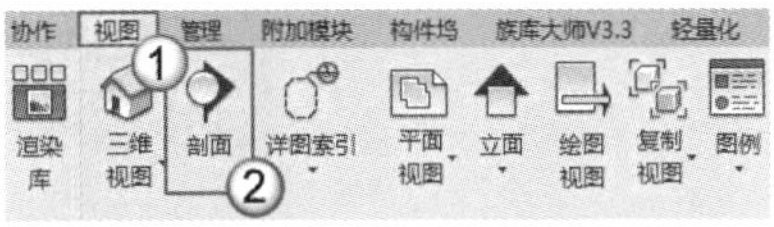

图6-29

> **提示** 在快速访问工具栏中也可以快速选择"剖面"工具⚐，如图6-30所示。 
>
> 图6-30

这时在"项目浏览器"中可以看到新建的剖面视图，默认命名为"剖面1"。双击"剖面1"视图（或在一层平面图中选择剖面线，单击鼠标右键，在弹出的菜单中选择"转到视图"命令），待跳转到"剖面1"视图后，在视图控制栏中设置模型的"详细程度"为"精细"▦、"视觉样式"为"着色"◲，如图6-31所示。

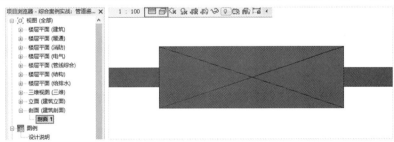

图6-31

选择"拆分图元"工具⚎，将桥架的两端打断，如图6-32所示，然后将中间打断的部分删除，接着选择桥架，并单击鼠标右键，在弹出的菜单中选择"创建类似实例"命令，再在打断处移动绘制的桥架，使其和水平桥架的夹角为45°，如图6-33所示。

图6-32

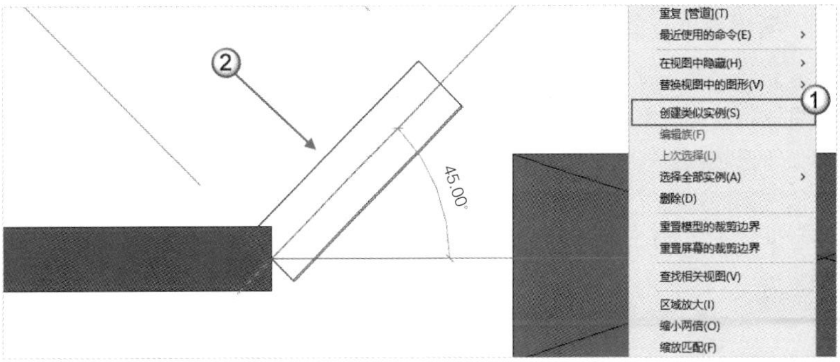

图6-33

45°斜桥架绘制完成后，继续绘制水平桥架，如图6-34所示，然后在桥架的另一端绘制斜桥架，并使其和水平桥架的夹角为135°，持续捕捉水平桥架的中心线后完成绘制，如图6-35所示。

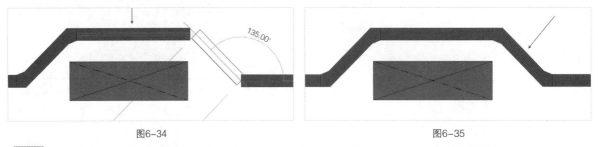

图6-34　　　　　　　　　　　　　　　　　　图6-35

提示　在立面视图中也可以进行特定角度的管道避让处理。

6.2.3　多专业管线综合避让的基本原则

多专业机电管线的碰撞主要分为管线与结构、管道与管道、管道与风管、管道与桥架、桥架与风管这5类情况。各专业管线之间避让的前提条件是保障各专业管线之间的系统完整，使各管线正常运行，且能满足施工、合理利用空间等实际需求，因此多专业管线的综合避让需遵循一定的基本原则。

扫码观看视频

⊙　**综合管线避让建筑结构**

若管线和建筑结构发生碰撞，各专业管线应该避让建筑结构。例如，图6-36所示是管道避让梁，图6-37所示是管道避让柱。

图6-36　　　　　　　　　　　　　　　　　　图6-37

提示　如果管线需要穿梁，那么需要和结构专业设计师进行充分的沟通，保障结构的安全。此外，穿梁管线一般为有压小管道（不破坏主筋，无需坡度）。

⊙　**考虑高度，管线边缘最低高度不得低于吊顶高度（或要求高度）**

在进行多专业管线综合避让的过程中，往往会对原有管道的高度进行修改，但是修改的管道高度最低不得低于吊顶高度，也不得低于已经设置好的高度（管线的综合避让必须在楼板底和吊顶的高度范围内进行）。利用楼板底到梁底的空间可以将管线向上翻弯，达到节约空间、提升高度的目的，如图6-38所示。

提示　若管线的类型和数量偏多，应尽量在可以利用的空间内使用横向放置，若横向放置依旧无法满足管线避让的需求，可以向业主和设计单位沟通，降低吊顶的高度或更改管线的尺寸。

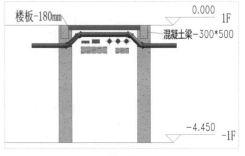

图6-38

⊙ **小管线避让大管线**

管径比较小的管线容易施工，也容易安装，因此当管径相对较小的管线和管径相对较大的管线发生碰撞时，应由管径相对较小的管线避让管径相对较大的管线，如图6-39所示。

图6-39

⊙ **水管让桥架/桥架让风管（强电、动力桥架除外）/弱电桥架让强电桥架**

与桥架相比，水管的价值相对更低，因此当有压水管与桥架碰撞时，应由水管避让桥架。风管相对于桥架更难安装，因此弱电桥架与风管碰撞时，应由弱电桥架避让风管。但是当水管、风管、弱电桥架和强电桥架、动力桥架发生碰撞时，为了保障强电桥架功能正常和便于安装，应由水管、风管和弱电桥架避让强电桥架、动力桥架，如图6-40所示。

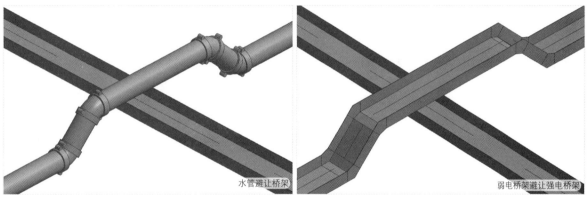

水管避让桥架   弱电桥架避让强电桥架

图6-40

> **提示**　在布置管线的时候，一般将桥架布置在紧贴梁的最高处，尽量避免桥架的避让翻弯。

⊙ **有压管避让无压管**

一般情况下，雨水管、排水管等依靠坡度进行排水的管道被称为无压管。对于给水管、喷淋管和消火栓管等需要通过增加压力实现管内水的流动的管道被称为有压管。无压管翻弯后会造成水无法自流排出，因此当有压管和无压管发生交叉碰撞时，应由有压管避让无压管，如图6-41所示。

图6-41

> **提示**　无压管为了排水需保持一定坡度，但不是所有的有坡度管道都是无压管。另外，在进行综合项目的管线绘制时，应先绘制无压管，再绘制有压管。

⊙ 非保温管避让保温管

对于热水供水管、热水回水管等管道在进行安装时，需在管道外部敷设保温材料，这样的管道被称为保温管，非保温管和保温管发生碰撞时，应由非保温管避让保温管。

⊙ 价值低的管线避让价值高的管线

不同类型的管线，其使用的材质会有所不同。在发生碰撞时，应由价值低的管线翻弯，避让价值高的管线。

⊙ 兼顾排布整体美观合理，考虑后期支吊架的布置及检修

在进行多专业管线的综合避让时，如果能做到尽量少翻弯避让，那么就尽量少翻弯避让。当管线发生碰撞时，应尽量找改动小的管线进行翻弯避让，如图6-42所示。除此之外，还要兼顾避让完成后的美观、整齐和后期支吊架在布置及检修时的方便，如图6-43和图6-44所示。

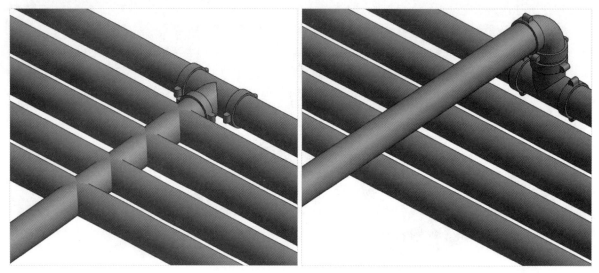

图6-42

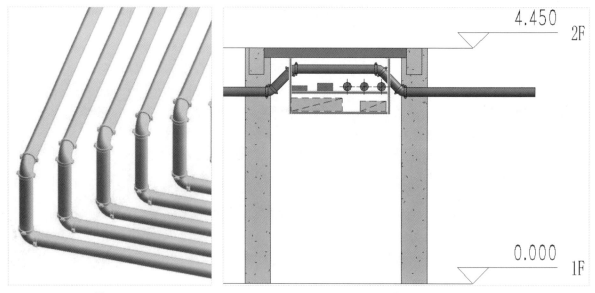

图6-43   图6-44

> **提示** 多专业管线的综合避让是各专业协同的过程，在遵循各项基本原则的前提下，根据实际情况选择管线避让的方式。一般来说，多专业管线综合应该尽量考虑使用综合支吊架。

实战：多专业管线综合避让

素材位置	素材文件>CH06>实战：多专业管线综合避让
实例位置	实例文件>CH06>实战：多专业管线综合避让
视频名称	实战：多专业管线综合避让.mp4
学习目标	掌握项目中多专业管线综合避让的方法

基于地下车库模型，配合链接地下车库的土建模型，以多专业管线综合避让的基本原则为依据，完成桥架与结构、管道与管道、管道与桥架的综合避让，如图6-45所示。读者可结合在线视频完成本例所有管线的综合避让，具体要求如下。

① 保障排水管、废水管管道系统的正常运行。

② 所有避让的翻弯都应尽量上翻，尽量减少下翻。

③ 管线排布需尽量节约高度、排布整齐并考虑排布后的美观性。

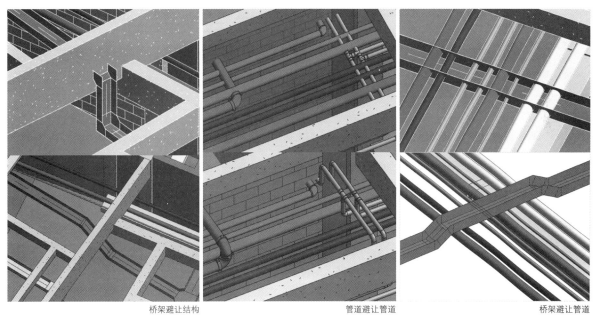

桥架避让结构　　　　　　　　　　　　　管道避让管道　　　　　　　　　　　　桥架避让管道

图6-45

1. 水暖电专业模型整合

多专业管线综合避让必须在同一个Revit视图中才能便于操作，因此将各专业模型整合在同一个Revit文件的同一个视图中是操作的前提。

01 在"插入"选项卡中单击"链接Revit"按钮▣，在弹出的"导入/链接RVT"对话框中打开"素材文件>CH06>实战：多专业管线综合避让>实战：管道、实战：电缆桥架、实战：风管"，并将其以"自动-原点到原点"方式进行整合，如图6-46所示。

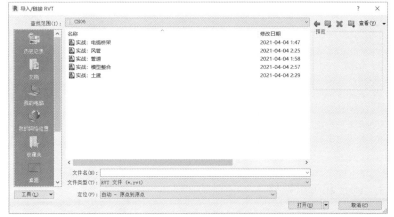

图6-46

02 给排水管道、风管和桥架等管线整合完成后效果如图6-47所示。

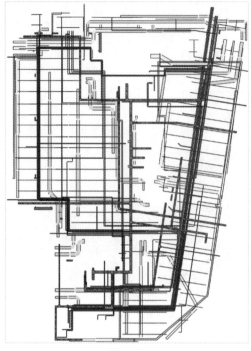

图6-47

2. 土建整合

01 在"插入"选项卡中单击"链接Revit"按钮，在弹出的"导入/链接 RVT"对话框中选择"素材文件>CH06>实战：多专业管线综合避让>实战：土建.rvt"，并以"自动-原点到原点"的方式进行整合，最后单击"打开"按钮，如图6-48所示。

02 土建与地下车库整合完成后的效果如图6-49所示。

图6-48

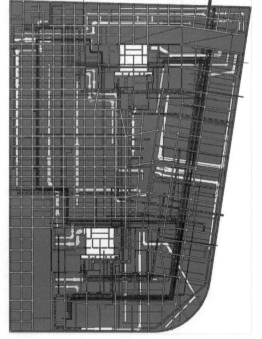

图6-49

3. 绑定和解组链接

使用链接功能链接的模型在没有解除绑定之前是一个整体，因此无法单独进行修改，若整体模型无法满足需求，需要编辑RVT链接中的单一图元，可以解组导入的RVT链接。

01 在"修改 I RVT链接"上下文选项卡中单击"绑定链接"按钮，在弹出的"绑定链接选项"对话框中勾选"附着的详图"选项，最后单击"确定"按钮，如图6-50所示。

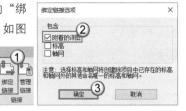

图6-50

> **提示** 当项目各专业的模型使用同一项目样板时，由于所使用的标高、轴网相同，因此不需要选择标高和轴网，只需将附着的轴网和详图解除绑定。此外，若原有的项目文件中没有标高或轴网时，可以在"绑定链接选项"对话框中勾选"标高"或"轴网"选项，这样链接解组后将和原模型共用同一套标高或轴网。

02 此时会弹出"绑定链接"的询问对话框，单击"是"按钮开始处理Revit的绑定链接，如图6-51所示。这时在界面的左下方显示绑定链接的进度，绑定链接完成后，界面的右下方将弹出"警告"对话框，单击"删除链接"按钮，如图6-52所示。

03 单击要绑定的RVT链接，将自动切换至"修改I模型组"上下文选项卡，单击"解组"按钮，则RVT链接会由整体转化为可单独编辑的RVT模型，如图6-53所示。

图6-51

图6-52

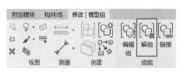

图6-53

> **提示** 在Revit中，使用绑定链接十分消耗计算机资源，因为链接的模型越大，计算机处理的速度也就相对越慢，所以若链接只作为参照，可以考虑不使用绑定链接。
>
> 为了加快RVT链接文件在解除绑定时的速度，在需要链接解组的情况下还可以选择使用大体积、管线构件多的项目文件为基准，链接小体积、构件少的项目文件进行绑定解组操作。

4. 多专业管线综合避让

下面选择本例中桥架避让结构、管道避让管道和桥架避让管道这3种避让类型各一例对项目中多专业管线综合避让的具体操作方式进行说明。碰撞位置如图6-54所示，序号1、2、3分别对应桥架避让结构、管道避让管道和桥架避让管道在平面图中的位置。

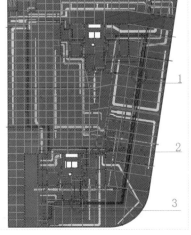

图6-54

⊙ 完成桥架避让结构

01 根据链接土建模型与管线的碰撞情况（定位1位置），完成桥架和结构梁的避让，如图6-55所示。

02 选择上下桥架，在选项栏中确认直立桥架的连接两端相对一层偏移量分别为−950mm和−2200mm，如图6-56所示。

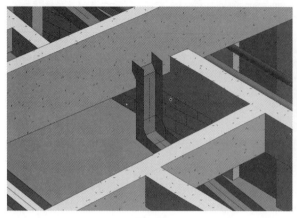

图6-55

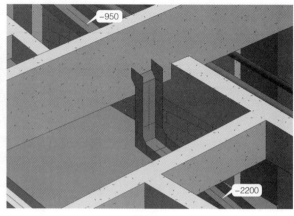

图6-56

03 按Delete键将直立桥架和连接件删除，删除完成后效果如图6-57所示。

04 切换至"上"视图，然后在"修改"选项卡中选择"拆分图元"工具，将高区桥架（序号3）拆分为两部分，如图6-58所示。

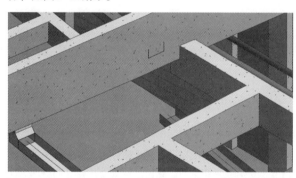

图6-57

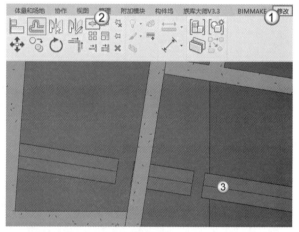

图6-58

05 选择拆分的一小段桥架，然后选择并修改左边端头的偏移数值为−2200mm，如图6-59所示。

06 继续选择拆分的一小段桥架，修改中间桥架的度数为45°，如图6-60所示。

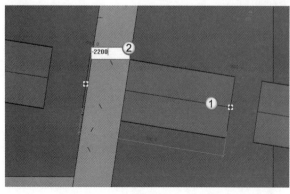

图6-59

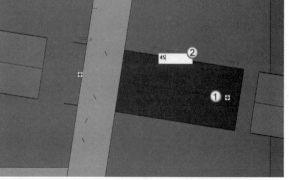

图6-60

07 依次拖曳低区桥架（序号1）和高区桥架（序号2）并捕捉到斜桥架的两端，如图6-61所示。

08 完成连接后的效果如图6-62所示。

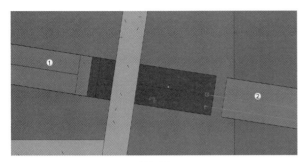

图6-61

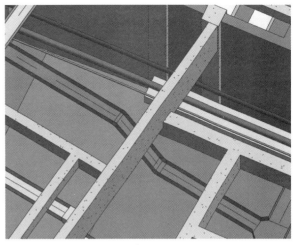

图6-62

⊙ 完成管道避让管道

根据管线碰撞情况，完成某处碰撞的管道与管道的避让（定位2位置）。此处管线的碰撞发生了两处，如图6-63所示。一处是给水管与消防管道发生碰撞，另一处是消防系统消火栓管道与喷淋管道发生碰撞。以上所有管道都为有压管，根据小管避让大管和尽量减少改动的基本原则，给水管与消防管道发生碰撞处应由给水管避让消防管道，消火栓管道与喷淋管道发生碰撞处应由消火栓管道避让喷淋管道。

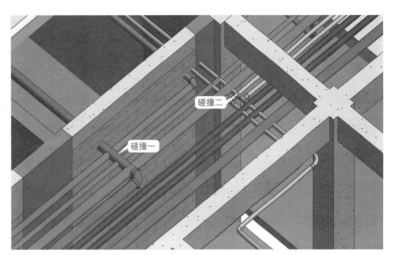

图6-63

避让碰撞一

01 切换至"上"视图，按Delete键删除给水管连接的三通，如图6-64所示。

02 拖曳被删除了三通后的管道并捕捉另一端的端头，完成直线管道的连接，如图6-65所示。

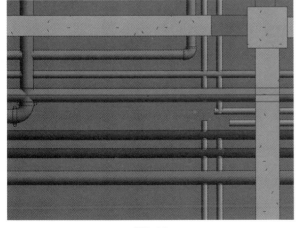

图6-64

图6-65

03 在"修改"选项卡中使用"拆分图元"工具 ，将两根给水管的两端进行拆分，如图6-66所示。

04 拖曳拆分的管道端头，使其与原有管道分离，然后按Delete键删除连接件，如图6-67所示。

05 选择两根分离的管道（序号1和2），然后在选项栏中设置"偏移"为-650mm，如图6-68所示。

06 选择断开的4根管道（序号1、2、3、4），然后依次拖曳两根管道，待捕捉到向上偏移的两根管道（序号5和6）后，完成端头的连接。这时在连接处会自动生成弯头、三通和立管用于管道的连接，如图6-69所示，三维效果如图6-70所示。

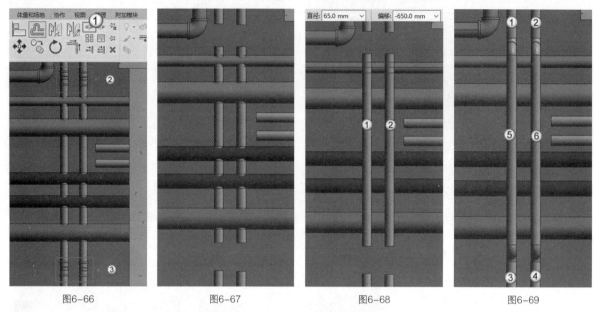

图6-66　　　　　　　　图6-67　　　　　　　　图6-68　　　　　　　　图6-69

07 完成剩下的不同方向的两根管道的连接，同样在连接处会自动生成弯头、三通或立管，三维效果如图6-71所示。

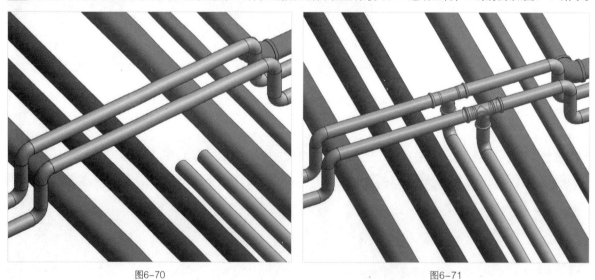

图6-70　　　　　　　　　　　　　　　　　图6-71

避让碰撞二

01 另一处管道的碰撞是由于原设计中消防管道与喷淋管道在同一平面布置导致的，根据尊重原有设计，即不擅自更改和尽量减少翻弯避让的基本原则，此处只需修改通向室内的消火栓管的相对偏移值即可。切换至三维视图，如图6-72所示。

02 按Delete键将弯头删除，然后在选项栏中修改通向室内的消火栓管道的相对偏移值为-600，管道会在原有基础上向上偏移，如图6-73所示。

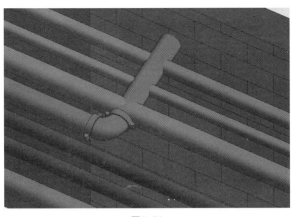

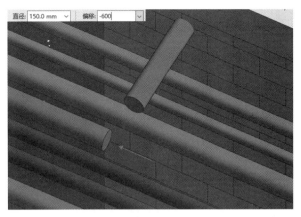

图6-72   图6-73

03 切换至"上"视图,然后拖曳水平管道的端头,使其捕捉到垂直管道的中心线,如图6-74所示,完成消火栓管的连接,如图6-75所示。

04 全部避让完成后,三维效果如图6-76所示。

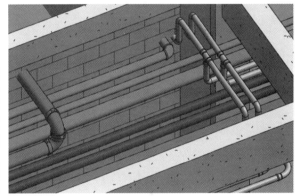

图6-74   图6-75   图6-76

⊙ 完成桥架避让管道

01 根据桥架与管道碰撞情况,完成桥架与管道的避让(定位3位置)。此处为强电桥架与消防、给水和排水管道发生碰撞,如图6-77所示。

02 虽然桥架价值高于水管,但是考虑到有排水管,且应遵循尽量减少改动的原则,因此这类情况应由桥架避让水管。切换至"上"视图,使用"拆分图元"工具对桥架进行拆分,如图6-78所示。

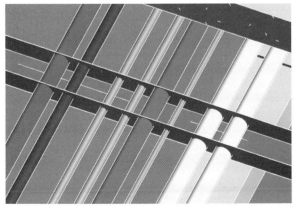

图6-77   图6-78

03 拆分完成后，选择与管道发生碰撞的部分桥架，然后拖曳桥架端头并与原有桥架分离，接着按Delete键删除桥架两端的连接件，如图6-79所示。

04 选择分离后的原有桥架的中间部分，并设置"偏移"为-750mm，如图6-80所示。

05 拖曳高度偏移向上的桥架中间部分并与两端的桥架进行连接，然后隐藏结构模型，效果如图6-81所示。

图6-79

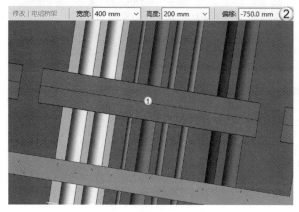

图6-80

图6-81

6.3 孔洞预留

多专业管线综合避让是对各专业管线在室内空间再次调整安装的过程，管线综合避让完成后，各专业管线在室内空间的位置将会确定，同时各专业管线穿越墙、梁和板的位置也会随之确定。在管线安装的实际过程中，会在管线穿过楼板、墙和梁等的预定位置留出孔洞，用于工程主体结构完成后的管线安装。

在"建筑"和"结构"选项卡中均提供了开洞工具，分别用于墙、梁和板的孔洞预留，对应的工具如图6-82所示。

图6-82

6.3.1 墙孔洞预留

在Revit中，墙体的孔洞预留一般通过"编辑轮廓"和"墙"工具进行操作，本节将对这两种工具进行介绍。

扫码观看视频

1. 使用"编辑轮廓"工具开洞口

在立面图中选择墙，在激活的"修改|墙"上下文选项卡单击"编辑轮廓"按钮，如图6-83所示。在激活的"修改|墙>编辑轮廓"上下文选项卡中可根据实际需求选择"直线""矩形""圆形"等工具在墙的轮廓编辑模式下对墙体设置孔洞。下面举例讲解使用"编辑轮廓"工具为墙开孔洞的方法。

图6-83

使用"圆形"工具 在墙体的外围轮廓绘制一个半径为200mm的圆，单击"完成编辑模式"按钮 ，如图6-84所示，效果如图6-85所示。

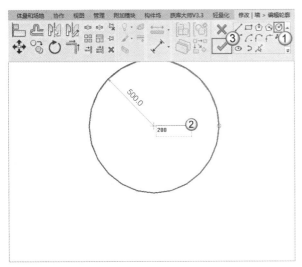

图6-84

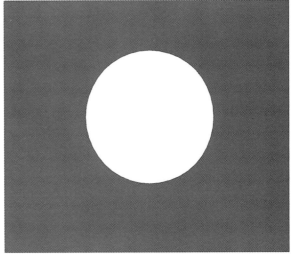

图6-85

> **提示** 孔洞也有可能是矩形，应根据实际情况进行轮廓编辑，一般孔洞的大小应该比穿过孔洞的管道大两个号。另外，在平面图、立面图及剖面图中可通过"参照平面"工具（快捷键为R+P）对孔洞的大小进行定位，如图6-86所示。

图6-86

2. 使用"墙"工具开洞口

在墙的垂直面上开设洞口，除了使用"编辑轮廓"工具外，还可以使用"墙"工具 。

选中需要布置墙洞口的墙体，单击"墙"按钮 ，然后捕捉到墙体，待鼠标指针的右下角出现矩形符号时，即可在预定位置绘制矩形，墙表面将自动生成即将开设的矩形洞口轮廓，如图6-87所示。选择已经完成的矩形洞口，可编辑弹出的数值或通过拖曳 图标对洞口的大小和位置进行调整，如图6-88所示。

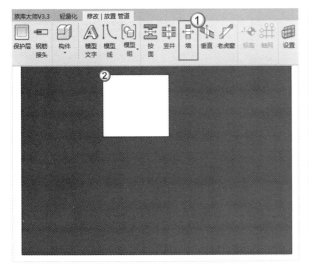

图6-87

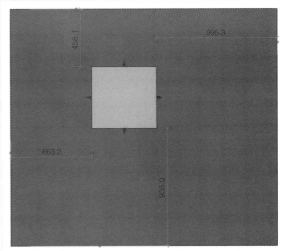

图6-88

6.3.2 梁、板孔洞预留

Revit为梁洞口的预留提供了"按面"工具，而板洞口预留除了可以采用与墙孔洞预留一样的方式外，还可以采用编辑竖井洞口的方式。在实际的施工过程中，板洞口的预留较为常见，一般不会出现对梁预留孔洞的情况。

1.梁洞口

切换到立面图，在"结构"选项卡中单击"按面"按钮，然后捕捉梁的侧面，如图6-89所示，此时将激活"修改|创建洞口工具"上下文选项卡，可选择"直线"和"矩形"等工具进行洞口轮廓的绘制。下面举例讲解梁的孔洞的预留方法。

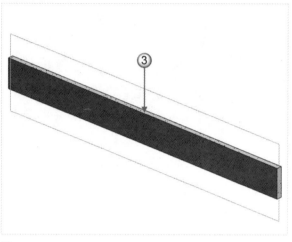

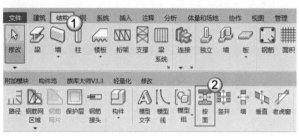

图6-89

使用"矩形"工具在梁的侧面绘制一个尺寸为1000mm×300mm的矩形，单击"完成编辑模式"按钮，如图6-90所示，即可完成梁的矩形孔洞预留，效果如图6-91所示。

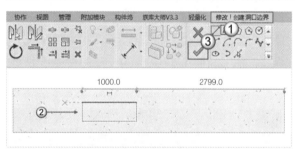

图6-90

图6-91

提示 选中完成的轮廓，在"修改|结构洞口剪切"上下文选项卡中单击"编辑草图"按钮，可对梁洞口再次进行编辑，如图6-92所示。

图6-92

2. 板洞口

立管从上一层到达下一层时需要穿过楼板，因此对楼板开洞也是孔洞预留的一部分。楼板的开洞方式有编辑轮廓、面洞口、垂直洞口和竖井洞口4种方式，选择"按面"工具或"垂直"工具，即可在需要开设洞口的板上进行编辑。这时将激活"编辑|洞口轮廓"上下文选项卡，选择对应功能并根据实际需求绘制即可。下面举例讲解以竖井洞口方式绘制板洞口的方法。

"竖井洞口"用于开设所有楼层楼板在同一位置的预留孔洞。单击"竖井"按钮，如图6-93所示，激活"修改|创建竖井洞口草图"上下文选项卡后，使用"矩形"工具在楼板上绘制矩形轮廓，如图6-94所示。

图6-93

图6-94

在三维视图中，通过拖曳竖井洞口的图标对各层楼板的洞口高度进行调节，如图6-95所示，开洞后的效果如图6-96所示。

> **提示** 竖井洞口布置完成后，可选中竖井洞口的轮廓，在"修改|竖井洞口"上下文选项卡中单击"编辑草图"按钮对竖井洞口的轮廓再次进行编辑。

图6-95

图6-96

实战：孔洞预留

素材位置	素材文件>CH06>实战：孔洞预留
实例位置	实例文件>CH06>实战：孔洞预留
视频名称	实战：孔洞预留.mp4
学习目标	掌握项目中孔洞预留的方法

基于地下车库模型，配合链接地下车库土建模型，以孔洞预留的基本原则为依据，完成各专业管线与墙之间的洞口开设，如图6-97所示。读者可自行结合在线视频完成本例所有的孔洞预留操作，具体要求如下。

① 只要有管线穿过墙，都应为其开设洞口。
② 管道和圆形风管所开的洞口为圆形，桥架、矩形风管开设的洞口为矩形。
③ 管道洞口的尺寸比穿过管线尺寸大50mm，风管孔洞大于风管外边尺寸100mm，桥架孔洞大于桥架外边尺寸50mm。

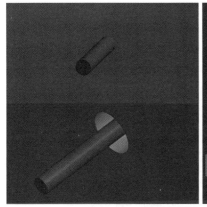
管道孔洞预留

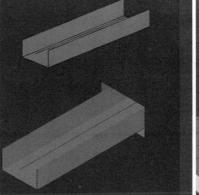
桥架孔洞预留

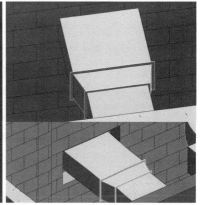
风管孔洞预留

图6-97

1. 操作前准备

本实战中将涉及管道孔洞预留、桥架孔洞预留和风管孔洞预留3种孔洞预留方式。打开"素材文件>CH06>实战：孔洞预留>实战：孔洞预留.rvt"，需要预留孔洞的位置如图6-98所示，其中序号1、2、3分别表示预留的管道孔洞、桥架孔洞和风管孔洞的位置。

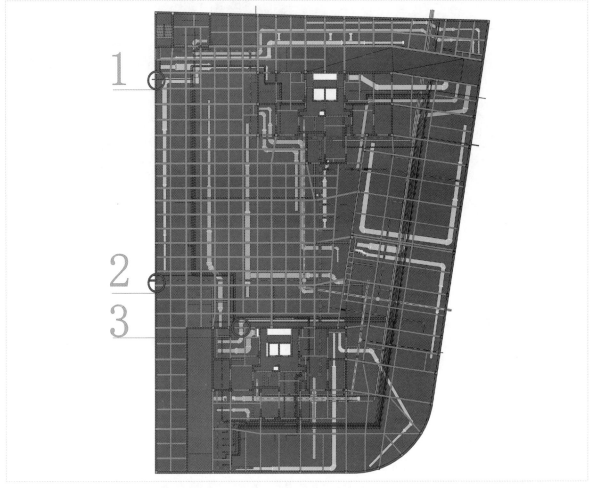

图6-98

2. 管道孔洞预留

根据管道和墙体的碰撞情况（定位1位置），完成管道和墙体之间的洞口开设，如图6-99所示。该处管道只与墙体发生了碰撞，因此可以通过编辑墙轮廓的方式进行孔洞的开设。

01 切换至"左"立面视图，如图6-100所示，选中预留孔洞的墙体，如图6-101所示。

图6-99

图6-100

图6-101

02 该管道的公称直径为100mm，根据预留孔洞需比管道管径大50mm的原则，因此可设置这个孔洞的公称直径为150mm。在激活的"修改|墙"上下文选项卡中单击"编辑轮廓"按钮，如图6-102所示。

图6-102

03 在激活的"修改|墙>编辑轮廓"上下文选项卡中使用"圆形"工具，待捕捉到管道的圆心后，绘制一个直径为150mm的圆，最后单击"完成编辑模式"按钮，如图6-103所示。

04 完成管道孔洞的预留，效果如图6-104所示。

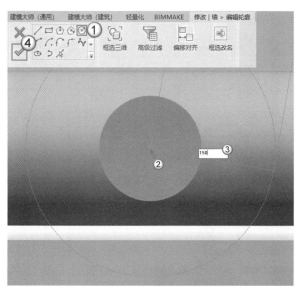

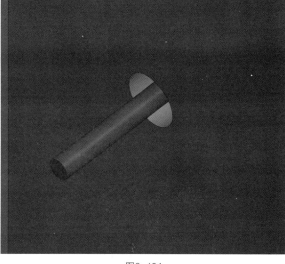

图6-103　　　　　　　　　　　　　　　　　　图6-104

3. 桥架孔洞预留

根据桥架和墙体的碰撞情况（定位2位置），完成桥架和墙体之间的洞口开设，如图6-105所示。桥架和墙体的洞口开设与管道和墙体的开洞方式类似，通过编辑墙轮廓的方式开设孔洞即可。

01 切换至"左"视图，选中预留孔洞的墙体，如图6-106所示。

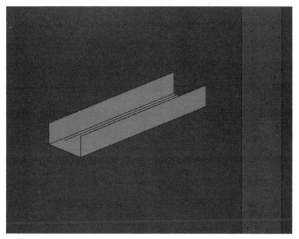

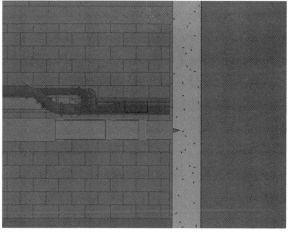

图6-105　　　　　　　　　　　　　　　　　　图6-106

02 在"修改|墙"上下文选项卡中单击"编辑轮廓"按钮，激活"修改|墙>编辑轮廓"上下文选项卡，然后拾取桥架的外边缘，使用"矩形"工具绘制一个矩形，并设置"偏移"为50，最后单击"完成编辑模式"按钮，如图6-107所示。

03 完成桥架孔洞的预留，效果如图6-108所示。

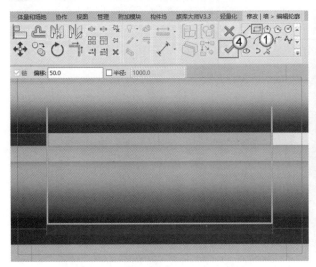

图6-107

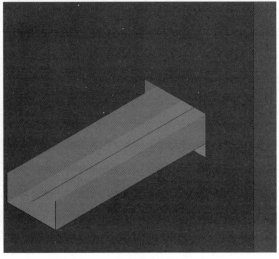

图6-108

4. 风管孔洞预留

根据风管和墙体的碰撞情况（定位3位置），完成风管和墙体的孔洞开设，如图6-109所示，需通过"剖面"工具进行风管孔洞预留的操作。

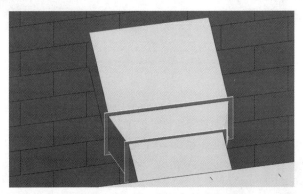

图6-109

01 切换至FL −5.300平面视图，然后在"视图"选项卡中单击"剖面"按钮，如图6-110所示，接着在风管孔洞的预留区域绘制一条剖面线（从右至左），如图6-111所示。

图6-110

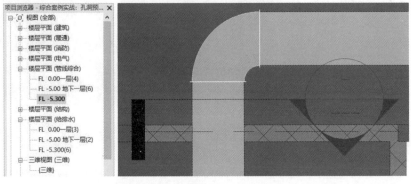

图6-111

02 双击生成的"剖面1"视图，然后切换"详细程度"为"精细"、"视觉样式"为"着色"，如图6-112所示。

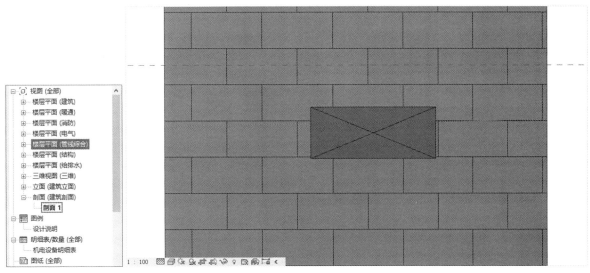

图6-112

03 切换至"前"视图，选中风管预留孔洞所在的墙体，如图6-113所示。

04 在"修改|墙"上下文选项卡中单击"编辑轮廓"按钮，激活"修改|墙>编辑轮廓"上下文选项卡后，拾取风管的外边缘，接着使用"矩形"工具绘制一个矩形，并设置"偏移"为100mm，最后单击"完成编辑模式"按钮，如图6-114所示。

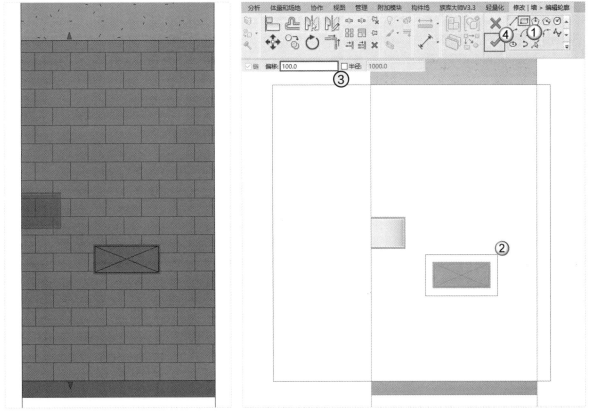

图6-113   图6-114

05 完成风管孔洞的预留，三维效果如图6-115所示。

图6-115

提示 在三维视图的"属性"面板中勾选"剖面框"选项，如图6-116所示，然后拖曳剖面框并剖切到风管孔洞的预留处，也可以进行风管孔洞的预留，操作方法与管道、桥架的孔洞预留方式相同。

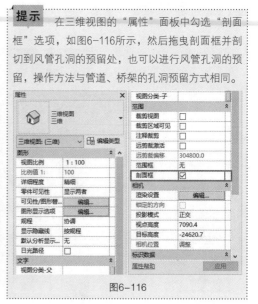

图6-116

6.4 本章小结

　　本章主要介绍了管线综合避让和孔洞预留的基本操作方法。本章的重点在于对多专业管线模型进行整合，理解综合避让的操作原理和管线综合等概念。同时，还需要注意多专业管线综合避让是在建筑结构空间范围允许的情况下对管线进行合理的布局调整，应该做到尽可能地尊重原有设计。管线综合只对非动不可的管线进行调整，对于可以不动的管线，则做到一律不动。

第 7 章

机电深化施工图设计

学习目的

掌握图纸视图的创建方法

掌握图纸的标注方法

掌握图纸标题栏的创建方法

掌握机电专业的布图方法

本章引言

　　基于深化设计后的模型可以快速地创建施工图，并用于指导机电各专业的安装工作。一般经过深化设计后还需要创建管线和设备的平面布置图、局部详图和构件的明细清单，同时，根据设计结果编制总说明。图纸中的尺寸、间距和标注等都可以直接从模型中提取，而总说明中的文字说明需要单独编写，最后将图纸输出或打印，作为指导现场施工的参考依据。

7.1 管线平面布置图

在机电安装中把管道、风管、桥架和线管统称为管线，平面图是管线平面的位置定位依据。一般各专业需要单独创建平面图，如电气平面图、给排水平面图和暖通平面图等。

7.1.1 管道平面布置图

机电项目中的管道有消防管道、喷淋管道、给排水管道和循环供回水管道等，可以根据实际情况组合出图。

扫码观看视频

1. 管道出图平面

下面以"地下一层给排水平面图"的创建为例介绍管道平面视图的创建方式。在"视图"选项卡中执行"平面视图>楼层平面"命令，如图7-1所示。

图7-1

在弹出的"新建楼层平面"对话框中单击"编辑类型"按钮，即可弹出"类型属性"对话框，然后单击"复制"按钮创建一个"名称"为"出图"的新楼层平面。楼层平面创建完成后，在"新建楼层平面"对话框中选择需要创建的出图平面的标高名称，如"FL –5.00 地下一层"，然后取消勾选"不复制现有视图"选项，单击"确定"按钮完成平面图纸的创建，如图7-2所示。

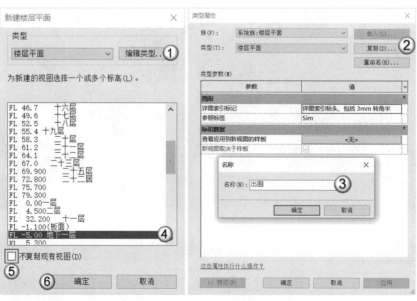

图7-2

此时，在"项目浏览器"中可以看到创建完成的"出图"视图，双击该视图名称，即可自动跳转到对应的视图中，如图7-3所示。

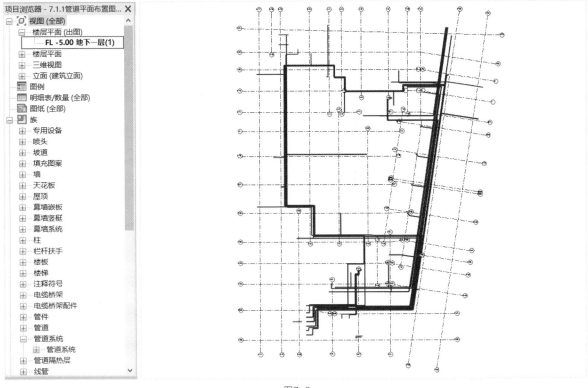

图7-3

在该视图的"属性"面板内设置"视图名称"为"地下一层给排水平面图"，然后将"视图样板"中的"过滤器"属性应用到当前视图，设置完成后的效果如图7-4所示。

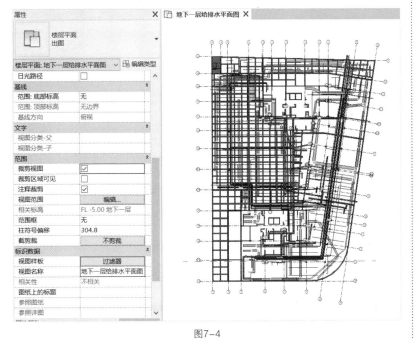

图7-4

提示 如果指定了视图样板，"视图样板"控制的参数（比例、视图范围、过滤器等）不能修改；如果需要修改，应将"视图样板"设置为"无"，然后再进行编辑，如图7-5所示。

图7-5

按快捷键V + V打开可见性/图形替换对话框，切换至"过滤器"选项卡，仅勾选和给排水相关的管道系统对应的"可见性"选项，如图7-6所示。

设置完成后，将属性应用到"地下一层给排水平面图"，未勾选"可见性"选项的系统将被隐藏。另外，我们还可以对视图的比例、精细程度和视图范围等进行设置。关于视图样板和视图的基本设置请参照第2章中的相关内容或通过本节的在线教学视频进行学习。

图7-6

2. 尺寸标注

尺寸标注主要用于确定管线与墙体、柱边缘和轴网等周边环境的相对位置关系，在传统的二维设计中一般不标记管道的具体位置，但是在BIM深化设计中，图纸上的尺寸应该标注出来。下面以"地下一层给排水平面图"的尺寸标注为例介绍管道标注的方式。

在"注释"选项卡中选择"对齐"工具，如图7-7所示，这时将激活"修改|放置尺寸标注"上下文选项卡，接下来可以通过标注工具完成尺寸的标注，如图7-8所示。

在"属性"面板内单击"编辑类型"按钮，弹出尺寸标注的"类型属性"对话框，单击"复制"按钮创建一个"名称"为"管线尺寸标注"的新标注样式，然后设置"文字字体"为"仿宋"、"文字大小"为3mm、"文字背景"为"透明"，如图7-9所示。除此之外，根据实际情况，还可以修改其他的参数，如"颜色""单位格式"等。

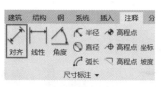

图7-7

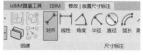

图7-8

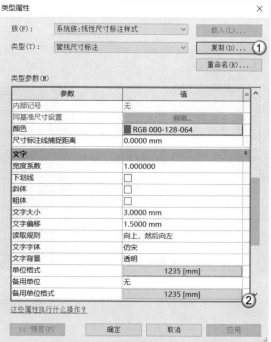

图7-9

连续拾取需要标注的位置，如图7-10所示。对于标注密集的地方，可以移动尺寸标注的数字到不影响查看的位置。

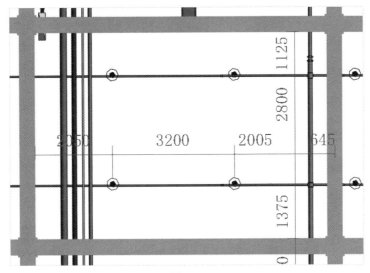

图7-10

提示 常用的标注工具包括"对齐""线性""角度""弧长""半径""直径"等，我们除了可以标注平面的定位尺寸，还可以对高程、坡度和坐标等进行标注。为了保证标注的数值为指定的有效数字，可以在"类型属性"对话框中单击"单位格式"的默认参数值，在弹出的"格式"对话框中取消勾选"使用项目设置"选项，然后设置"舍入"条件，如"最近的10"，如图7-11所示。

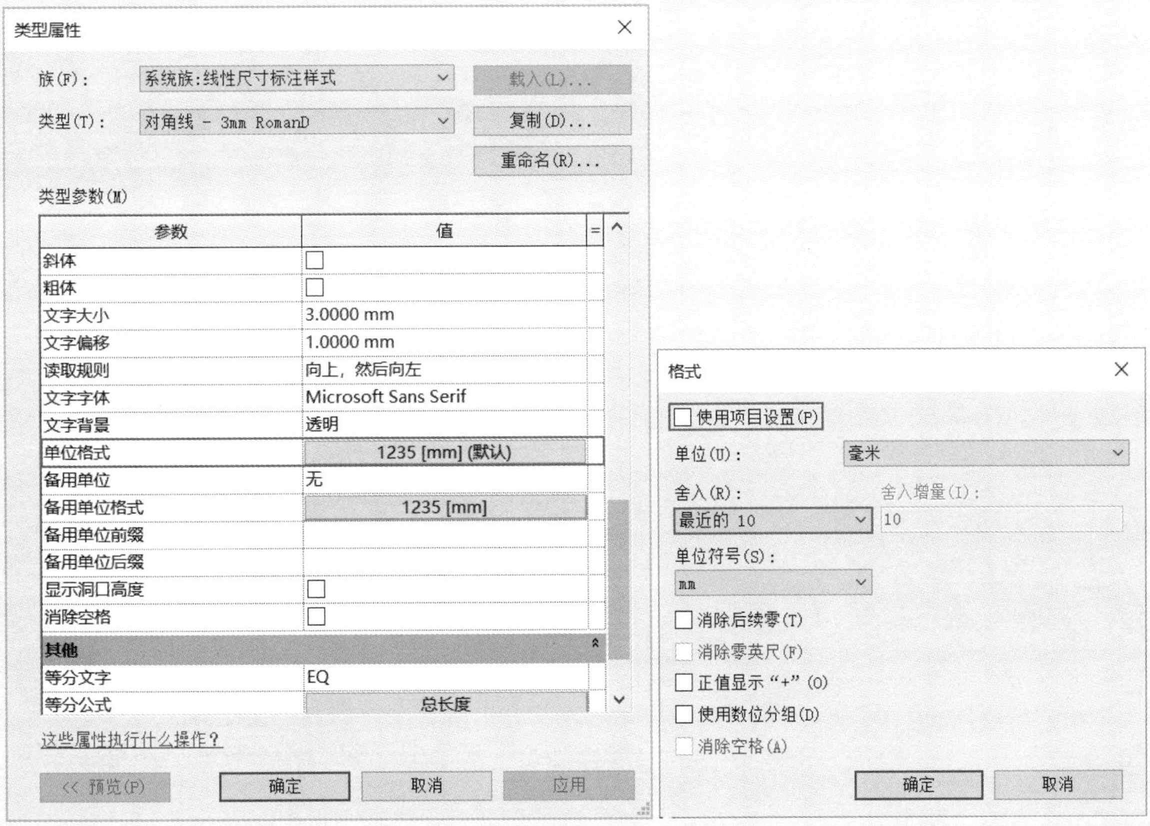

图7-11

3. 管道标记

管道标记是将管道的类型、尺寸和偏移量等参数标注出来，便于区分管道的系统和安装高度，可以通过管道标记族来标记管道。下面以"地下一层给排水平面图"的管道标记为例介绍管道标记的方式。

⊙ 管道标记族

在"插入"选项卡中单击"载入族"按钮，然后在弹出的"载入族"对话框中选择"管道"文件夹中的"管道尺寸标记"族，将其载入项目，如图7-12所示。

图7-12

⊙ 标记管道

在"注释"选项卡中提供了"按类别标记"和"全部标记"两种标记构件的工具，如图7-13所示。"按类别标记"可逐个标记构件，"全部标记"可一次性标记项目中全部的某类构件。

图7-13

单击"全部标记"按钮，弹出"标记所有未标记的对象"对话框，其中显示了项目已经载入的标记族的构件类别。勾选"管道标记"类别，然后选中"当前视图中的所有对象"选项，取消勾选"引线"选项，最后单击"应用"按钮，即可标注当前视图的全部管道，如图7-14所示。

单击"确定"按钮退出设置，可以在视图中查看标记的结果，如图7-15所示，这时可以看到管道的标记已经将管道覆盖，并且仅标出了管道的管径。

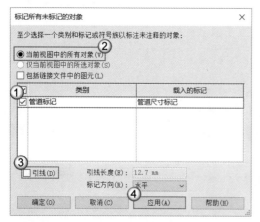

图7-14

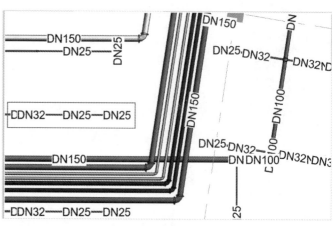

图7-15

⊙ 编辑管道标记族

管道标注的样式由标记族的参数属性决定，可以通过修改管道的标记族进行编辑。单击项目中的任意一个标记，可激活"编辑族"按钮，如图7-16所示。单击"编辑族"按钮，可以打开族编辑器，这时会在新视图中显示一个标记（DN直径），选择该标记，并在"修改|标签"上下文选项卡中单击"编辑标签"按钮，如图7-17所示。

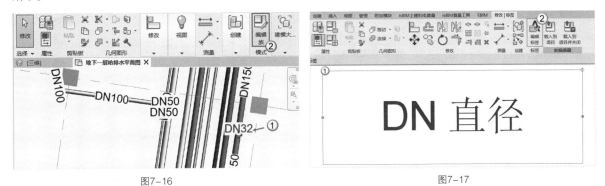

图7-16   图7-17

在弹出的"编辑标签"对话框的"类别参数"列表框中先选择"系统缩写"和"开始偏移"参数（按住Shift键可同时选中），再单击"将参数添加到标签"按钮，将其添加至"标签参数"列表框，如图7-18所示。已添加至"标签参数"列表框的参数可以单击"从标签中删除参数"按钮进行删除，使用"上移参数"按钮和"下移参数"按钮可以将标签参数进行排序。

图7-18

完成标记的编辑后，在标记控制框的 ● 图标上按住鼠标左键拖曳，可以调整标记控制框的长度，如图7-19所示。

在标记的"类型属性"对话框中单击"复制"按钮创建一个"名称"为3mm的新标记，然后设置"颜色"为"黑色"、"背景"为"透明"、"文字字体"为"仿宋"、"文字大小"为3mm，其他参数保持默认设置，单击"确定"按钮，如图7-20所示。

调整前   调整后

图7-19

图7-20

在"修改"选项卡中单击"载入到项目"按钮，可将修改后的标记载入原项目中。因为没有将族另存为其他名称，而原项目已有同名称的标记族文件，所以在载入时会弹出"族已存在"对话框，在其中选择"覆盖现有版本及其参数值"选项，如图7-21所示，载入后项目中的标记将替换为自定义样式，如图7-22所示。

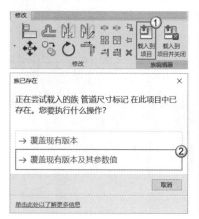

图7-21

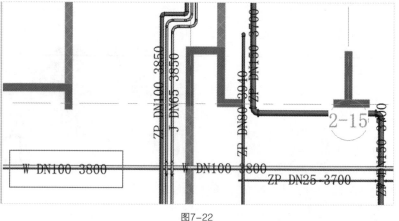

图7-22

⊙ 调整标记符号

使用"全部标记"工具①标记管道后，通常会出现标记符号重叠、标记字体不合适的情况，使图纸的界面变得非常杂乱。因此在出图时应该分专业单独出图，再调整标注的具体位置，此外也可以将视图的"详细程度"设置为"粗略"□，再导出细线模式的图纸，如图7-23所示。

管道系统中的机械设备等构件也可以按照管道标记的方式逐一进行标记，在不需要显示管道的实际尺寸，只需显示管道布局走向的情况下，可以设置出图平面视图的"详细程度"为"粗略"□，并将着色模式修改为"线框"□进行显示。

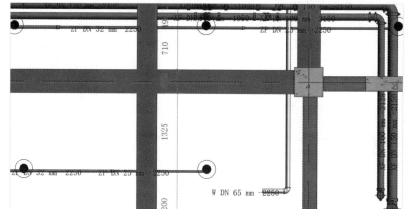

调整前

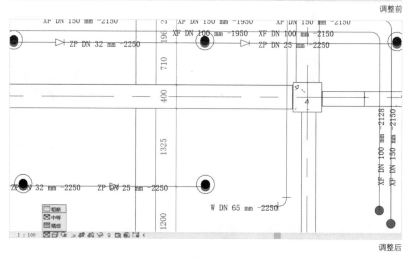

调整后

图7-23

> **提示**　直接使用"注释"选项卡中的工具添加标记在出图后调整的工作量较大，因此国内一些厂商基于Revit进行了二次开发，研发出较多的编辑工具，如isBIM模术师、建模大师等，这些工具都能在较大程度上提高设计的效率。

7.1.2 风管平面布置图

风管的平面布置图和管道的平面布置图类似，出图时也主要考虑风管的系统、安装高度和尺寸定位等内容。

扫码观看视频

1. 风管出图平面

创建风管的出图平面时，既可以通过在"视图"选项卡中执行"平面视图>楼层平面"命令创建，又可以通过复制上一节创建完成的给排水平面图，再在它的基础上进行修改，本节采用后一种方法创建。

在"项目浏览器"中选中"地下一层给排水平面图"视图，然后单击鼠标右键，在弹出的菜单中选择"复制视图>带细节复制"命令，如图7-24所示。

重要参数介绍

◇ **复制**：复制视图中的标高、轴网和构件等，不能复制注释标记。

◇ **带细节复制**：除了可以复制标高、轴网和构件外，还能复制视图中的构件标记和尺寸标注等注释图元。

复制完成后，默认的视图名称将命名为原图的副本，可以切换至视图的"属性"面板为其修改名称，或选中该视图，

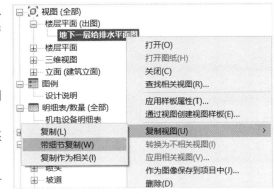

图7-24

单击鼠标右键，在弹出的菜单中选择"重命名"命令重新命名视图，这里将名称设置为"地下一层暖通平面图"，如图7-25所示。

进入新复制的"地下一层暖通平面图"视图，然后按快捷键V+V，弹出该视图的可见性/图形替换对话框，在"过滤器"选项卡中取消勾选和管道相关的系统的"可见性"选项，并勾选和风管相关的系统的"可见性"选项，如图7-26所示。

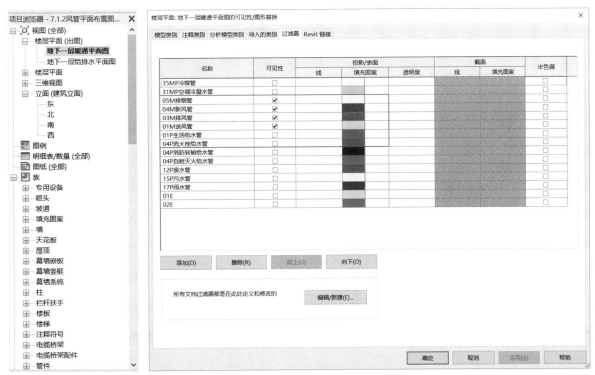

图7-25　　　　图7-26

设置完成后"地下一层暖通平面图"视图将只显示被选中的风管系统的管道、管件和管道附件等，如图7-27所示。

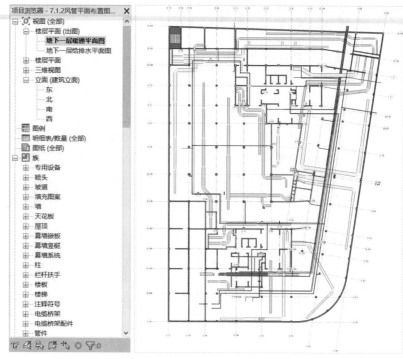

图7-27

2. 风管定位标注

风管的尺寸定位方式和管道的尺寸定位方式相似，需标注风管的中心或风管边界距周边环境的距离，如墙边界、柱边界、梁边界和轴网线等，风管的尺寸标注如图7-28所示。

图7-28

3. 风管标记

风管主要需要标记风管的安装高度、尺寸和风管所属的系统类型，也可以通过风管标记族来标记。

⊙ 风管标记族

在"插入"选项卡中单击"载入族"按钮，在弹出的"载入族"对话框中选择"风管"文件夹下的"风管系统缩写标记"族，将其载入项目，如图7-29所示。

图7-29

⊙ **标记风管**

切换至"注释"选项卡，单击"全部标记"按钮①，在弹出的"标记所有未标记的对象"对话框中勾选"风管标记"类别，单击"确定"按钮，如图7-30所示，这时可以看到管道的标记已将风管覆盖，如图7-31所示。

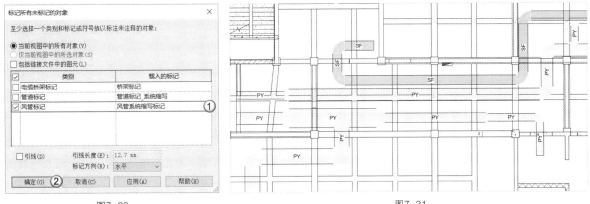

图7-30   图7-31

⊙ **编辑管道标记族**

和编辑管道的方式相似，选择任意一个风管标记，单击"编辑族"按钮，在族编辑器模式下选中标记并

单击"编辑标签"按钮，再在弹出的"编辑标签"对话框中添加"系统缩写"、"尺寸"和"开始偏移"参数到"标签参数"列表，并按照图7-32所示的顺序排列，然后设置"开始偏移"的"前缀"为+，设置完成后单击"确定"按钮。

图7-32

单击"载入到项目"按钮，将修改的标记载入原项目中，载入时选择"覆盖现有版本及其参数值"选项，如图7-33所示，项目中的风管标记即可替换为编辑后的样式，如图7-34所示。

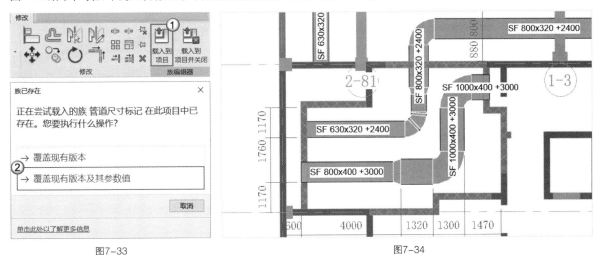

图7-33   图7-34

另外，还可以对标记的"透明度"、"颜色"、"字体"和"字体大小"进行修改，具体操作可以参考管道的标记方法。

7.1.3 桥架平面布置图

桥架是电气的主要构件之一，也是影响管线排布的重要构件，因此深化设计后的桥架模型也应当精确出图。

扫码观看视频

1. 桥架出图平面

和风管的出图方式相似，桥架的出图平面可以通过复制暖通的出图平面来创建，并将其命名为"地下一层桥架平面图"，如图7-35所示。

图7-35

进入新复制的"地下一层桥架平面图"视图，单击"视图"选项卡下的"可见性/图形"按钮，弹出该视图的可见性/图形替换对话框，在"过滤器"选项卡中只勾选和电气相关的系统的"可见性"选项，如图7-36所示。

此时视图中只留下强电和弱电的桥架和配件，其他的管道、风管将被隐藏，如图7-37所示。

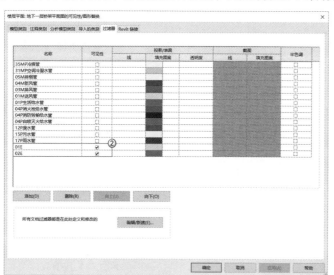

图7-36

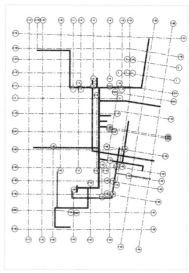

图7-37

2. 桥架定位标注

使用"注释"选项卡中的"对齐"工具 标注桥架在平面的定位尺寸，标注桥架时一般标注桥架相对于结构边界或轴线的距离，也可以使用"角度"工具 标注转角处的角度，桥架的标注样例如图7-38所示。

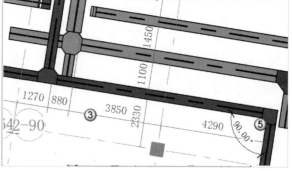

图7-38

3. 桥架标记

因为在此之前没有为桥架的属性定义系统参数，所以桥架与风管、管道的标记有所不同，一般通过桥架的类型参数进行标记。

⊙ **桥架标记族**

在"插入"选项卡中单击"载入族"按钮，然后在弹出的"载入族"对话框中选择"电缆桥架"文件夹下的"电缆桥架尺寸标记"族，可将其载入项目，如图7-39所示。

图7-39

⊙ **标记桥架**

选中强电桥架，在"属性"面板内单击"编辑类型"按钮，可在弹出的"类型属性"对话框中设置"类型标记"为QD，如图7-40所示。使用同样的方法可设置强电桥架的"类型标记"为RD，如图7-41所示。

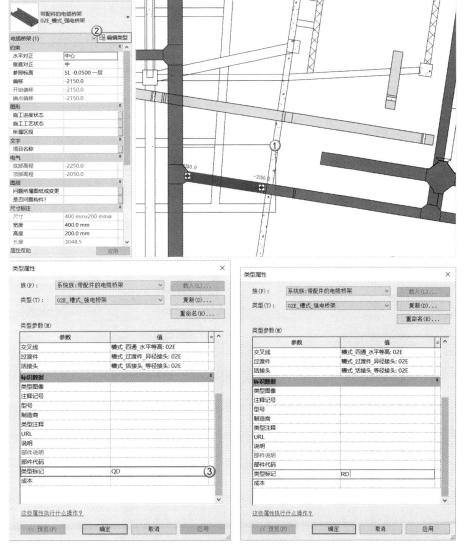

图7-40   图7-41

在"注释"选项卡中使用"全部标记"工具①标记视图中的桥架，标记完成后的效果如图7-42所示。

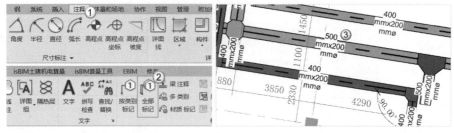

图7-42

⊙ 编辑桥架标记族

选择任意一个桥架标记，单击"编辑族"按钮，在族编辑器模式下选中标记并单击"编辑标签"按钮，在弹出的"编辑标签"对话框中删除原有的"尺寸"参数，并将"系统缩写""尺寸""开始偏移"参数添加到"标签参数"列表，并按照图7-43所示的顺序排列，然后设置"开始偏移"的"前缀"为+，单击"确定"按钮。

图7-43

单击"载入到项目"按钮，将修改的标记载入原项目中，替换后的桥架标记样式如图7-44所示。

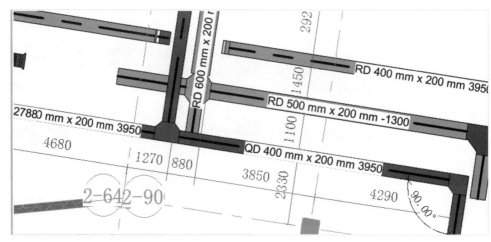

图7-44

另外，也可以通过编辑族修改桥架标记的"字体"、"背景"和"颜色"等内容。除了使用系统自带的标记族外，还可以通过标记族样板创建自定义标记的内容。机电中的机械设备（例如消火栓、风机盘管、配电箱等）也可以使用本节介绍的方法进行标记。

综合实战：基于BIM模型的综合平面图纸创建

素材位置	素材文件>CH07>综合实战：基于BIM模型的综合平面图纸创建
实例位置	实例文件>CH07>综合实战：基于BIM模型的综合平面图纸创建
视频名称	综合实战：基于BIM模型的综合平面图纸创建.mp4
学习目标	掌握综合平面图纸的创建方法

基于地下车库模型，以多专业管线平面布置图的基本原则为依据，创建局部管线综合平面图，创建完成的综合平面图纸如图7-45所示。本实战的出图区域为项目的西北角（读者可根据图纸自行练习其他区域），如图7-46所示。

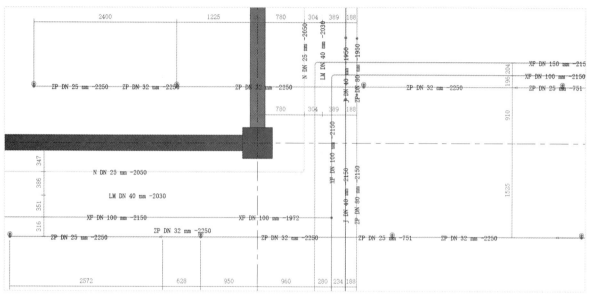

图7-45

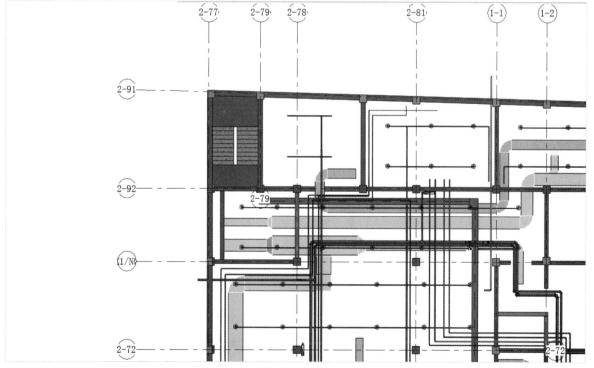

图7-46

1. 创建出图视图

01 打开"素材文件>CH07>综合实战：基于BIM模型的综合平面图纸创建>综合实战：基于BIM模型的综合平面图纸创建.rvt"，切换至"FL −5.00地下一层"平面视图，如图7−47所示。

02 在"FL −5.00地下一层"平面视图的"类型属性"对话框中单击"复制"按钮创建一个"名称"为"管综出图"的新视图，依次单击"确定"按钮退出设置，如图7−48所示。

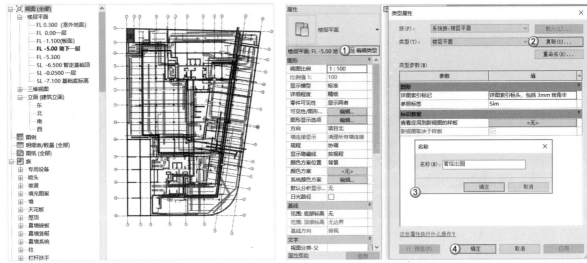

图7−47 图7−48

03 选中"FL −5.00地下一层"平面视图，然后单击鼠标右键，在弹出的菜单中选择"重命名"命令，接着将其重命名为"地下一层局部管综_01"，如图7−49所示。

04 在"属性"面板内勾选"裁剪视图"、"裁剪区域可见"和"注释裁剪"选项，然后分别拖曳裁剪框内侧的●图标对视图进行裁剪，最终裁剪出图中③所示的范围，如图7−50所示，裁剪后的视图如图7−51所示。

图7−49

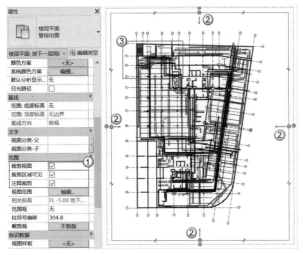

图7−50

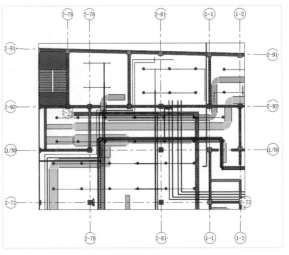

图7−51

2. 尺寸标注

01 在视图控制栏中将比例调整为1∶50，然后在"注释"选项卡中使用"对齐"工具✐对尺寸进行标注，尺寸标注的形式可以自定义或使用项目中已有的样式，标注完成后的效果如图7-52所示。

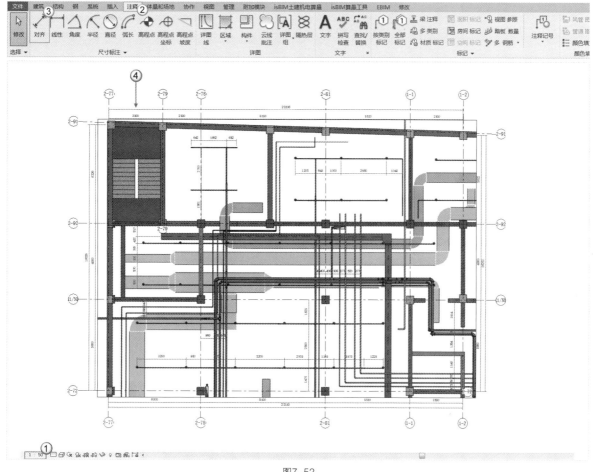

图7-52

02 当尺寸标注的间距过小时，可能会出现文字重叠的情况，这时可以选择尺寸标注并取消勾选选项栏中的"引线"选项，如图7-53所示，然后选择标注中重叠的文字，将其拖曳至空白区域，即可使尺寸标注显示得更清楚，如图7-54所示。

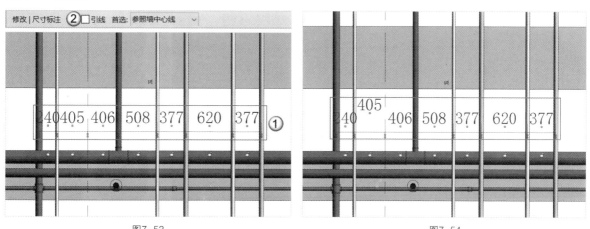

图7-53   图7-54

3. 构件标记

01 在"插入"选项卡中单击"载入族"按钮，选择"素材文件>CH07>综合实战：基于BIM模型的综合平面图纸创建>桥架标记.rfa、管道标记_系统缩写.rfa、风管尺寸标记_系统缩写.rfa"，单击"打开"按钮，如图7-55所示。

图7-55

02 在"注释"选项卡中单击"全部标记"按钮，在弹出的"标记所有未标记的对象"对话框中选择"管道标记"、"风管标记"和"电缆桥架标记"选项，然后选中"当前视图中的所有对象"选项，最后单击"应用"按钮完成管道、风管和桥架的标记，如图7-56所示。单击"确定"按钮退出设置，在视图中查看标记的效果，如图7-57所示。

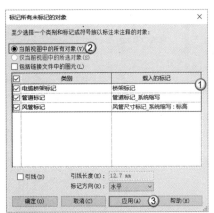

图7-56

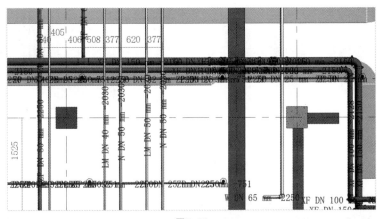

图7-57

03 这时得到的标注样式比较杂乱，需要在视图控制栏中将比例调整为1∶25，并设置"详细程度"为"中等"。为了不影响标记的查看，还需要删除重复的标记，调整后的效果如图7-58所示。

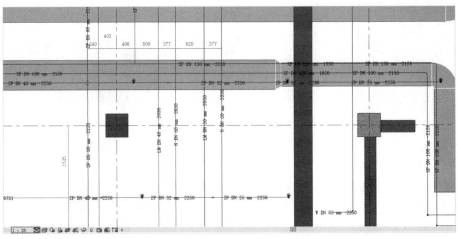

图7-58

04 按快捷键V＋V，打开"楼层平面：地下一层局部管综_01的可见性/图形替换"对话框，切换至"过滤器"选项卡，在"投影/表面"一栏内对各个系统的"线"进行设置，包括颜色和线宽的替换（参照"素材文件>CH02>实战：自定义项目样板>机电颜色参考标准.pdf"），如图7-59所示，修改完成后的平面图如图7-60所示。

图7-59

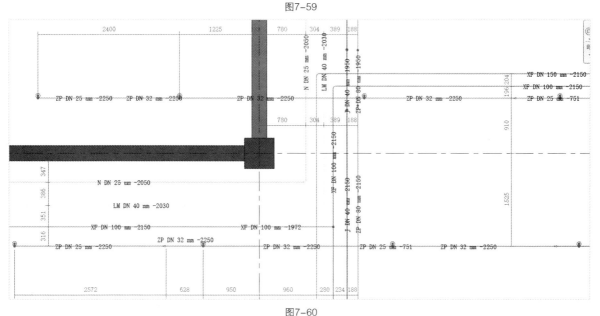

图7-60

> **提示** 通过过滤器修改线宽后，只有在禁用"细线"模式的情况下才能看出效果，否则线条均为细线显示。"细线"模式的启用或禁用可以在快速访问工具栏中切换。

7.2 管线详图

对于管线排布密集的区域，仅仅使用平面图难以向施工人员详细地表达设计的意图。一般在深化设计后，基于模型创建管线密集区域的详图，以此作为平面布置图的补充。

7.2.1 局部详图

创建局部详图的一般流程是先在平面图中创建详图线框，然后基于线框的边界对模型进行裁剪，生成对应的详图视图。

扫码观看视频

1. 创建详图

在"视图"选项卡中，"详图索引" ⍁ 提供了"矩形"和"草图"两种形式，如图7-61所示。下面以"矩形"样式为例，介绍详图的创建方式。

图7-61

在需要创建详图的平面区域绘制矩形框，这时在"项目浏览器"中将自动创建原视图的详图视图，并将其分类到"楼层平面（出图）"中，如图7-62所示。

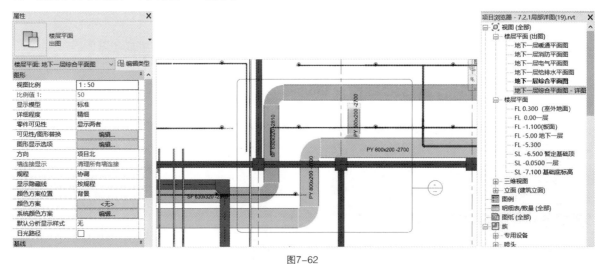

图7-62

重要参数介绍

◇ **矩形：**用于创建矩形的详图框，可通过矩形框控制调整框选的详图范围，如图7-63（左）所示。

◇ **草图：**用于创建任意形状的详图框（注意绘制的草图框必须是闭合的，否则不能生成详图），如图7-63（右）所示。

图7-63

> **提示** 若在视图中删除详图框，那么在"项目浏览器"中对应的详图视图也会被删除。

2. 编辑详图

在"项目浏览器"中，单击详图名称可以切换至详图视图。双击详图框内的"显示此剖面定义的视图"图标也可以打开详图视图，打开后的详图视图如图7-64所示。选中详图框的边界可以看到两个线框，外侧为虚线框，用于裁剪尺寸、轴网和注释标注等；内侧为实线框，用于裁剪三维的模型构件。拖曳详图框边界线框上的●图标可以分别调整实线框和虚线框的范围，单击"水平/垂直视图截断"图标↔可以拆分详图。

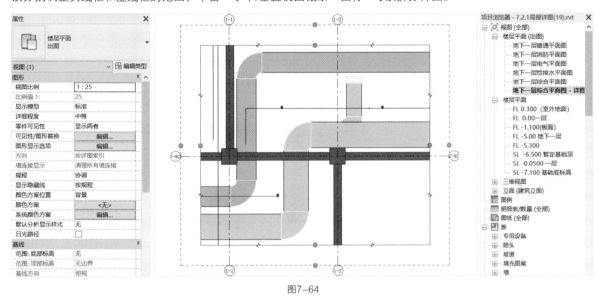

图7-64

> **提示** 创建的详图的默认比例为1：50，可以在视图控制栏中进行修改。

在详图视图中也可以标注尺寸并设置视图属性，具体操作和平面视图的操作相同，在此不进行赘述。

7.2.2 局部剖面图

剖面图是对平面图的补充，能够显示管线和垂直方向上的构件的位置关系，如管道的高度、管道距梁底的距离等，可用于查看净高。

1. 创建剖面

在"视图"选项卡中单击"剖面"按钮，在需要创建剖面的平面区域绘制一条剖切线即可完成剖面的创建，同时还会在"项目浏览器"中生成相应的剖面视图，如"剖面1"，如图7-65所示。

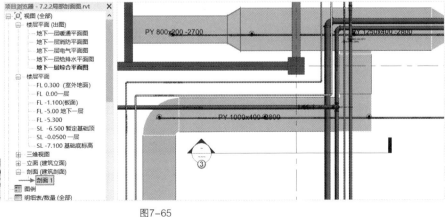

图7-65

双击剖切符号蓝色的一端可切换至剖面视图，也可以在"项目浏览器"中双击剖面的名称（如"剖面1"）切换至剖面视图，打开的剖面视图如图7-66左图所示。

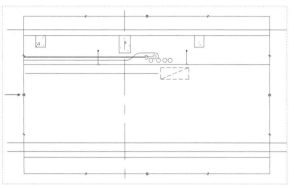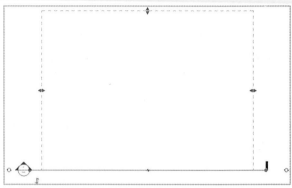

图7-66

> **提示** 在平面视图中，移动"通过拖曳线段操纵柄修改剖面"●可以调整剖切符号的长度，如图7-66右图所示。移动"拖曳"♦或◂▸图标可以调整剖切的范围，单击"反正剖面"▯图标可以翻转剖切的方向。

2. 编辑剖面图

在剖面视图中应用"过滤器"的属性并调整视图的"详细程度"为"粗略"▭，如图7-67所示。

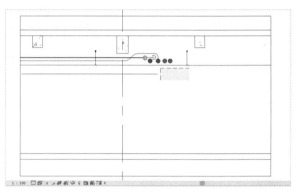

图7-67

按快捷键V+V，在弹出的"可见性/图形替换"对话框中切换至"过滤器"选项卡，在"投影/表面"一栏调整"线"的替换样式，如图7-68所示。

名称	可见性	投影/表面			截面		半色调
		线	填充图案	透明度	线	填充图案	
35MP冷媒管	☑						☐
31MP空调冷凝水管	☑						☐
05M排烟管	☑						☐
04M新风管	☑						☐
03M排风管	☑						☐
01M送风管	☑						☐
01P生活给水管	☑						☐
04P消火栓给水管	☑						☐
04P消防转输给水管	☑						☐
04P自喷灭火给水管	☑						☐
12P废水管	☑						☐
15P污水管	☑						☐
17P雨水管	☑						☐
01E	☑						☐
02E	☑						☐

图7-68

使用"按类别标记"工具┌①为剖切的构件添加注释，并标注剖面中的尺寸定位。剖面图中的标注内容应简洁明了，排布尽可能美观，如图7-69所示。

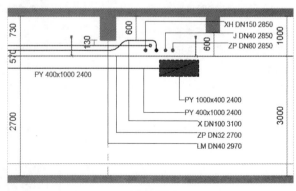

图7-69

7.2.3 局部三维视图

局部三维视图是三维的详图，一般可分区域创建局部三维视图，也可以在复杂的节点创建三维视图，便于直观地表达管线的排布关系。

1. 创建轴测视图

轴测视图是以正交投影的形式生成的视图，因此视图和原模型的比例是一致的，三维轴测图可以通过剖面框来剖切。切换至"三维"视图，并复制一个新的三维视图，将其命名为"节点01"，然后在"属性"面板内勾选"剖面框"选项，即可打开剖面框（节点01），如图7-70所示。

图7-70

> **提示** 还可以通过需要剖切的具体构件创建局部三维视图，如在"视图"选项组中单击"选择框"按钮 即可快速剖切被选择的图元位置。

选中剖面框（节点01），分别拖曳剖面框6个面上的 图标至需要剖切的位置，即可完成局部三维视图的创建，如图7-71所示。

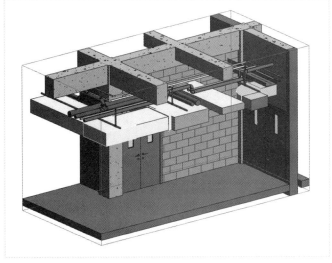

图7-71

默认创建的三维视图无法添加尺寸、标记和文字等注释图元，可以单击视图控制栏中的"保存方向并锁定视图"按钮🔒使视图的方向锁定，再添加标记的内容，如图7-72所示。

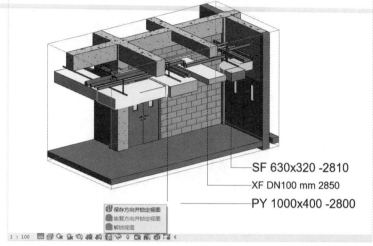

SF 630x320 -2810
XF DN100 mm 2850
PY 1000x400 -2800

> **提示** 锁定方向后的视图无法再进行旋转操作。

图7-72

2. 创建相机视图

相机创建的三维视图属于透视图，具有远小近大的特点，更符合真实的视觉效果。切换至平面视图，以"地下一层综合平面图"为例，在"视图"选项卡中执行"三维视图>相机"命令📷，然后在需要创建相机视图的位置放置相机，即可在"项目浏览器"中生成相机视图"三维视图 1"，如图7-73所示。

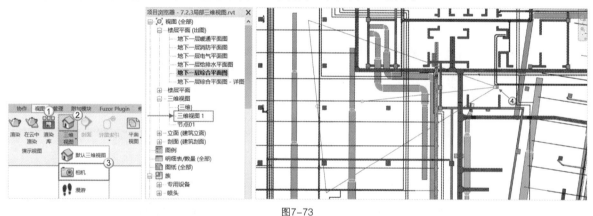

图7-73

放置相机后将弹出相机视图窗口，相机视图默认的"视觉样式"为"隐藏线"⬜，"详细程度"为"中等"▦，如图7-74所示。通过修改视觉样式，并将"过滤器"的属性应用到相机视图中，可以得到图7-75所示的效果。

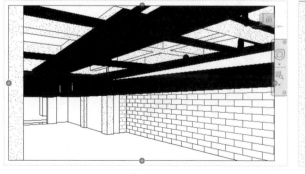

图7-74

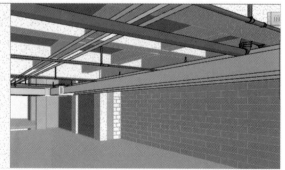

图7-75

相机视图用于可视化展示，在机电深化完成后提供给施工人员作为技术交底的组成文件。

综合实战：基于BIM模型的详图创建

素材位置	素材文件>CH07>综合实战：基于BIM模型的详图创建
实例位置	实例文件>CH07>综合实战：基于BIM模型的详图创建
视频名称	综合实战：基于BIM模型的详图创建.mp4
学习方法	掌握详图、剖面图和局部图的创建方法

扫码观看视频

基于地下车库模型，分别创建详图、剖面图和局部三维视图，并在各个视图中完成构件和相对位置关系的标注，创建完成的管线详图如图7-76所示。本例的出图区域如图7-77中①所示。

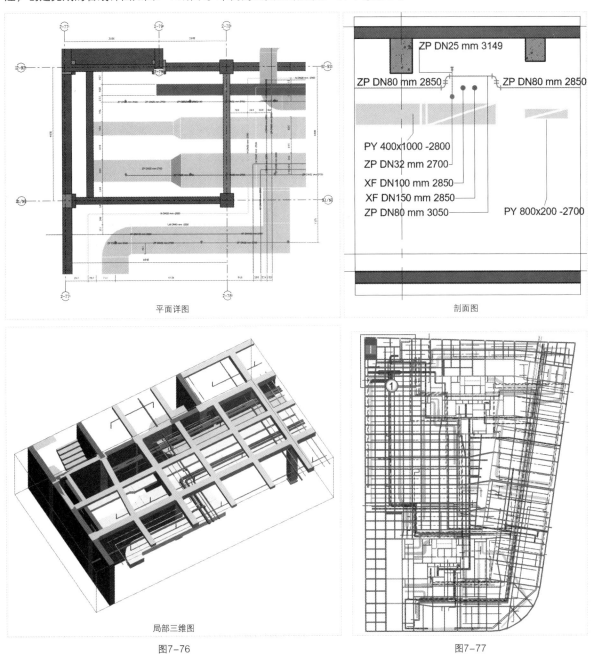

平面详图

剖面图

局部三维图

图7-76

图7-77

> **提示** 本例中仅讲解图示①位置的详图创建方法，其他区域的详图的创建方法与之类似，可结合操作视频进行学习。

1. 详图设计

01 打开"素材文件>CH07>综合实战：基于BIM模型的详图创建>综合实战：基于BIM模型的详图创建.rvt"，然后切换至"地下一层综合平面图"视图，如图7-78所示。

02 在"视图"选项卡中单击"详图索引"按钮，在图7-79所示的位置处绘制详图区域。

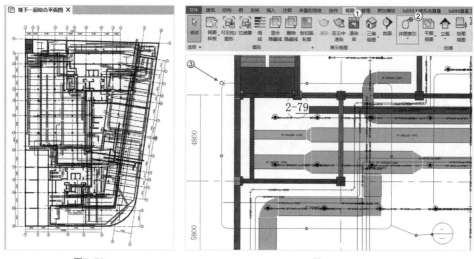

图7-78　　　　　　　　　　　　　　图7-79

03 详图区域绘制完成后，在"项目浏览器"中默认将新生成的详图归类到"楼层平面"，如图7-80所示。因此需要在"属性"面板内设置"地下一层综合平面图-详图索引2"的楼层平面类型为"出图"，即可将详图归类到"楼层平面（出图）"类别中，如图7-81所示。

04 在视图控制栏中调整比例为1:25，然后使用"对齐"工具对尺寸进行标注，接着使用"全部标记"工具标记平面中的管线，标注完成后的效果如图7-82所示。

图7-80

图7-81

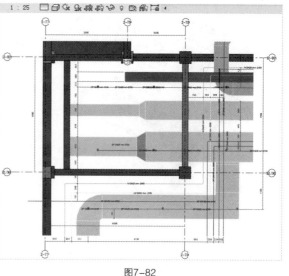

图7-82

2. 剖面设计

01 调整视图的"详细程度"为"粗略" □，然后在"视图"选项卡中单击"剖面"按钮⇗，并在图7-83对应的详图区域创建剖切符号，此时在"项目浏览器"中自动生成"剖面1"。

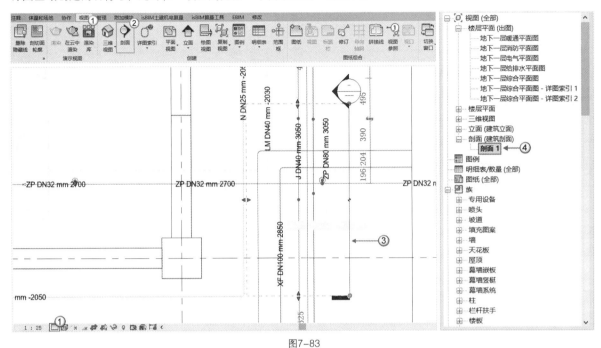

图7-83

02 打开剖面视图，调整视图比例为1∶50，然后拖曳剖面的●图标，调整剖切范围到楼板之间，如图7-84所示。

03 使用"按类别标记"工具⬚①对剖面图中的构件逐一进行标记，标记的内容比较杂乱时，可以先选中标记，再拖曳相应的图标逐一进行调整，使标记的布局美观，调整后的效果如图7-85所示。

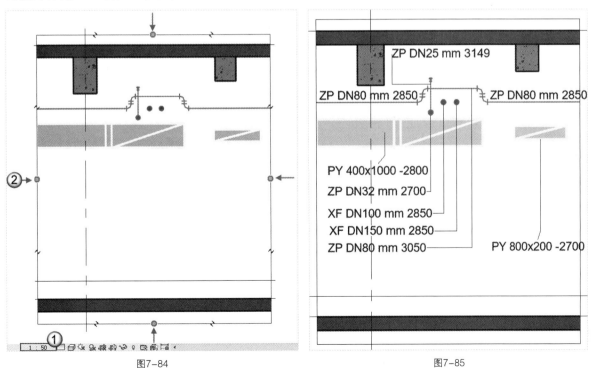

图7-84   图7-85

3. 局部三维设计

01 选中"{三维}"视图，然后单击鼠标右键，在弹出的菜单中选择"复制视图>带细节复制"命令复制一个新的视图，默认名称为"{三维} 副本1"；选中"{三维} 副本1"，单击鼠标右键，在弹出的菜单中选择"重命名"命令，将其命名为"局部轴测视图2"，如图7-86所示。

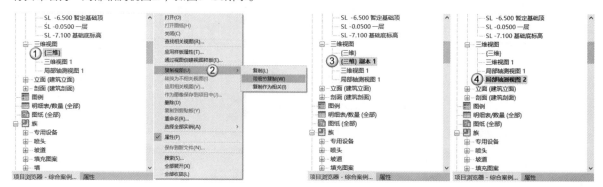

图7-86

02 在三维视图中选择ViewCube，然后切换至"上"视图，将该视图切换为俯视状态，如图7-87所示，接着从左向右框选图7-88中①所示位置的部分构件，最后单击"视图"选项组中的"选择框"按钮，将自动裁剪至选择构件所在的位置。

03 切换至"三维"视图，调整至合适的角度进行查看，效果如图7-89所示。

图7-87

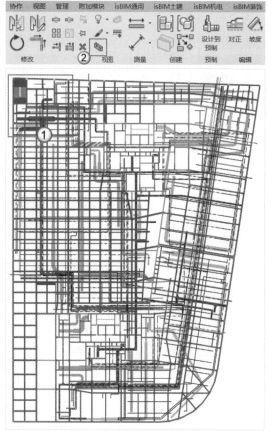

图7-88

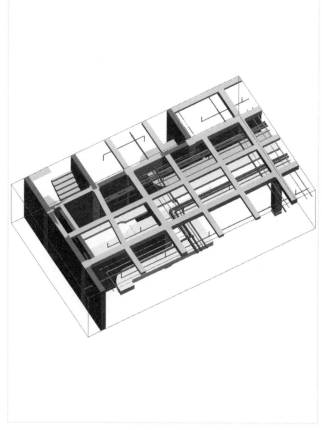

图7-89

7.3 构件及设备明细清单

Revit提供了明细表工具，可用于快速统计构件（如管件、管道、管道附件和机械设备等）的明细。

7.3.1 创建明细表

明细表为材料清单的统计提供了更为便捷的方式，本小节以管件的材料清单为例介绍明细表的创建方法。在"视图"选项卡中执行"明细表>明细表/数量"命令⚏，如图7-90所示。

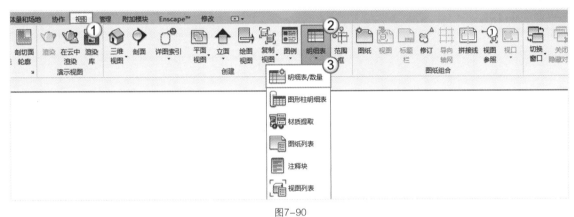

图7-90

在弹出的"新建明细表"对话框中，先选择"管件"类别，再设置"名称"为"管件材料清单"，设置完成后单击"确定"按钮，如图7-91所示。

在弹出的"明细表属性"对话框中，将"族""类型""尺寸""系统缩写""合计"字段通过"添加参数"按钮⇒添加到右侧的"明细表字段"列表中（不需要的参数可以通过"移除参数"按钮⇐删除，也可以通过"上移参数"按钮🔼和"下移参数"按钮🔽对字段的参数进行排序），如图7-92所示。

图7-91

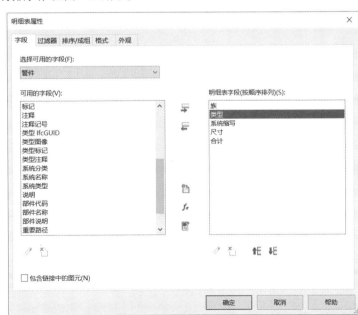

图7-92

切换至"排序/成组"选项卡，将"系统缩写""族""类型""尺寸"的排序方式设置为"升序"，然后勾选"总计"选项，并取消勾选"逐项列举每个实例"选项，如图7-93所示。

设置完成后单击"确定"按钮，弹出"管件材料清单"明细表视图，其中已经快速统计出项目中所有的管件，同时在"项目浏览器"中自动生成"管件材料清单"视图，如图7-94所示。由于是基于模型进行的构件统计，因此删除或修改模型中的构件参数，明细表中的信息也会相应地发生更新。

图7-93

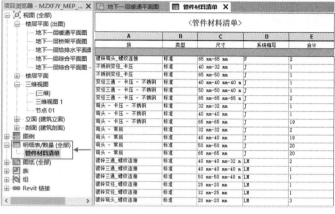

图7-94

7.3.2 编辑明细表

在"项目浏览器"中选中"管件材料清单"选项，然后在"属性"面板内单击"外观"右侧的"编辑"按钮，如图7-95所示。

这时弹出"明细表属性"对话框，切换至"外观"选项卡，可以修改明细表的"图形"和"文字"的样式，如图7-96所示；切换至"格式"选项卡还可对各字段的"标题"和"对齐"等内容进行设置，如图7-97所示。

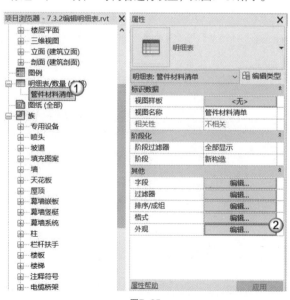

图7-95

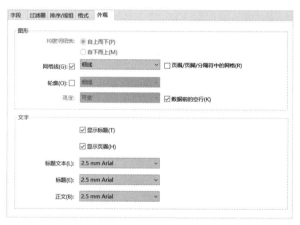

图7-96

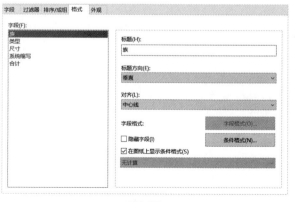

图7-97

另外,打开明细表后,将激活"修改明细表/数量"上下文选项卡,其中包括"计算""合并参数""插入""删除""调整""隐藏""成组"等工具,可以对明细表进行进一步的编辑,如图7-98所示。

图7-98

7.3.3 应用共享参数

明细表可以提取的参数由项目样板决定,对于一些样板中没有的参数,可以通过共享参数来创建,接下来将以为管道添加单价为例进行讲解。

1. 新建共享参数组

先在系统桌面(或其他位置)创建一个TXT格式的文本,并将其命名为"预算",如图7-99所示。

在"管理"选项卡中单击"共享参数"按钮 ,如图7-100所示。

图7-99

图7-100

在弹出的"编辑共享参数"对话框中单击"创建"或"浏览"按钮,在打开的对话框中选择上面创建的"预算txt"文本文件,这时"组"下方的"新建"按钮变为可用状态;单击"新建"按钮,创建一个"名称"为"预算"的参数组,单击"确定"按钮后"参数"下方的"新建"按钮变为可用状态;单击"新建"按钮弹出"参数属性"对话框,"设置"名称为"单价"、"规程"为"公共"、"参数类型"为"数值(或货币)",最后单击"确定"按钮完成共享参数组的创建,如图7-101所示。

图7-101

2. 新建项目参数

在"管理"选项卡中单击"项目参数"按钮 ，如图7-102所示。

图7-102

在弹出的"项目参数"对话框中可以查看当前项目已经添加的参数，单击"添加"按钮，弹出"参数属性"对话框，然后设置"参数类型"为"共享参数"，单击"选择"按钮选择之前创建的"单价"参数并将其添加到"参数数据"中，接着选中"类型（或实例）"选项，并在"类别"列表中勾选参数控制的构件为"管道"，如图7-103所示，最后依次单击"确定"按钮。

添加完参数后，可以在管道的"类型属性"对话框中查看到，如图7-104所示。

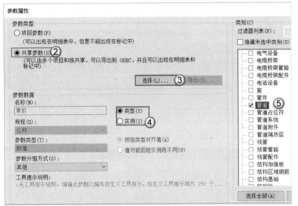

图7-103

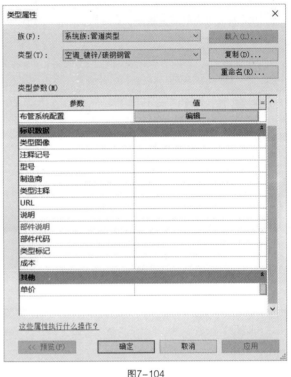

图7-104

3. 创建管道明细表

按照7.3.1小节创建构件明细表的方法来创建管道明细表，管道明细表中的字段可添加"族与类型""系统缩写""尺寸""长度"等参数，添加完成的效果如图7-105所示。

> **提示** 如果图中部分管道的信息为空白，那么可能是因为设置的排序规则不能将所有管道显示出来，可以通过编辑"成组和排序"使管道全部显示，这里的"单价"列为空白是因为目前还未指定管道的单价。

	A	B	C	D	E	F
	族与类型	系统缩写	尺寸	长度	合计	单价
管道类型: 空调_镀锌/碳钢钢管		LM	20 mm	33	1	
管道类型: 空调_镀锌/碳钢钢管		N	20 mm	63	1	
管道类型: 空调_镀锌/碳钢钢管		N	20 mm	83	1	
管道类型: 空调_镀锌/碳钢钢管		N	20 mm	183	1	
管道类型: 空调_镀锌/碳钢钢管		N	20 mm	246	1	
管道类型: 空调_镀锌/碳钢钢管		LM	20 mm	311	1	
管道类型: 空调_镀锌/碳钢钢管		N	20 mm	488	1	
管道类型: 空调_黄铜焊管		LM	20 mm	541	1	
管道类型: 空调_黄铜焊管		LM	20 mm	604	1	
管道类型: 空调_镀锌/碳钢钢管		N	20 mm	940	1	
管道类型: 空调_镀锌/碳钢钢管		N	20 mm	2134	1	

〈管道明细表〉

图7-105

4. 明细表计算值

"单价"创建完成后，可以通过设置公式为管道计算总价。在"明细表属性"对话框中切换至"字段"选项卡，单击"添加计算参数"按钮 f_x ，在弹出的"计算值"对话框中输入"名称"为"总价"，然后选中"公式"选项，接着设置计算的规程为"公共"、"类型"为"货币"、"公式"为"长度*单价/1000"（也可以单击后方的 ⋯⋯ 按钮添加计算的参数），单击"确定"按钮完成计算值的添加，如图7-106所示。

再次打开明细表，逐一为不同的管道输入单价，即可自动计算出不同类型的管道的总价，如图7-107所示。

图7-106

	A	B	C	D	E	F	G
	族与类型	系统缩写	尺寸	长度	合计	单价	总价
管道类型: 空调_镀锌/碳钢钢管	LM	20 mm	33	1	10	0.33
管道类型: 空调_镀锌/碳钢钢管	N	20 mm	63	1	10	0.63
管道类型: 空调_镀锌/碳钢钢管	N	20 mm	83	1	10	0.83
管道类型: 空调_镀锌/碳钢钢管	N	20 mm	183	1	10	1.83
管道类型: 空调_镀锌/碳钢钢管	N	20 mm	246	1	10	2.46
管道类型: 空调_镀锌/碳钢钢管	LM	20 mm	311	1	10	3.11
管道类型: 空调_镀锌/碳钢钢管	N	20 mm	488	1	10	4.88
管道类型: 空调_黄铜焊管	LM		541	1	15	8.12
管道类型: 空调_黄铜焊管	LM		604	1	15	9.05
管道类型: 空调_镀锌/碳钢钢管	N	20 mm	940	1	10	9.40
管道类型: 空调_镀锌/碳钢钢管	N	20 mm	2134	1	10	21.34

图7-107

> **提示** 总价=单价×数量，数量根据模型自动提取。

综合实战：基于BIM模型的明细表创建

素材位置	素材文件>CH07>综合实战：基于BIM模型的明细表创建
实例位置	实例文件>CH07>综合实战：基于BIM模型的明细表创建
视频名称	综合实战：基于BIM模型的明细表创建.mp4
学习目标	掌握明细表字段的编辑方法

扫码观看视频

基于地下车库模型，分别统计模型中的管道、风管和桥架的明细表，创建如图7-108所示的明细清单。

〈管道明细表〉

A		B	C	D	E	F
族与类型		系统缩写	尺寸	长度	材质	合计
管道类型:	内外热镀锌无缝钢管DN≤100	XF	65 mm	30	镀锌钢	1
管道类型:	内外热镀锌无缝钢管DN≤100	XF	65 mm	31	镀锌钢	1
管道类型:	内外热镀锌无缝钢管DN≤100	XF	65 mm	56	镀锌钢	1
管道类型:	内外热镀锌无缝钢管DN≤100	XF	65 mm	94	镀锌钢	1
管道类型:	内外热镀锌无缝钢管DN≤100	XF	65 mm	2112	镀锌钢	1
管道类型:	内外热镀锌无缝钢管DN≤100	XF	65 mm	2251	镀锌钢	1
管道类型:	内外热镀锌无缝钢管DN≤100	XF	65 mm	2294	镀锌钢	1
管道类型:	内外热镀锌无缝钢管DN≤100	XF	65 mm	2362	镀锌钢	1
管道类型:	内外热镀锌无缝钢管DN≤100	XF	65 mm	3065	镀锌钢	1
管道类型:	内外热镀锌无缝钢管DN≥100	XF	100 mm	192	镀锌钢	1
管道类型:	内外热镀锌无缝钢管DN≥100	XF	100 mm	18	镀锌钢	1
管道类型:	内外热镀锌无缝钢管DN≥100	XF	100 mm	46	镀锌钢	4
管道类型:	内外热镀锌无缝钢管DN≥100	XF	100 mm	68	镀锌钢	2
管道类型:	内外热镀锌无缝钢管DN≥100	XF	100 mm	79	镀锌钢	2
管道类型:	内外热镀锌无缝钢管DN≥100	XF	100 mm	150	镀锌钢	1
管道类型:	内外热镀锌无缝钢管DN≥100	XF	100 mm	258	镀锌钢	1

〈电缆桥架明细表〉

A		B	C	D	E
族与类型		类型标记	长度	合计	
带配件的电缆桥架:	01E_槽式_弱电桥架	100 mm×50 mm	15323	1	
带配件的电缆桥架:	01E_槽式_弱电桥架	400 mm×200 mm	3	1	
带配件的电缆桥架:	01E_槽式_弱电桥架	400 mm×200 mm	87	1	
带配件的电缆桥架:	01E_槽式_弱电桥架	400 mm×200 mm	188	1	
带配件的电缆桥架:	01E_槽式_弱电桥架	400 mm×200 mm	193	1	
带配件的电缆桥架:	01E_槽式_弱电桥架	400 mm×200 mm	230	1	
带配件的电缆桥架:	01E_槽式_弱电桥架	400 mm×200 mm	259	1	
带配件的电缆桥架:	01E_槽式_弱电桥架	400 mm×200 mm	263	4	
带配件的电缆桥架:	01E_槽式_弱电桥架	400 mm×200 mm	293	1	
带配件的电缆桥架:	01E_槽式_弱电桥架	400 mm×200 mm	347	1	
带配件的电缆桥架:	01E_槽式_弱电桥架	400 mm×200 mm	393	1	
带配件的电缆桥架:	01E_槽式_弱电桥架	400 mm×200 mm	400	2	
带配件的电缆桥架:	01E_槽式_弱电桥架	400 mm×200 mm	453	2	
带配件的电缆桥架:	01E_槽式_弱电桥架	400 mm×200 mm	471	1	
带配件的电缆桥架:	01E_槽式_弱电桥架	400 mm×200 mm	493	1	
带配件的电缆桥架:	01E_槽式_弱电桥架	400 mm×200 mm	600	1	

〈风管明细表〉

A		B	C	D	E	F
族与类型		系统缩写	宽度	高度	长度	合计
圆形风管:	排风排烟管-镀锌钢板	PF				4
圆形风管:	排风排烟管-镀锌钢板	PY			621	1
矩形风管:	排油烟风管-不锈钢板	PF	500	400	8519	1
矩形风管:	排油烟风管-不锈钢板	PF	630	400		2
矩形风管:	排油烟风管-不锈钢板	PF	800	400		4
矩形风管:	排油烟风管-不锈钢板	PF	1000	400		3
矩形风管:	排油烟风管-不锈钢板	PF	1250	400		2
矩形风管:	排油烟风管-不锈钢板	PY	500	200	1123	1
矩形风管:	排油烟风管-不锈钢板	PY	800	400	3873	1
矩形风管:	排油烟风管-不锈钢板	PY	1000	400		4
矩形风管:	排油烟风管-不锈钢板	SF	500	200	3732	1
矩形风管:	排油烟风管-不锈钢板	SF	630	400		2
矩形风管:	排油烟风管-不锈钢板	SF	630	400	10622	1
矩形风管:	排油烟风管-不锈钢板	SF	800	400		1
矩形风管:	排油烟风管-不锈钢板	SF	1000	400	5237	1
矩形风管:	排烟管-镀锌钢板	PY	500	200		6

图7-108

1. 创建管道明细表

01 打开"素材文件>CH07>综合实战：基于BIM模型的明细表创建>综合实战：基于BIM模型的明细表创建.rvt"，在"视图"选项卡中单击"明细表/数量"按钮▦，然后在弹出的"新建明细表"对话框中选择"管道"类别，并设置"名称"为"管道明细表"，单击"确定"按钮，如图7-109所示。

02 在弹出的"明细表属性"对话框中，将"族与类型""系统缩写""尺寸""长度""材质""合计"字段添加到"明细表字段"列表中，并按顺序进行排序，如图7-110所示。

图7-109

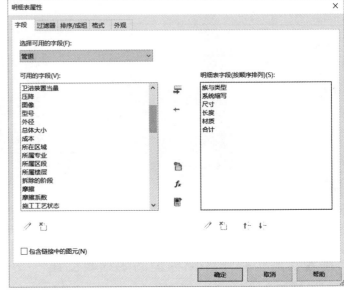

图7-110

03 切换至"排序/成组"选项卡，设置"排序方式"为"族与类型"，"否则按"依次为"系统缩写""尺寸""长度"，并取消勾选"逐项列举每个实例"选项，如图7-111所示。

04 设置完成后单击"确定"按钮，这时可以查看完整的明细清单内容，再适当地调整各列的宽度即可，如图7-112所示。

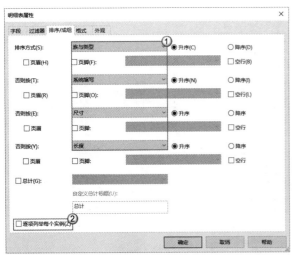

图7-111

图7-112

2. 创建电缆桥架明细表

01 在"视图"选项卡中单击"明细表/数量"按钮▦，弹出"新建明细表"对话框，选择"电缆桥架"类别，并设置"名称"为"电缆桥架明细表"，单击"确定"按钮，如图7-113所示。

02 在“明细表字段”列表中，添加“族与类型”“尺寸”“类型标记”“长度”“合计”字段，并按顺序进行排序，如图7-114所示。

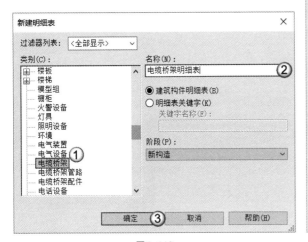

图7-113

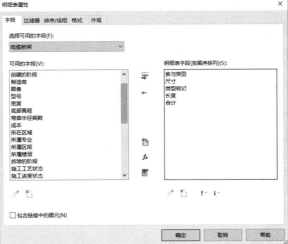

图7-114

03 切换至“排序/成组”选项卡，设置“排序方式”为“族与类型”,“否则按”依次为“类型标记”“尺寸”“长度”，并取消勾选“逐项列举每个实例”选项，如图7-115所示。

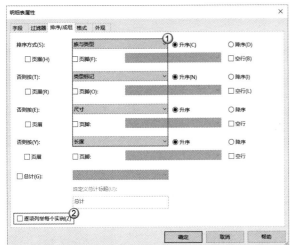

图7-115

04 设置完成后单击“确定”按钮，这时可以查看完整的明细清单内容，再适当地调整各列的宽度，如图7-116所示。

〈电缆桥架明细表〉

A	B	C	D	E
族与类型	尺寸	类型标记	长度	合计
带配件的电缆桥架: 01E_槽式_弱电桥架	100 mmx50 mmø		15323	1
带配件的电缆桥架: 01E_槽式_弱电桥架	400 mmx200 mmø		3	1
带配件的电缆桥架: 01E_槽式_弱电桥架	400 mmx200 mmø		87	1
带配件的电缆桥架: 01E_槽式_弱电桥架	400 mmx200 mmø		188	1
带配件的电缆桥架: 01E_槽式_弱电桥架	400 mmx200 mmø		193	1
带配件的电缆桥架: 01E_槽式_弱电桥架	400 mmx200 mmø		230	1
带配件的电缆桥架: 01E_槽式_弱电桥架	400 mmx200 mmø		259	1
带配件的电缆桥架: 01E_槽式_弱电桥架	400 mmx200 mmø		263	1
带配件的电缆桥架: 01E_槽式_弱电桥架	400 mmx200 mmø		293	4
带配件的电缆桥架: 01E_槽式_弱电桥架	400 mmx200 mmø		347	1
带配件的电缆桥架: 01E_槽式_弱电桥架	400 mmx200 mmø		393	1
带配件的电缆桥架: 01E_槽式_弱电桥架	400 mmx200 mmø		400	2
带配件的电缆桥架: 01E_槽式_弱电桥架	400 mmx200 mmø		453	2
带配件的电缆桥架: 01E_槽式_弱电桥架	400 mmx200 mmø		471	1
带配件的电缆桥架: 01E_槽式_弱电桥架	400 mmx200 mmø		493	1
带配件的电缆桥架: 01E_槽式_弱电桥架	400 mmx200 mmø		600	1

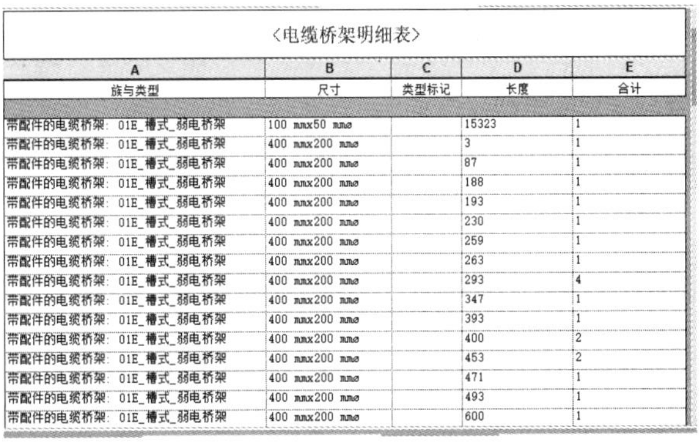

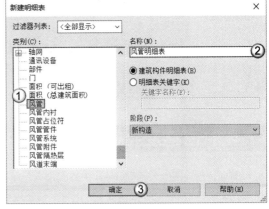

图7-116

3. 创建风管明细表

01 在“视图”选项卡中单击“明细表/数量”按钮，弹出“新建明细表”对话框，选择“风管”类型，并设置“名称”为“风管明细表”，单击“确定”按钮，如图7-117所示。

图7-117

02 在"明细表字段"列表中添加"族与类型""系统缩写""宽度""高度""长度""合计"字段，并按顺序进行排序，如图7-118所示。

03 切换至"排序/成组"选项卡，设置"排序方式"为"族与类型"，"否则按"依次为"系统缩写""宽度""高度"，并取消勾选"逐项列举每个实例"选项，如图7-119所示，最后单击"确定"按钮。

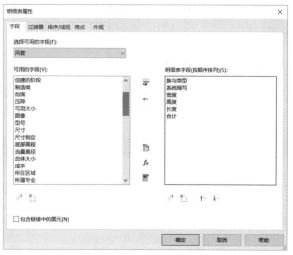

图7-118

图7-119

04 这时可以查看完整的明细清单内容，再适当地调整各列的宽度，如图7-120所示。

除了上面创建的这些明细表之外，还可以创建机械设备、桥架附件和风管管道件等构件的明细表，读者可自行练习。

〈风管明细表〉					
A	B	C	D	E	F
族与类型	系统缩写	宽度	高度	长度	合计
圆形风管：排风排烟管-镀锌钢板	PF				4
圆形风管：排风排烟管-镀锌钢板	PY			621	1
矩形风管：排油烟风管-不锈钢板	PF	500	400	8519	1
矩形风管：排油烟风管-不锈钢板	PF	630	400		2
矩形风管：排油烟风管-不锈钢板	PF	800	400		4
矩形风管：排油烟风管-不锈钢板	PF	1000	400		3
矩形风管：排油烟风管-不锈钢板	PF	1250	400		2
矩形风管：排油烟风管-不锈钢板	PY	500	200	1123	1
矩形风管：排油烟风管-不锈钢板	PY	800	400	3873	1
矩形风管：排油烟风管-不锈钢板	PY	1000	400		4
矩形风管：排油烟风管-不锈钢板	SF	400	200	3732	1
矩形风管：排油烟风管-不锈钢板	SF	630	200		2
矩形风管：排油烟风管-不锈钢板	SF	630	400	10622	1
矩形风管：排油烟风管-不锈钢板	SF	800	400		3
矩形风管：排油烟风管-不锈钢板	SF	1000	400	5237	1
矩形风管：排烟管-镀锌钢板	PY	500	200		6

图7-120

7.4 基于BIM的机电深化设计布图

在Revit中，图纸和视图相对独立，但是又具有一定的关联，说它们相对独立是因为图纸和视图需要分别基于图框的标题栏与族进行创建，而它们的关联之处在于图纸中的信息和视图中的信息是统一的整体，具有一处参数被修改，相应的参数也会实时更新的特点。

7.4.1 图框及会签栏设计

图框是创建图纸的基础，Revit中的图框有A0、A1、A2、A3、A4等规格。不同的图幅大小对应的尺寸如表7-1所示。一般情况下，图框的设计规格按照表7-1的数据进行设计，然后在图框中添加对应的会签栏即可。

扫码观看视频

表7-1 会签栏尺寸

图框规格	长边尺寸（mm）	短边尺寸（mm）
A0	1189	841
A1	841	594
A2	594	420
A3	420	297
A4	297	210

1. 会签栏布局

打开Revit，在初始界面左侧的"族"列表中单击"新建"选项，弹出"新族-选择样板文件"对话框，浏览"标题栏"文件夹，选择"A0公制"族样板文件，单击"打开"按钮将其载入项目，如图7-121所示。

图7-121

> **提示** 在公制为A0的标题栏样板中默认提供了一个长度为1189mm，宽度为841mm的矩形框，这个矩形的边界即为图纸的外部边框或打印图纸时的外边界，可以通过模型线创建图纸的内框。

在"创建"选项卡中单击"线"按钮，在激活的"修改|放置 线"上下文选项卡中使用"矩形"工具绘制矩形。先在选项栏中设置"偏移"为10mm，然后拾取原有轮廓的边界并在内侧绘制边框，接着选中绘制的边框并在"属性"面板内设置"子类别"为"图框"，如图7-122所示。

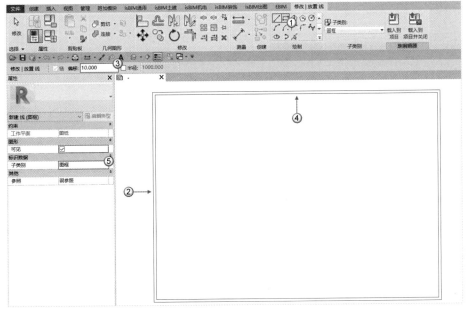

图7-122

同样使用"线"工具，创建会签栏的表格，会签栏创建完成后的效果如图7-123所示。

图7-123

2. 会签栏固定参数

固定参数指图纸中固定不变的内容，如企业名称、会签项目标题等信息。切换至"注释"选项卡，单击"文字"选项组中的"文字"按钮**A**，然后在需要添加文字的位置处单击并输入文字内容，如"某某BIM研究院有限责任公司"，然后在"属性"面板内设置文字的类型为12mm、"水平对齐"为"中心线"，如图7-124所示。

使用同样的方法，在项目中添加其他固定不变的文字参数，如"图纸名称""图纸编号""比例""审定人"等，如图7-125所示。

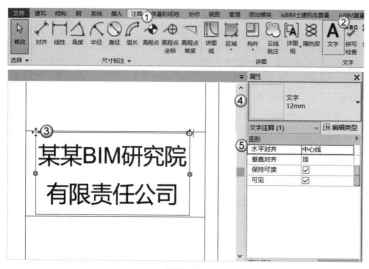

图7-124

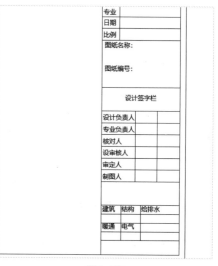

图7-125

3. 会签栏可变参数

会签栏的可变参数是指随项目和图纸信息自动生成的参数，是通过添加标签的方法创建的，如某一张图纸的具体名称、比例、图纸编号和具体的设计者等信息。在"创建"选项卡中单击"标签"按钮**A**，如图7-126所示。

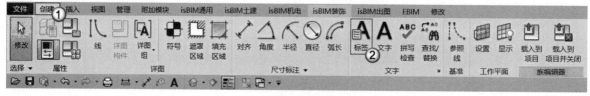

图7-126

选择需要放置的位置，在弹出的"编辑标签"对话框中选择对应的类别参数并单击"将参数添加到标签"按钮，将其添加到"标签参数"列表，这里将"项目名称""图纸名称""图纸编号""图纸发布日期""比例"等参数分别添加到对应的位置上，如图7-127~图7-131所示。

标签参数						
	参数名称	空格	前缀	样例值	后缀	断开
1	项目名称	1		某某BIM咨询项目		☐

图7-127

标签参数						
	参数名称	空格	前缀	样例值	后缀	断开
1	图纸名称	1		图纸名称		☐

图7-128

标签参数						
	参数名称	空格	前缀	样例值	后缀	断开
1	图纸编号	1		A101		☐

图7-129

标签参数						
	参数名称	空格	前缀	样例值	后缀	断开
1	图纸发布日期	1		2002 年 1 月 1 日		☐

图7-130

标签参数						
	参数名称	空格	前缀	样例值	后缀	断开
1	比例	1		1/8" = 1'-0"		☐

图7-131

设置完成后，可变参数已经显示在会签栏中，可以根据情况进行更改，如图7-132所示。

提示 可为一个标签添加多个参数，添加或删除标签的方式和明细表中对字段进行编辑的方式类似。"编辑标签"对话框中的"样例值"只是作为本次编辑标签演示的参考。在实际项目中，其显示的值会由具体的图纸内容决定。

图7-132

4. 会签栏Logo图像

图纸的会签栏中需要有公司Logo或其他图标，因此还需要添加Logo图像。一般来说，公司会提供一个JPG格式的图标。

在"插入"选项卡中单击"图像"按钮，如图7-133所示。

在弹出的"导入图像"对话框中浏览Logo存放的文件位置并选择图像，单击"打开"按钮，如图7-134所示。

图7-133

图7-134

在需要放置的位置处单击，即可完成Logo的放置。选择放置的图像，可以通过"属性"面板内的"宽度"和"高度"选项来编辑图像尺寸，如图7-135所示，也可以拖曳控制柄对图像的尺寸进行调整。

完成图框的设计后将标题栏族保存为RFA格式的文件，并将其命名为"自定义标题栏_A0"，载入项目后存放在"项目浏览器"的"族>注释符号"列表中，可依次单击田按钮进行查看，如图7-136所示。

图7-135

图7-136

7.4.2 设计总说明

总说明是设计内容的简介，一般包括参考的设计规范、各专业设计说明、标准图集节点和图例符号等。总说明中的内容以文字描述为主，可以通过"文字"工具**A**进行编写。下面以上一节中保存的"自定义标题栏_A0"族为例介绍总说明图纸的创建。

扫码观看视频

1. 创建总说明图纸

先载入创建的标题栏族，在"视图"选项卡中单击"图纸"按钮，如图7-137所示。

图7-137

在弹出的"新建图纸"对话框中选择"自定义标题栏_A0"族，单击"确定"按钮，即可在"项目浏览器"中创建图纸，并自动打开图纸视图，如图7-138所示。图纸创建后将自动继承上一张图纸的编号，并且名称会显示为未命名状态。

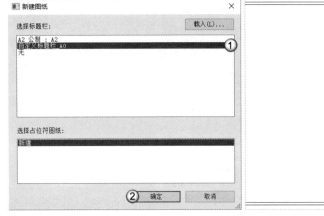

图7-138

选中"某某–未命名"视图名称，单击鼠标右键，在弹出的菜单中选择"重命名"命令，弹出"图纸标题"对话框，然后设置"数量"为"管综–01"、"名称"为"机电深化设计总说明"，单击"确定"按钮，完成图纸名称的修改，如图7–139所示。

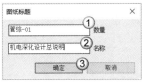

图7–139

> **提示** "图纸标题"对话框中的"数量"参数在早期的Revit版本中会显示为"编号"，即用来设置图纸编号。"图纸标题"对话框中的参数设置完成后，在图框标题栏中对应的编号和名称也会同步更新，因此也可以双击标题栏中的参数直接修改图纸的名称和编号，修改的结果也将自动同步到"项目浏览器"中，如图7–140所示。

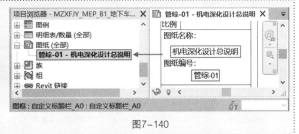

图7–140

2. 添加文字说明

在"注释"选项卡中单击"文字"按钮**A**，然后单击视图中需要添加文字的位置并输入文字，如图7–141所示。

图7–141

> **提示** 这时创建的文字默认使用的是项目中已有的字体。

选中文字，在"属性"面板内单击"编辑类型"按钮，然后在弹出的"类型属性"对话框中单击"复制"按钮创建一个"名称"为"20 mm 仿宋"的新文字，同时修改"文字字体"为"仿宋"、"文字大小"为20mm，接着勾选"粗体"选项，最后单击"确定"按钮，如图7–142所示。

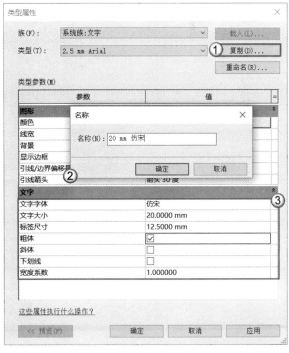

> **提示** 使用同样的方式可输入设计总说明的其他文字内容，需要注意输入的文字是通过Enter键来换行的，也可以通过调整文字的边框轮廓来控制文字的布局情况。

图7–142

3. 材料清单

打开图纸视图，在"项目浏览器"中选中一个明细表，如"管件明细表"，将其拖曳至图纸视图界面的确定位置后单击，即可将该明细表添加到图纸视图中，如图7-143所示。单击明细表边界的 图标可以将明细表拆分为多列；将鼠标指针置于明细表中，当鼠标指针变为 时按住鼠标左键拖曳，可以移动明细表或将拆分的明细表合并；拖曳明细表每列上方的 图标可以调整列间距，明细表的行间距由字体大小自动确定。

管件明细表				
族	类型	尺寸	系统缩写	合计
XBY-J-T形三通-螺纹-变径	标准	150 mm-150 mm-65 mm	XF	1
XBY-卡箍-三通-丝接	标准	150 mm-150 mm-65 mm	XF	1
XBY-卡箍-三通-丝接	标准	150 mm-150 mm-150 mm	XF	1
XBY-卡箍-三通-常规	标准	100 mm-100 mm-100 mm		6
XBY-卡箍-三通-常规	标准	150 mm-150 mm-65 mm	XF	1
XBY-卡箍-三通-常规	标准	150 mm-150 mm-100 mm		8
XBY-卡箍-三通-常规	标准	150 mm-150 mm-150 mm	XF	10
XBY-卡箍-弯头-常规	标准	65 mm-65 mm	XF	1
XBY-卡箍-弯头-常规	标准	100 mm-100 mm		53
XBY-卡箍-弯头-常规	标准	150 mm-150 mm		47
XBY-卡箍-过滤件-常规	标准	100 mm-100 mm		5
XBY-卡箍-过滤件-常规	标准	150 mm-100 mm		3
不锈钢变径_卡压	标准	40 mm-32 mm	J	1
不锈钢变径_卡压	标准	65 mm-50 mm	J	1
变径三通 - 卡压 - 不锈钢	标准	40 mm-40 mm-40 mm	J	1
变径三通 - 卡压 - 不锈钢	标准	50 mm-50 mm-40 mm	J	1
变径三通 - 卡压 - 不锈钢	标准	65 mm-65 mm-65 mm	J	2
变径管 - 螺纹 - 钢塑复合1	标准	150 mm-100 mm	XF	1
弯头 - 卡压 - 不锈钢	标准	32 mm-32 mm	J	1
弯头 - 卡压 - 不锈钢	标准	40 mm-40 mm	J	1
弯头 - 卡压 - 不锈钢	标准	65 mm-65 mm	J	19
弯头 - 常规	标准	32 mm-32 mm	J	2
弯头 - 常规	标准	40 mm-40 mm	J	19
弯头 - 常规	标准	50 mm-50 mm	J	20
弯头 - 常规	标准	65 mm-65 mm	J	20
弯头 - 螺纹 - 钢塑复合1	标准	65 mm-65 mm	XF	4
镀锌三通_卡箍连接	标准	150 mm-150 mm-25 mm	ZP	1
镀锌三通_卡箍连接	标准	150 mm-150 mm-32 mm	ZP	7

图7-143

> **提示** 同一个明细表只能添加到一张图纸上，如果需要将相同的明细表添加到不同的图纸，那么需要先复制多个明细表，再逐个拖曳到对应的图纸位置。

总说明中的图例符号可单击"注释"选项卡中的"符号"按钮 激活"修改 I 放置符号"上下文选项卡，再单击"载入族"按钮载入详图符号族来创建，如图7-144所示。详图符号族存放在"设备"文件夹中，如"灭火"文件夹中的消火栓图例，如图7-145所示。

图7-144

图7-145

7.4.3 图纸组合

图纸视图中不仅能创建文字、明细表等图纸信息，还可以将三维视图、剖面视图、立面视图、详图和渲染视图添加到图纸视图界面。

扫码观看视频

1. 图纸布局

基于创建的标题栏族创建各专业图纸，创建后的样例如图7-146所示。未添加视图的图纸名称前不会显示⊞按钮，添加了视图后可单击⊞按钮来查看关联的视图列表。

将之前创建的图纸视图拖曳到对应的图纸中，即可完成图纸和视图的关联，下面以"地下一层暖通平面图"为例，介绍图纸的布局方式。本项目在出图时，使用自定义图框族，创建图纸后发现部分视图内容已超出图框边界，如图7-147所示。

图7-146

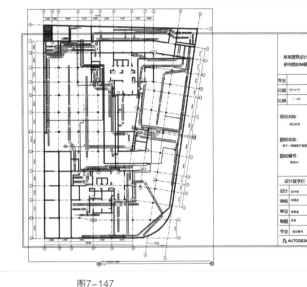

图7-147

在"修改|视口"上下文选项卡下的选项栏中，"在图纸上旋转"参数默认为"无"，这里将其修改为"逆时针90°"，并将视图移动到图框范围内，图纸视口切换后的效果如图7-148所示。

> **提示** 视口在图纸中显示的大小由原始图的比例决定，不能随意修改。如果需要编辑原视图，可以在"项目浏览器"中切换至原视图进行编辑（或在图纸中双击视口进行编辑）。编辑完成后在图纸的空白区域双击，即可退出视口编辑状态。

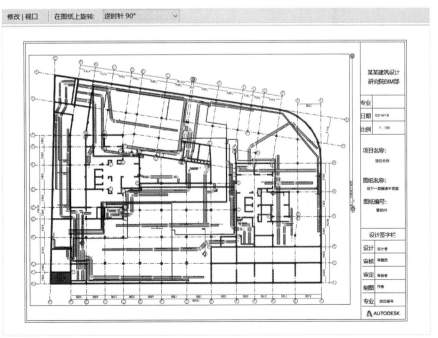

图7-148

2. 视图标题

Revit自带的视图标题样式一般不符合我国的出图规范，因此往往需要新建视口族创建自定义的视图标题样式。在Revit的初始界面中，单击"族"选项组下的"新建"选项新建一个视图标题样式，选择的样板文件为"公制视图标题"，如图7-149所示。

图7-149

在"公制视图标题"的编辑器中提供了红字的注意事项、两个相交的参照平面和一条视图标题线，如图7-150所示。

删除注意事项和视图标题线，在"创建"选项卡中单击"标签"按钮**A**，然后创建两个名称分别为"图纸名称"和"视图比例"（其他样例可自行设置）的标签，接着在标签的"属性"面板内设置标签的类型均为10 mm，如图7-151所示。

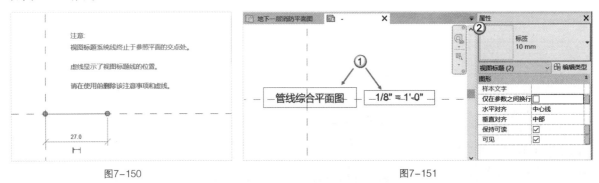

图7-150   图7-151

在"注释"选项卡中单击"区域"按钮，如图7-152所示，然后在视图名称的下方创建一个1mm宽的实体填充区域，并用"线"工具创建实线线条，如图7-153所示。创建完成后保存为"双线视图标题"，并载入项目中备用。

图7-152   图7-153

选中某视图在图纸中的标题，在"属性"面板内单击"编辑类型"按钮，弹出"类型属性"对话框，然后单击"复制"按扭创建一个名称为"双线视图标题"的标题，同时设置"标题"为"双线视图标题"（如果之前载入的是"双线标题族"，那么将找不到该选项），单击"确定"按钮，如图7-154所示。

以"地下一层给排水平面图"为例查看上面设置的视图标题，效果如图7-155所示。

剖面图、详图等其他视图标题的创建和应用和上述方法类似，在此不进行赘述。需要注意在将详图视图添加到图纸中后，详图符号会自动生成索引编号，如图7-156所示。

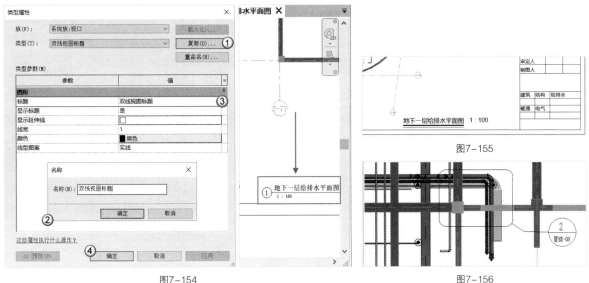

图7-154

图7-155

图7-156

3. 图纸目录

当所有的图纸创建完成后，可以快速地生成图纸目录。图纸目录可以通过图纸列表来创建。

在"视图"选项卡中执行"明细表>图纸列表"命令，如图7-157所示。

在弹出的"图纸列表属性"对话框中，将需要出现在图纸目录中的"图纸编号""图纸名称""设计者""图纸发布日期"添加到右侧的列表中，最后单击"确定"按钮完成图纸列表的创建，如图7-158所示。

图7-157

图7-158

这时创建的图纸列表会自动添加到"项目浏览器"的"明细表/数量"列表中，将其重命名为"图纸目录"后，其对应的视图名称也将修改为"图纸目录"，如图7-159所示。

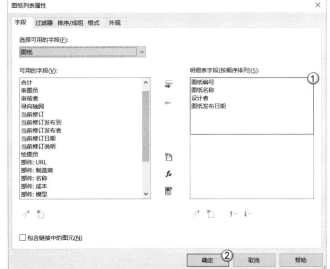

图7-159

通过视图和图纸的关联，可以快速地把模型中的信息输出为可打印的图纸内容，最终用于指导现场施工。输出的图纸也是BIM建模的最终成果之一。

综合实战：基于BIM模型的机电布图

素材位置	素材文件>CH07>综合实战：基于BIM模型的机电布图
实例位置	实例文件>CH07>综合实战：基于BIM模型的机电布图
视频名称	综合实战：基于BIM模型的机电布图.mp4
学习目标	掌握项目中机电专业的布图方法

扫码观看视频

基于地下车库模型，完成项目信息的设置，并录入设计总说明信息，将项目中的各专业视图、三维视图和详图等图纸添加到图纸列表。需要添加的图纸列表如图7-160所示，创建完成后的综合图纸如图7-161所示。

图7-160

管线综合设计总说明

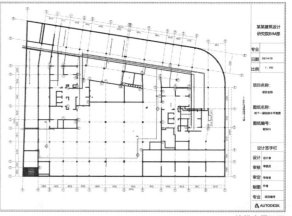

给排水平面图

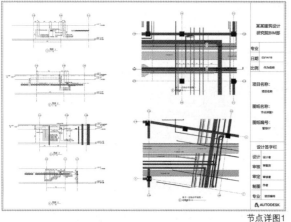

节点详图1

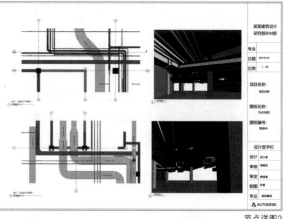

节点详图2

图7-161

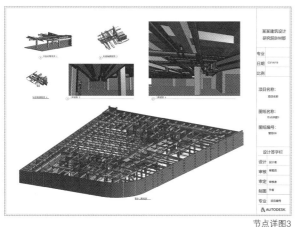

节点详图3

设备材料清单

图7-161（续）

1. 项目信息

01 打开"素材文件>CH07>综合实战：基于BIM模型的机电布图>综合实战：基于BIM模型的机电布图.rvt"，如图7-162所示。

02 在"管理"选项卡中单击"项目信息"按钮，如图7-163所示。在弹出的"项目信息"对话框中，设置项目的相关信息：设置"项目状态"为"在建"、"项目名称"为"xx住宅小区"、"项目编号"为MZ001、"项目地址"为"xx省xx市xx县"，如图7-164所示。

图7-162

图7-163

图7-164

> **提示** 单击"项目地址"右侧的按钮，可在弹出的"编辑文字"对话框中输入详细的地址信息，如图7-165所示。

图7-165

03 切换至"暖施–07–未命名"图纸，然后单击鼠标右键，在弹出的菜单中选择"重命名"命令，这时弹出"图纸标题"对话框，接着设置图纸的"数量"为"管综–01"、"名称"为"管线综合设计总说明"，最后单击"确定"按钮，如图7–166所示。图纸名称及图纸编号修改后的效果如图7–167所示。

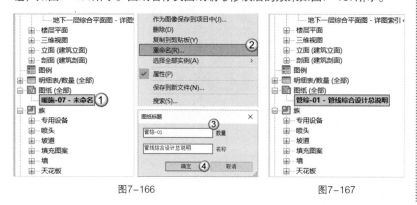

图7–166　　　　　　　　　　　图7–167

提示 由于Revit中各项信息是同步共享的，因此项目名称、图纸名称、图纸编号等项目信息可直接同步到图框标题栏对应的地方，也可以直接通过标题栏录入项目信息，导入的信息同样可以自动同步，如图7–168所示。

图7–168

2. 录入设计说明

01 录入文字。切换至"注释"选项卡，单击"文字"按钮**A**，在图纸中单击确定插入文字的位置，然后打开"素材文件>CH07>综合实战：基于BIM模型的机电布图>总说明参考资料.docx"，将其中的说明信息复制并粘贴到前面显示的文本框中，接着调整文本框的大小和位置，使其布局工整，如图7–169所示。

提示 如果需要将多项文本分开录入，那么可以添加多个文本框并分别录入具体的内容，如将素材文件中的原始设计文件、BIM建模标准和交付验收要求录入到3个文本框中。

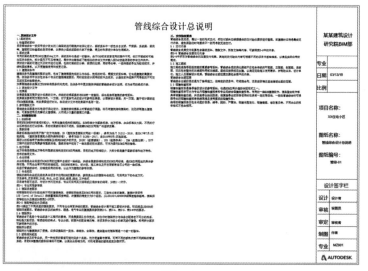

图7–169

02 录入图像。在"插入"选项卡中单击"图像"按钮，在弹出的"导入图像"对话框中选择"素材文件>CH07>综合实战：基于BIM模型的机电布图>颜色参考.png"，单击"打开"按钮，如图7–170所示。

图7–170

03 在图纸界面的适当位置放置图像，然后拖曳图像四角的控制柄，将其调整至合适的尺寸，如图7-171所示。

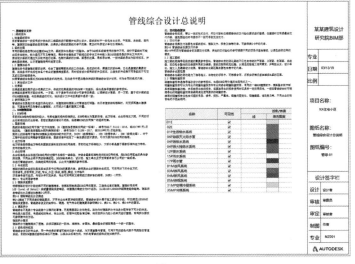

图7-171

3. 平面图布局

01 在"视图"选项卡中单击"图纸"按钮 📄，弹出"新建图纸"对话框，设置"选择标题栏"为"自定义标题栏_A0"，然后单击"确定"按钮，如图7-172所示。

02 新创建的视图图纸会自动继承上一个轴网的编号，并自动命名为"管综-02-未命名"，将其重命名为"管综02-地下一层给排水平面图"，如图7-173所示。

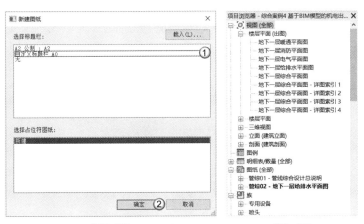

图7-172   图7-173

03 在"项目浏览器"中找到"地下一层给排水平面图"，并将其拖曳至图纸视口，如图7-174所示。

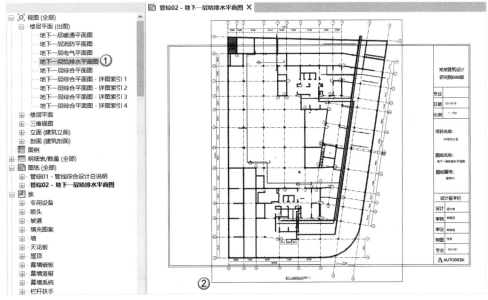

图7-174

04 选中拖入的图纸，并在选项栏中设置"在图纸上旋转"为"逆时针90°"，然后将旋转后的图纸移动到图纸框的内部，如图7-175所示。

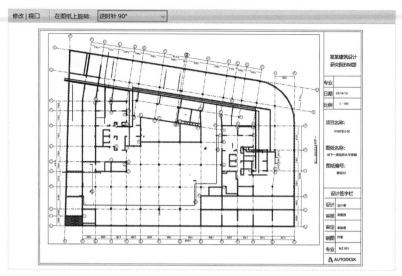

图7-175

05 在"插入"选项卡中单击"载入族"按钮，在弹出的"载入族"对话框中选择"素材文件>CH07>综合实战：基于BIM模型的机电布图>单实线视图标题.rfa"，单击"打开"按钮，如图7-176所示。

06 选中标题，即"地下一层暖通平面图"，如图7-177所示，然后在它的"类型属性"对话框中单击"复制"按钮创建一个"名称"为"单实线标题"的新标题样式，单击"确定"按钮退出设置。接着设置"标题"为"单实线视图标题"、"显示标题"为"是"，取消勾选"显示延伸线"选项，如图7-178所示。

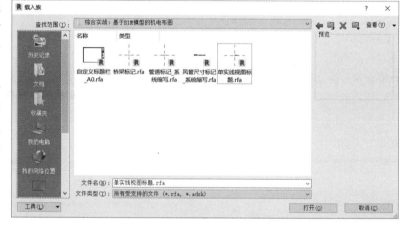

图7-176

图7-177

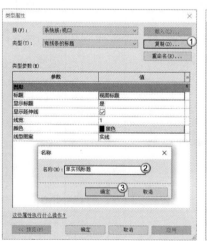

图7-178

07 应用新的视图类型后，视图标题将由默认的标题样式变为"单实线+比例"的样式，如图7–179所示，也可以将视图标题移动到视图底部居中的位置，如图7–180所示。

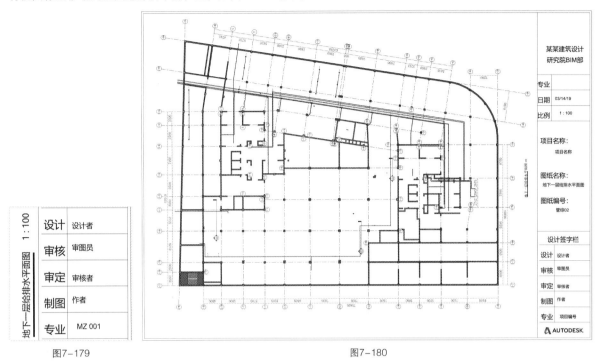

设计	设计者	
审核	审图员	
审定	审核者	
制图	作者	
专业	MZ 001	

地下一层给排水平面图 1：100

图7–179

图7–180

08 按照同样的方法，将"地下一层消防平面图""地下一层给排水平面图""地下一层电气平面图""地下一层综合平面图"添加到图纸列表，如图7–181所示。

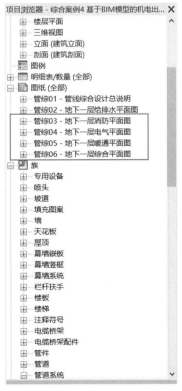

图7–181

4. 详图及构件清单布局

01 在"视图"选项卡中单击"图纸"按钮 ，新建一个图纸编号为"管综–07"的图纸，然后将其重命名为"管综07–节点详图1"，如图7–182所示，接着将"项目浏览器"中的剖面1、剖面2、剖面3、剖面4、详图索引1、详图索引2拖曳至局部剖面图的图框中。适当地调整各个视图的位置，并调整对应视图的边界，使其布局整齐，效果如图7–183所示。

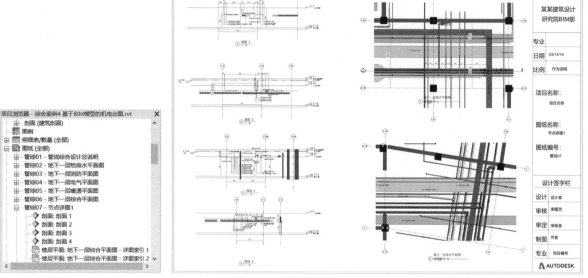

图7–182　　　　　　　　　　　　　　　　图7–183

02 在"视图"选项卡中单击"图纸"按钮 ，创建一个图纸编号为"管综–08"的图纸，然后将其重命名为"管综08–节点详图2"，如图7–184所示，接着将"项目浏览器"中的三维视图1、三维视图2、详图索引3、详图索引4拖曳到图框中，并排列整齐，如图7–185所示。

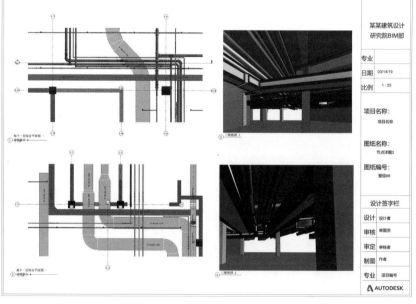

图7–184　　　　　　　　　　　　　　　　图7–185

03 在"视图"选项卡中单击"图纸"按钮📄，创建一个图纸编号为"管综-09"的图纸，然后将其重命名为"管综09-节点详图3"，如图7-186所示，接着将"项目浏览器"中的三维视图3、三维视图4、详图索引3、详图索引4拖曳到图框中，如图7-79所示。适当地调整各个视图的位置，并调整对应视图的边界，使其布局整齐，效果如图7-187所示。

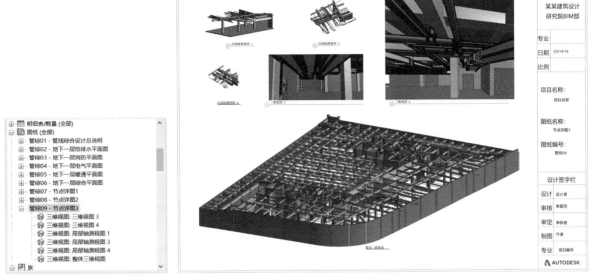

图7-186　　　　　　　　　　　　　　　　　　　　　图7-187

04 在"视图"选项卡中单击"图纸"按钮📄，创建一个图纸编号为"管综-10"的图纸视图，然后将其重命名为"管综10-设备材料清单"，如图7-188所示，接着将"项目浏览器"中的"风管明细表""风管附件明细表""电缆桥架明细表""电缆桥架配件明细表"拖曳到图框中。选择拖曳到图框内部的明细表，通过拖曳▼图标调整列宽度，单击✦图标将已超出图纸范围行数的明细表拆分为多列，最后拖曳拆分后的明细表使其移动到适当的位置，调整完成后的效果如图7-189所示。

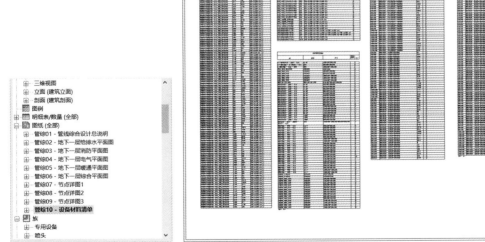

图7-188　　　　　　　　　　　　　　　　　　　　　图7-189

提示 如果需要放置的内容太多，导致一张图纸不能放置所有内容，那么可以分多张图纸进行放置。将详图放置到图纸后，原详图所在位置的详图标注将显示该详图所在的图纸及详图编号，如图7-190所示。

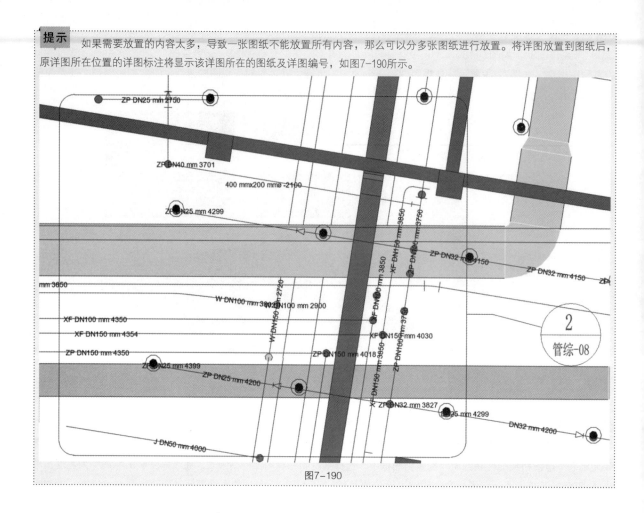

图7-190

7.5 本章小结

　　图纸是目前施工现场较为直接的参照文件，基于BIM模型创建的图纸的准确性更高，后期的变更更少。本章主要讲解如何使用Revit创建符合我国出图规范的图纸的方法，包括图框标题栏、图纸视图的注释标记和基于模型的明细表等内容。BIM模型生成的图纸具有联动性，可以实现一处信息被修改，同等信息实时更新的过程，保证了图纸内容的准确性和一致性，从而提高出图的效率。

第 8 章

机电深化设计成果输出

学习目的

掌握平面图纸文件输出的方法
掌握明细清单的输出和使用方法
掌握常用交互数据的输出方法
掌握动画的输出方法

本章引言

　　模型数据的准确传递是BIM应用的重要保证。由Revit建立的模型可输出为其他格式的文件，便于在其他平台上应用，同时也能将其他平台创建的一些文件导入Revit中使用。目前图纸是现场直接指导施工的参照文件，基于Revit模型创建的图纸可以输出为DWG、PDF等常用的图纸格式。此外，Revit可输出IFC、FBX等国际通用的数据格式，可用于在其他软件之间的数据交互。本章将主要介绍如何基于Revit模型输出其他格式。

8.1 图纸的导出与打印

图纸是Revit机电深化设计的重要成果之一，由精确的BIM模型输出的图纸文件也相对准确，可直接用于指导施工，因此深化图纸也是BIM应用到落地较为实际的表现。

8.1.1 导出为DWG图纸

DWG文件是常见的图纸文件格式，可在AutoCAD、天正等传统设计工具中打开并进行查看和编辑。Revit中的视图和图纸均可导出为DWG文件。

扫码观看视频

执行"文件>导出>CAD格式"菜单命令，可以在子菜单中看到常用的CAD导出格式，如图8-1所示。除了DWG之外，还可以导出DXF、DGN等格式的文件。

选择导出的CAD文件格式为DWG后会弹出"DWG导出"对话框，其中默认情况下只显示当前选择视图的样例。单击"新建集"按钮创建一个新图集，并将其命名为"图纸集"，最后单击"确定"按钮，如图8-2所示。

图8-1

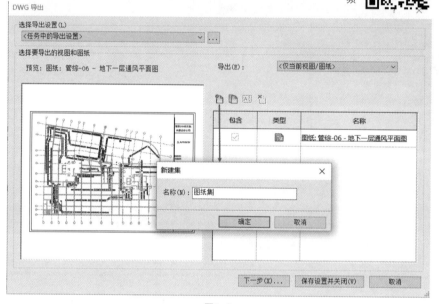

图8-2

回到"DWG导出"对话框，设置"按列表显示"为"模型中的所有视图和图纸"，即可显示项目中的全部视图。选择需要导出的图纸视图，然后单击"下一步"按钮，如图8-3所示。

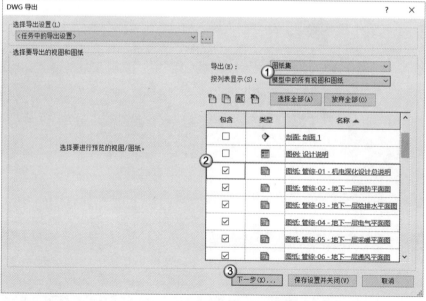

图8-3

在弹出的"导出CAD格式–保存到目标文件夹"对话框中设置导出文件的存放位置、文件名称、文件类型及命名方式，接着取消勾选"将图纸上的视图和链接作为外部参照导出"选项，最后单击"确定"按钮，如图8-4所示。

提示 导出时若勾选了"将图纸上的视图和链接作为外部参照导出"选项，那么图框中的每一个视图都将创建独立的文件，删除这些独立的文件后图框中的视图也会被删除。

图8-4

在将图纸导出到指定文件位置的过程中，除了会导出全部的图纸文件以外，还会导出对应的PCP文件，如图8-5所示，此时可将PCP文件删除。

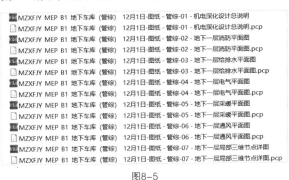

MZXFJY MEP B1 地下车库（管综） 12月1日-图纸 - 管综-01 - 机电深化设计总说明
MZXFJY MEP B1 地下车库（管综） 12月1日-图纸 - 管综-01 - 机电深化设计总说明.pcp
MZXFJY MEP B1 地下车库（管综） 12月1日-图纸 - 管综-02 - 地下一层消防平面图
MZXFJY MEP B1 地下车库（管综） 12月1日-图纸 - 管综-02 - 地下一层消防平面图.pcp
MZXFJY MEP B1 地下车库（管综） 12月1日-图纸 - 管综-03 - 地下一层给排水平面图
MZXFJY MEP B1 地下车库（管综） 12月1日-图纸 - 管综-03 - 地下一层给排水平面图.pcp
MZXFJY MEP B1 地下车库（管综） 12月1日-图纸 - 管综-04 - 地下一层电气平面图
MZXFJY MEP B1 地下车库（管综） 12月1日-图纸 - 管综-04 - 地下一层电气平面图.pcp
MZXFJY MEP B1 地下车库（管综） 12月1日-图纸 - 管综-05 - 地下一层采暖平面图
MZXFJY MEP B1 地下车库（管综） 12月1日-图纸 - 管综-05 - 地下一层采暖平面图.pcp
MZXFJY MEP B1 地下车库（管综） 12月1日-图纸 - 管综-06 - 地下一层通风平面图
MZXFJY MEP B1 地下车库（管综） 12月1日-图纸 - 管综-06 - 地下一层通风平面图.pcp
MZXFJY MEP B1 地下车库（管综） 12月1日-图纸 - 管综-07 - 地下一层局部三维节点详图
MZXFJY MEP B1 地下车库（管综） 12月1日-图纸 - 管综-07 - 地下一层局部三维节点详图.pcp

图8-5

提示 如果导出时弹出"临时隐藏/隔离 中的 导出"对话框（出现这种情况的原因是导出的视图中存在临时隐藏/隔离的图元），那么可以选择"将 临时隐藏/隔离 模式保持为打开状态并导出"选项导出图纸，如图8-6所示，否则视图中临时隐藏/隔离的图元将全部显示出来。

图8-6

导出的DWG格式的图纸可在AutoCAD、天正等软件中打开进行查看。例如，在AutoCAD中打开导出的"管综–04–地下一层电气平面图"图纸进行查看，发现"模型"页面中只显示图纸视图，不显示图框，因此可切换至Layout1页面查看图框，如图8-7所示。

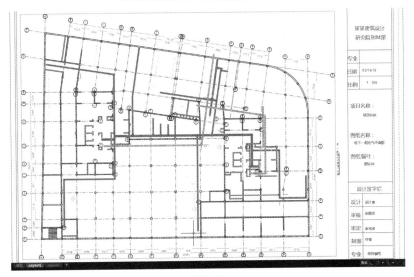

图8-7

> **提示** Revit没有图层的概念，但是图层是CAD图纸的基本属性，因此在Revit中导出CAD图纸时，需设置图层，可以通过"任务中的导出设置"选项设置图纸的图层，如图8-8所示。

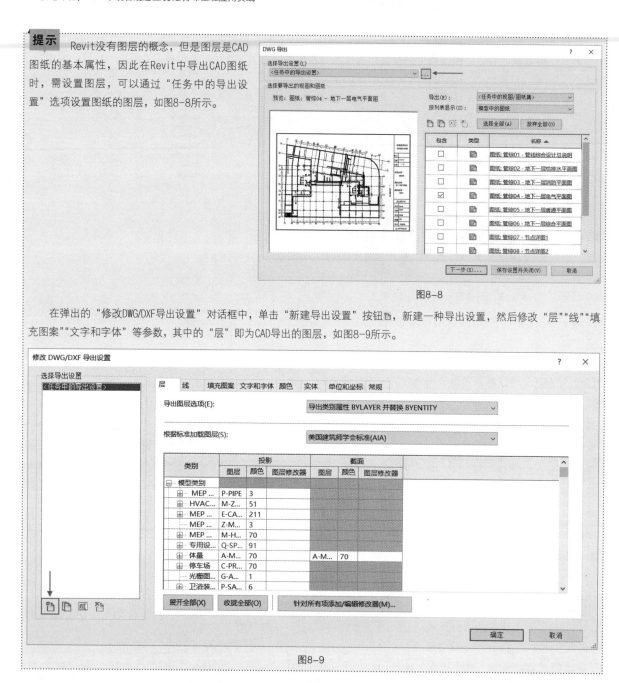

图8-8

在弹出的"修改DWG/DXF导出设置"对话框中，单击"新建导出设置"按钮，新建一种导出设置，然后修改"层""线""填充图案""文字和字体"等参数，其中的"层"即为CAD导出的图层，如图8-9所示。

图8-9

8.1.2 导出为PDF图纸

PDF也是常见的图纸格式，在Revit中是以打印的方式来输出PDF格式图纸的。在打印PDF格式的图纸之前，需要先确定用户的操作系统中是否已经安装了PDF阅读器或编辑器。

执行"文件>打印"菜单命令，在弹出的子菜单中提供了"打印"、"打印预览"和"打印设置"3个命令，如图8-10所示。

选择"打印设置"命令，在弹出的"打印设置"对话框中可对打印的纸张、方向和页面位置等参数进行编辑，如图8-11所示。下面介绍以打印方式来输出PDF图纸的具体操作方式。

扫码观看视频

选择"打印"命令🖶，在弹出的"打印"对话框中先选择名称为Foxit Reader PDF Printer（也可以是其他PDF打印机）的打印机，然后在"文件"选项组中选中"将多个所选视图/图纸合并到一个文件"选项，在"打印范围"选项组中设置需要打印的图纸，如任务中的图纸集，此外还可以单击"设置"按钮进行更为细致的打印设置，最后单击"确定"按钮，如图8-12所示。

图8-10

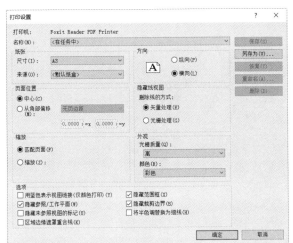

图8-11

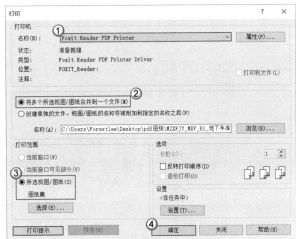

图8-12

提示 选中"将多个所选视图/图纸合并到一个文件"选项，可以将所有选定视图和图纸文件输出到一个PDF文件中，而选中"创建单独的文件"选项，可以将各个图纸或视图输出到单独的PDF文件中。

设置完成后弹出打印成PDF文件对话框，可对PDF文件的保存位置和名称进行设置，单击"保存"按钮，即可将所选的图纸以PDF格式输出到指定的文件位置，如图8-13所示。

图8-13

综合实战：导出DWG/PDF格式图纸

素材位置	素材文件>CH08>综合实战：导出DWG/PDF格式图纸
实例位置	实例文件>CH08>综合实战：导出DWG/PDF格式图纸
视频名称	综合实战：导出DWG/PDF格式图纸.mp4
学习目标	掌握CAD/PDF图纸的输出和查看方法

将模型中的图纸集输出为单个DWG文件，并输出为整体的PDF文件，图8-14所示为导出的DWG/PDF格式的图纸效果。

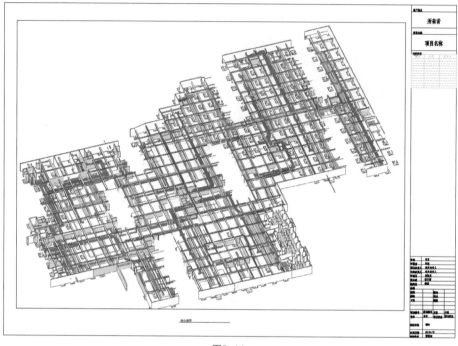

图8-14

1. 输出DWG文件

01 打开"素材文件>CH08>综合实战：导出DWG/PDF格式图纸>综合实战：导出DWG/PDF格式图纸.dwg"文件，如图8-15所示。

02 执行"文件>导出>CAD格式>DWG"菜单命令，在弹出的"DWG导出"对话框中设置"导出"为"〈任务中的视图/图纸集〉"、"按列表显示"为"模型中的图纸"，并勾选列表中的全部图纸，如图8-16所示。

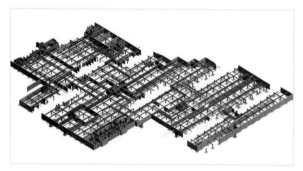

图8-15

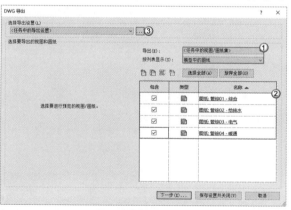

图8-16

提示 如果在打开DWG文件的过程中出现断开连接等错误提示，可能是软件版本升级导致的不兼容造成的，单击"确定"按钮忽略错误内容即可，不影响本例的练习。

03 单击"选择导出设置"下拉列表右侧的"修改导出设置"按钮，在弹出的"修改DWG/DXF导出设置"对话框中单

击"新建导出设置"按钮，并在弹出的"新的导出设置"对话框中设置"名称"为"标准CAD出图设置"，单击"确定"按钮新建一个出图设置，如图8-17所示。

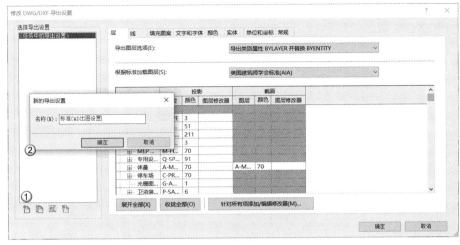

图8-17

04 "根据标准加载图层"下拉列表中提供了多种出图标准可供选择，这里选择"从以下文件加载设置"选项，打开"导出设置-从标准载入图层"对话框，单击"是"按钮即可，如图8-18所示。

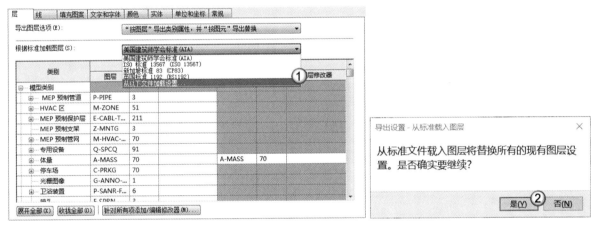

图8-18

05 在弹出的"载入导出图层文件"对话框中选择"素材文件>CH08>综合实战：导出DWG/PDF格式图纸>综合实战：导出DWGPDF格式图纸.rvt"，最后单击"打开"按钮，如图8-19所示。

图8-19

06 回到"修改DWG/DXF导出设置"对话框后，单击"确定"按钮返回"DWG导出"对话框，然后单击"下一步"按钮，在弹出的"导出CAD格式–保存到目标文件夹"对话框中设置保存图纸的位置，并将"文件名/前缀"修改为"综合案例1：导出DWG/PDF格式图纸"，"文件类型"和"命名"保持默认设置即可，最后取消勾选"将图纸上的视图和链接作为外部参照导出"选项，如图8-20所示。

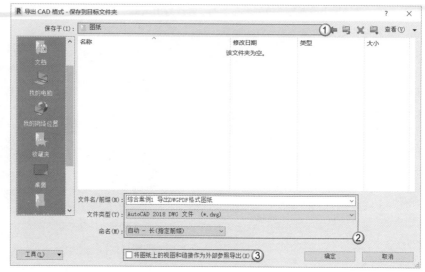

图8-20

> **提示** 为了保证图纸的通用性，一般将图纸保存为低版本AutoCAD的DWG文件，如保存为AutoCAD 2010版本的DWG文件。

07 单击"确定"按钮后开始导出文件，并在界面下方显示导出的进度，如图8-21所示。如果需要继续修改，则单击"取消"按钮中断操作，然后重新设置并导出即可。

图8-21

08 导出后的文件保存在指定位置，共有综合、给排水、电气和暖通4张图纸，如图8-22所示，接下来可以通过AutoCAD逐一查看图纸。在AutoCAD中打开"综合案例1导出DWGPDF格式图纸–图纸–管综01–综合.dwg"，效果如图8-23所示。

综合案例1 导出DWGPDF格式图纸-图纸 - 管综01 - 综合.dwg	2019/4/12 11:41	AutoCAD...	93 KB
综合案例1 导出DWGPDF格式图纸-图纸 - 管综02 - 给排水.dwg	2019/4/12 11:42	AutoCAD...	92 KB
综合案例1 导出DWGPDF格式图纸-图纸 - 管综03 - 电气.dwg	2019/4/12 11:42	AutoCAD...	92 KB
综合案例1 导出DWGPDF格式图纸-图纸 - 管综04 - 暖通.dwg	2019/4/12 11:43	AutoCAD...	93 KB
综合案例1 导出DWGPDF格式图纸-图纸 - 管综01 - 综合.pcp	2019/4/12 11:41	PCP 文件	23 KB
综合案例1 导出DWGPDF格式图纸-图纸 - 管综02 - 给排水.pcp	2019/4/12 11:42	PCP 文件	23 KB
综合案例1 导出DWGPDF格式图纸-图纸 - 管综03 - 电气.pcp	2019/4/12 11:42	PCP 文件	23 KB
综合案例1 导出DWGPDF格式图纸-图纸 - 管综04 - 暖通.pcp	2019/4/12 11:43	PCP 文件	23 KB

图8-22

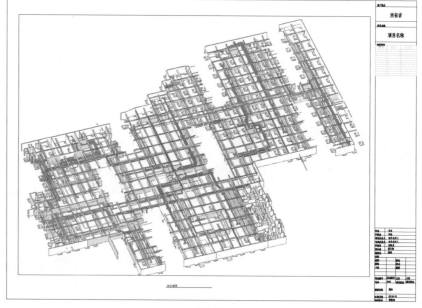

图8-23

2. 输出PDF文件

01 执行"文件>打印>打印"菜单命令，在弹出的"打印"对话框中选择"名称"为Foxit Reader PDF Printer 的打印机，然后选中"将多个所选视图/图纸合并到一个文件"选项并设置保存的位置，再选中"打印范围"选项组中的"所选视图/图纸"选项，单击"选择"按钮查看选择的内容是否为图纸，最后单击"设置"按钮，如图 8-24所示。

> **提示** 本例使用的是福昕PDF阅读器，读者可以根据自身情况使用其他PDF阅读器对应的PDF打印机。

02 在弹出的"打印设置"对话框中修改打印设置，设置"纸张"的"尺寸"为A0，"删除线的方式"为"矢量处理"，"外观"的"光栅质量"为"高"、"颜色"为"彩色"，单击"确定"按钮，如图8-25所示。

图8-24

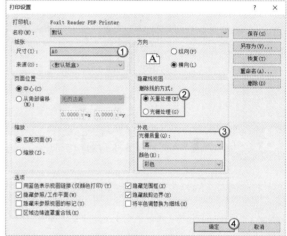

图8-25

> **提示** 关闭"打印设置"对话框后，根据安装的打印机不同，可能会弹出"打印–着色视图的设置已修改"对话框，此时单击"关闭"按钮 关闭 即可，如图8-26所示。
>
> 该视图使用着色、阴影、点云、勾绘线或渐变，故 Revit 将使用光栅打印。
>
> 要使用矢量打印，请使用位于视图窗口左下角的视图控制栏关闭这些选项。
>
> ☐ 不再显示此消息 　　　　关闭(C)
>
> 图8-26

03 在弹出的"打印成PDF文件–福昕PDF打印机"对话框中设置文件保存的位置，并设置"文件名"为"综合案例1 导出DWGPDF格式图纸"，最后单击"保存"按钮，如图8-27所示。

图8-27

04 打印完成后用PDF阅读器打开"综合案例1 导出DWGPDF格式图纸.pdf"文件进行查看，如图8-28所示。

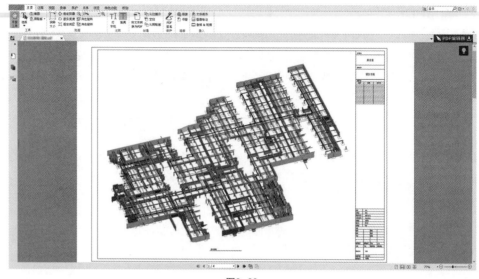

图8-28

8.2 输出构件清单

构件清单在Revit中以明细表的形式展示，输出的内容包括构件的明细表、图纸列表等。

> **提示** Revit中导出的明细表只能是TXT格式的文本。

8.2.1 导出TXT格式文件

Revit可以将明细表输出为TXT格式文件，作为构件的明细清单信息。执行"文件>导出>报告>明细表"菜单命令，在弹出的"导出明细表"对话框中设置导出文件的保存位置和文件名称，单击"保存"按钮，如图8-29所示。

扫码观看视频

在弹出的"导出明细表"对话框中可对"明细表外观"和"输出选项"进行设置，一般情况下，其中的内容可不做修改，直接单击"确定"按钮按照默认值导出即可，如图8-30所示。

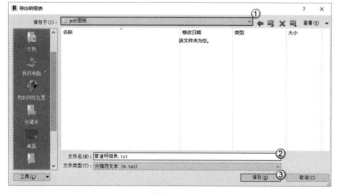

图8-29

图8-30

> **提示** 要先打开需要输出的明细表视图再选择输出，否则"文件>导出>报告"子菜单中的"明细表"命令会显示为灰色不可用状态。

8.2.2 转换为Excel表格

在文件夹中查看和编辑TXT格式的明细表，一般可以通过记事本程序完成。以"管道明细表"为例，将导出的TXT格式文件用记事本程序打开，如图8-31所示。

我们可以将TXT格式的明细表转换为Excel表格。按快捷键Ctrl+A选择全部的文本，然后新建一个Excel表格，打开表格后按快捷键Ctrl+V将复制的内容全部粘贴到工作表中即可完成转换，如图8-32所示。

图8-31

图8-32

转换为Excel表格后可以对明细表进行数据的提取、分析和编辑等操作，便于对模型数据进行处理。

综合实战：导出明细表

素材位置	素材文件>CH08>综合实战：导出明细表
实例位置	实例文件>CH08>综合实战：导出明细表
视频名称	综合实战：导出明细表.mp4
学习目标	掌握输出和查看明细表的方法

将风道末端明细表、机电设备明细表和常规模型明细表分别导出为TXT格式文本，然后将所有明细表放置到同一个Excel工作簿中，并以工作表区分不同的明细表。转换为Excel表格的3个明细表如图8-33所示。

风道末端明细表

机电设备明细表

常规模型明细表

图8-33

1. 输出TXT格式文本

01 打开"素材文件>CH08>综合实战：导出明细表>综合实战：导出明细表.rvt"，如图8-34所示。

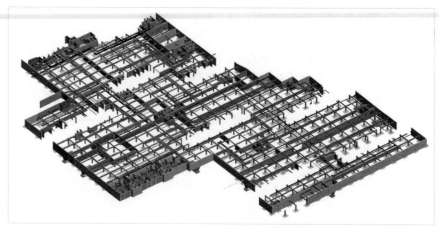

图8-34

02 在"项目浏览器"中双击"机电设备明细表"将其打开，如图8-35所示。

图8-35

03 执行"文件>导出>报告>明细表"菜单命令，在打开的"导出明细表"对话框中选择导出文件的保存位置，然后设置"文件名"为"机电设备明细表.txt"、"文件类型"为"分隔符文本（*.txt）"，单击"保存"按钮，接着在弹出的对话框中保持默认设置，直接单击"确定"按钮完成明细表的导出，如图8-36所示。

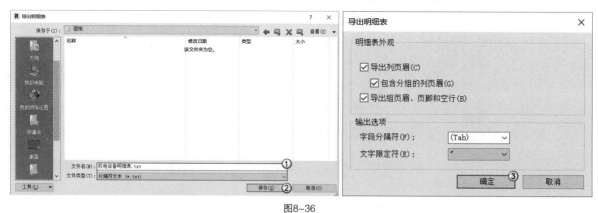

图8-36

04 按照上述方法分别将风道末端明细表、常规模型明细表输出为TXT格式的文件，如图8-37所示。

名称	修改日期	类型	大小
常规模型明细表.txt	2019/4/14 13:44	文本文档	1 KB
风道末端明细表.txt	2019/4/14 13:44	文本文档	2 KB
机电设备明细表.txt	2019/4/14 13:41	文本文档	3 KB

图8-37

2. 转换为Excel表格

01 使用记事本分别打开导出的TXT格式的常规模型明细表、风道末端明细表和机电设备明细表，如图8-38~图8-40所示。

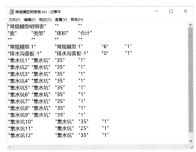

常规模型明细表 图8-38 　风道末端明细表 图8-39 　机电设备明细表 图8-40

02 新建并打开一个Excel工作簿。在Sheet1工作表标签上单击鼠标右键，在弹出的菜单中选择"重命名"命令，将该工作表命名为"机电设备明细表"。按快捷键Ctrl + A全选"机电设备明细.txt"文件中的内容，并按快捷键Ctrl+C进行复制，然后切换至Excel工作表界面，按快捷键Ctrl+V将复制的内容粘贴到"机电设备明细表"工作表中，如图8-41所示。

图8-41

03 单击两次"新工作表"按钮，新建两个工作表，并将其分别重命名为"常规模型明细表"和"风道末端明细表"，然后将步骤01中打开的TXT文本的内容复制到与之对应的工作表中，如图8-42和图8-43所示。

图8-42

图8-43

325

8.3 导出为其他文件

在Revit中，除了可以导出前面介绍的图纸和明细清单外，还可以将项目中的动画、图片和三维模型等以相应的格式进行导出，本节就来介绍Revit中这类格式文件的导出操作。

8.3.1 输出其他格式模型

Revit不是唯一的BIM建模软件，在实际工程中需要将Revit中制作的模型传递到其他软件进行编辑或使用，此时可以将模型导出为FBX、gbXML和IFC等格式的文件，如图8-44所示。

1. FBX文件

FBX是Autodesk MotionBuilder固有的文件格式，该软件用于创建、编辑和混合运动捕捉与关键帧动画。因此可以使用它与Maya、Softimage、Toxik/Composite和3ds Max等软件共享数据，也可以在使用Revit等软件的建筑设计工作流中进行使用。因为FBX文件包括与模型几何体、材质纹理、照明和动画序列有关的数据，所以可以导入和导出FBX文件供兼容软件使用。

在导出FBX文件之前，一般先将视图切换至"三维"视图，然后执行"文件>导出>FBX"菜单命令，从而将三维视图保存为FBX文件。导出后的FBX文件可作为Revit和其他软件之间进行交互的纽带，如3ds Max。

2. gbXML文件

gbXML文件包括了项目中的建筑构件数据，可作为Revit和绿建分析类软件之间的数据交互文件。执行"文件>导出>gbXML"菜单命令，即可将模型导出为gbXML文件。

3. IFC文件

IFC文件是行业基础文件，可为不同应用程序之间的协同问题提供解决方案，此文件确立了用于导入和导出的建筑对象及其属性的国际标准。IFC提高了整个建筑生命周期中的通信能力、生产力和质量，并缩短了交付时间。执行"文件>导出>IFC"菜单命令，即可将模型导出为IFC文件。

> **提示**　在Revit中除了可以导出文件外，还可以导入文件，如IFC文件、CAD文件、贴花和点云文件等，如图8-45所示。另外，在载入族时，不仅能载入Revit自带的RFA格式的族文件，还能载入ADSK格式的族文件。

图8-45

8.3.2 输出轻量化模型

使用Revit建立的模型数据多、体量大，文件大小通常有几十兆，甚至几百兆。在进行全专业合模时，过大的负荷对硬件配置较低的计算机来说会造成运行卡顿的现象，可见Revit模型对计算机性能的依赖性较强。为了保证模型在浏览时的流畅度，可以将Revit模型输出为NWC格式，以减小模型的大小。

Autodesk公司出品的Navisworks是一款常用的模型轻量化软件，我们可以将较大的Revit文件输出到Navisworks中进行碰撞检查、施工模型预览等操作。

1. 安装Navisworks

Revit和Navisworks的交互缓冲文件为NWC格式。一般先安装Revit，再安装与之匹配的Navisworks，之后便可通过"附加模块"选项卡中的"外部工具"命令嵌入Navisworks插件，如图8-46所示。

图8-46

2. 输出模型

执行"文件>导出>NWC"菜单命令，在弹出的对话框中浏览指定位置并保存文件。导出后的NWC文件比原来的RVT文件要小很多。以"机电模型–地下室–管线调整"文件为例，导出之前的RVT文件的大小为36812KB，而导出为NWC文件后大小仅为6698KB，如图8-47所示。

图8-47

> **提示** 当使用Navisworks打开NWC文件并保存后，文件的大小将变得更小。

8.3.3 输出图像

Revit中的图像指的是基于模型渲染的效果图，渲染后的效果图比普通的视图更加真实。

扫码观看视频

1. 渲染图像

切换到需要进行渲染的模型所在的视图，然后在"视图"选项卡中单击"渲染"按钮，在弹出的"渲染"对话框中可设置"质量"、"输出设置"、"照明"和"背景"等参数，如图8-48所示。设置完毕后单击"渲染"按钮即可对模型进行渲染，并且会显示渲染的进度，如图8-49所示。

在渲染的过程中，不能进行其他操作。渲染完成后单击"保存到项目中"按钮，即可将渲染效果图进行保存，同时在"项目浏览器"中会自动生成和模型所在视图同名称的渲染视图，如图8-50所示。

图8-48

图8-49

图8-50

2. 导出图像

执行"文件>导出>图像和动画>图像"菜单命令，在弹出的"导出图像"对话框中单击"修改"按钮设置导出图像的位置和格式，再单击"选择"按钮确定需要导出的视图，最后单击"确定"按钮，如图8-51所示。

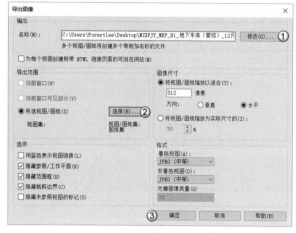

图8-51

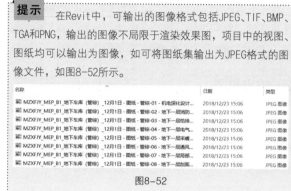

提示 在Revit中，可输出的图像格式包括JPEG、TIF、BMP、TGA和PNG，输出的图像不局限于渲染效果图，项目中的视图、图纸均可以输出为图像，如可将图纸集输出为JPEG格式的图像文件，如图8-52所示。

图8-52

综合实战：导出渲染后图像

素材位置	素材文件>CH08>综合实战：导出渲染后图像
实例位置	实例文件>CH08>综合实战：导出渲染后图像
视频名称	综合实战：导出渲染后图像.mp4
学习目标	掌握图像输出和查看的方法

扫码观看视频

本例的模型中已经将平面图、三维视图和剖面图添加到同一张图纸，需将图纸输出为图片格式，输出的图纸如图8-53所示。

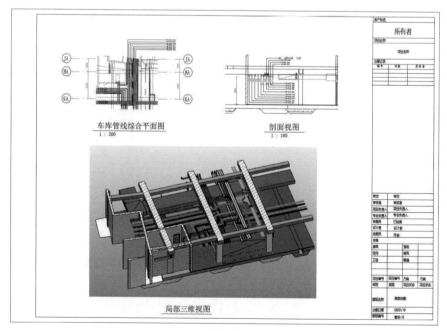

图8-53

1. 查看图纸

01 打开"素材文件>CH08>综合实战：导出渲染后图像>综合实战：导出渲染后图像.rvt"，如图8-54所示。

02 切换至"管综-10-局部详图"图纸视图，可以看到图纸中包含3个视图，分别为车库管线综合平面图、剖面视图和局部三维视图，如图8-55所示。

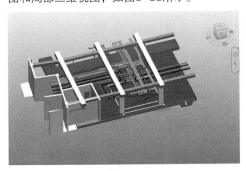

图8-54

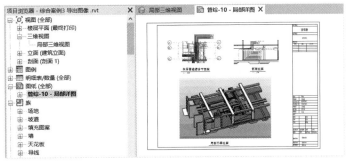

图8-55

2. 导出图像

01 执行"文件>导出>图像和动画>图像"菜单命令，在弹出的"导出图像"对话框中输入名称并设置存放的位置，接着设置导出的范围为"当前窗口"、图像的尺寸为"将视图/图纸缩放为实际尺寸的100%"、着色的视图为"JPEG(中等)"，其他参数保持默认设置，单击"确定"按钮即可导出图像，如图8-56所示。

02 用图片查看工具打开导出的图像，如图8-57所示。

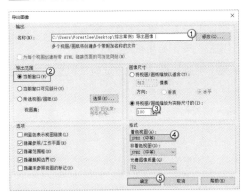

图8-56

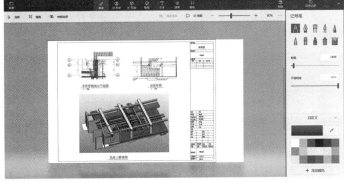

图8-57

8.3.4 输出动画

项目中的漫游动画也可以输出，作为管线综合局部浏览的视频文件。一般先创建漫游动画再输出。

1. 创建漫游动画

在"视图"选项卡中执行"三维视图>漫游"命令，如图8-58所示。

图8-58

激活"漫游"命令后，即可在视图中绘制漫游的路径，绘制完成后会在"项目浏览器"中生成相应的视图名称，如"漫游1"，如图8-59所示。

图8-59

2. 编辑漫游

选中漫游路径，在激活的"修改|相机"上下文选项卡中单击"编辑漫游"按钮即可对漫游进行编辑，如图8-60所示。

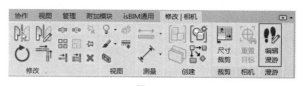

图8-60

此时会激活"编辑漫游"上下文选项卡，在视图中拖曳相机图标至路径上的关键帧控制点，可以对关键帧进行编辑。编辑完成后，单击"打开漫游"按钮，如图8-61所示，切换至对应的漫游相机视图。

在打开的视图中拖曳漫游的相机边界上的控制点，可以修改相机视图中漫游的视口宽度（此时"视觉样式"为"隐藏线"），如图8-62所示。

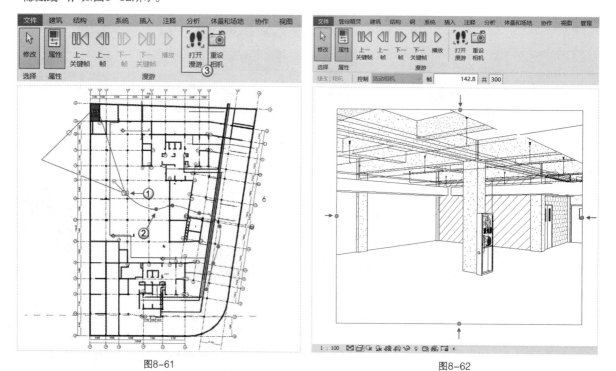

图8-61

图8-62

在"属性"面板中修改"视图样板"为"过滤器"，修改完成后将对模型进行着色，如图8-63所示。

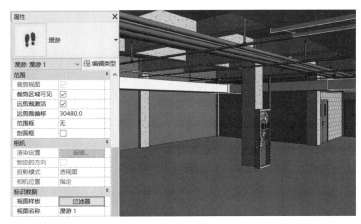

图8-63

单击"播放"按钮▷，可播放漫游动画进行预览，如图8-64所示。

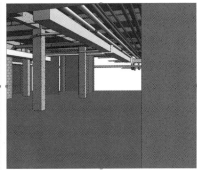

图8-64

提示 在选项栏的"帧"文本框中输入数值可以移动到指定的帧进行修改，此外还可以通过"漫游"选项组中的"上一关键帧""上一帧""下一帧""下一关键帧""播放"等选项进行预览，如图8-65所示。

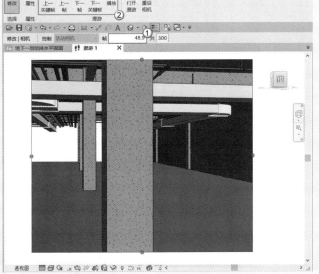

图8-65

在预览过程中无法对漫游的关键帧进行编辑，按Esc键可停止预览，此时会弹出询问是否中断预览的提示对话框，单击"是"按钮，即可退出漫游动画预览，如图8-66所示。

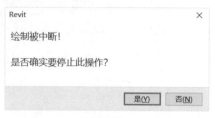

图8-66

3. 导出漫游动画

漫游编辑完成后，即可将动画导出。执行"文件>导出>图像和动画>漫游"菜单命令，在弹出的"长度/格式"对话框中可对导出漫游动画的长度、格式进行选择，选择完毕后单击"确定"按钮，如图8-67所示。

这时会弹出"导出漫游"对话框，根据需要设置漫游动画的保存位置和文件格式，如图8-68所示。

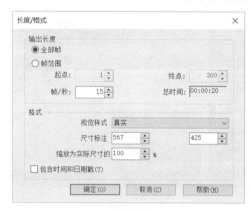

图8-67

图8-68

> **提示** Revit可以导出的漫游动画格式为AVI，此外也可以将漫游动画的帧导出为图片集。

若导出的漫游动画是动态视频文件，则管线布置完成后，可以观看视频，以第一人称的角度模拟漫游管线安装完成后的效果。

8.4 本章小结

BIM机电深化设计的最终成果需应用到施工中才能真正体现其价值，这就需要能够将Revit建模平台上建立的BIM模型导出为众多支持其他BIM深化设计软件的文件格式，从而实现与其他平台的协同设计。例如，导出的图纸文件可以作为指导施工的直接依据，导出的视频、文档和图像等可以作为现场施工的技术资料，导出的轻量化文件降低了BIM模型浏览的成本，可应用在现场的三维可视化交底中。

第 9 章

机电参数化族设计

掌握 5 种基本创建工具
掌握族可变参数添加的方法
掌握机电连接件添加的方法
了解常用的计算公式和关联参数的方法

族是Revit建模的核心，也是项目中信息的载体。第1章已经简单介绍了族文件的格式、族的参数属性和族样板等内容，本章将以机电中的常见族为例讲解族的创建方法。

9.1 族概述

和创建项目一样，创建族文件也需要基于样板，在族样板中可以定义所创建族文件的类别。此外，选择合适的样板能提高创建族的效率。

9.1.1 样板文件简介

Revit的族样板文件为创建族提供了初始状态。不同的族样板具有不同的默认设置，这些设置影响着创建族的方式和族的放置方式。在第1章中介绍了族可分为系统族、内建族和可载入族。系统族一般由项目样板决定，因此不能新建，但是可以通过修改预设参数进行编辑，如幕墙、管道和风管等；内建族是在项目环境中创建的特殊构件，直接通过内建模型创建；可载入族是通过RFT格式的族样板创建的，创建完成后会根据族的类别选择对应的放置方式并应用到项目中。本节主要以三维可载入族来讲解族的创建和放置方法。

扫码观看视频

1. 族样板分类

族样板的特性较多，大致可分为平面类、独立主体类和基于主体类。平面类的样板主要用于创建二维的表达符号，如"公制视图标题""公制轮廓""公制标记""公制注释"等。部分平面类的族样板如图9-1所示。

独立主体类样板可以创建不依附于任何主体的构件，能够单独创建三维构件模型，如"公制常规模型""公制结构基础"等。部分独立主体类样板如图9-2所示。

名称	修改日期	类型	大小
公制标高标头	2018/2/2 1...	Autodesk Revit ...	292 KB
公制常规标记	2018/2/2 1...	Autodesk Revit ...	296 KB
公制常规注释	2018/2/2 1...	Autodesk Revit ...	296 KB
公制窗标记	2018/1/28 ...	Autodesk Revit ...	296 KB
公制电话设备标记	2018/2/5 2...	Autodesk Revit ...	292 KB
公制电气设备标记	2018/2/5 2...	Autodesk Revit ...	292 KB
公制电气装置标记	2018/2/5 2...	Autodesk Revit ...	292 KB
公制多类别标记	2018/1/28 ...	Autodesk Revit ...	296 KB
公制房间标记	2018/1/28 ...	Autodesk Revit ...	296 KB
公制高程点符号	2018/1/28 ...	Autodesk Revit ...	296 KB
公制火警设备标记	2018/2/5 2...	Autodesk Revit ...	292 KB
公制立面标记指针	2018/2/2 1...	Autodesk Revit ...	292 KB
公制立面标记主体	2018/2/2 1...	Autodesk Revit ...	292 KB
公制门标记	2018/1/28 ...	Autodesk Revit ...	296 KB
公制剖面标头	2018/2/2 1...	Autodesk Revit ...	296 KB
公制视图标题	2018/2/2 1...	Autodesk Revit ...	296 KB
公制详图索引标记	2018/2/2 1...	Autodesk Revit ...	292 KB
公制详图索引标头	2018/2/2 1...	Autodesk Revit ...	296 KB
公制轴网标头	2018/2/2 1...	Autodesk Revit ...	296 KB

图9-1

名称	修改日期	类型	大小
公制电气设备	2018/2/5 2...	Autodesk Revit ...	336 KB
公制电气装置	2018/2/5 2...	Autodesk Revit ...	336 KB
公制分区轮廓	2018/1/28 ...	Autodesk Revit ...	320 KB
公制风管 T 形三通	2018/2/5 2...	Autodesk Revit ...	400 KB
公制风管过渡件	2018/2/5 2...	Autodesk Revit ...	344 KB
公制风管四通	2018/2/5 2...	Autodesk Revit ...	400 KB
公制风管弯头	2018/2/5 2...	Autodesk Revit ...	396 KB
公制扶手支撑	2018/2/5 2...	Autodesk Revit ...	340 KB
公制扶手终端	2018/2/5 2...	Autodesk Revit ...	340 KB
公制环境	2018/2/5 2...	Autodesk Revit ...	336 KB
公制火管设备	2018/2/5 2...	Autodesk Revit ...	336 KB
公制火警设备主体	2018/2/5 2...	Autodesk Revit ...	340 KB
公制机械设备	2018/2/5 2...	Autodesk Revit ...	336 KB
公制家具	2018/2/5 2...	Autodesk Revit ...	336 KB
公制家具系统	2018/2/5 2...	Autodesk Revit ...	336 KB
公制结构桁架	2018/1/28 ...	Autodesk Revit ...	324 KB
公制结构基础	2018/1/28 ...	Autodesk Revit ...	344 KB
公制结构加强板	2018/1/28 ...	Autodesk Revit ...	336 KB
公制结构框架 - 梁和支撑	2018/2/5 2...	Autodesk Revit ...	372 KB

图9-2

基于主体类的样板，其创建的族文件必须放置在对应的主体上，如创建门时选择"基于墙的公制常规模型"，创建吸顶灯时选择"基于天花板的公制常规模型"，此外也可以通过"基于面的公制常规模型"创建放置在特定表面或工作平面的构件。部分基于主体的样板如图9-3所示。

除此之外，还有一些特殊的族样板，如RPC、体量和自适应构件样板等。不同的族样板具有不同的初始状态，在创建族之前应根据创建族的特性确定选择哪种样板。

名称	修改日期	类型	大小
基于墙的公制橱柜	2018/2/5 1...	Autodesk Revit ...	340 KB
基于墙的公制电气装置	2018/2/5 1...	Autodesk Revit ...	340 KB
基于墙的公制机械设备	2018/2/5 1...	Autodesk Revit ...	340 KB
基于墙的公制聚光照明设备	2018/2/5 1...	Autodesk Revit ...	348 KB
基于墙的公制卫生器具	2018/2/5 1...	Autodesk Revit ...	340 KB
基于墙的公制线性照明设备	2018/2/6 2...	Autodesk Revit ...	344 KB
基于墙的公制照明设备	2018/2/5 1...	Autodesk Revit ...	344 KB
基于墙的公制专用设备	2018/2/5 1...	Autodesk Revit ...	340 KB
基于天花板的公制常规模型	2018/2/5 2...	Autodesk Revit ...	340 KB
基于天花板的公制电气装置	2018/2/5 2...	Autodesk Revit ...	340 KB
基于天花板的公制机械设备	2018/2/5 2...	Autodesk Revit ...	340 KB
基于天花板的公制聚光照明设备	2018/2/5 2...	Autodesk Revit ...	344 KB
基于天花板的公制线性照明设备	2018/2/5 2...	Autodesk Revit ...	344 KB
基于天花板的公制照明设备	2018/2/5 2...	Autodesk Revit ...	344 KB
基于填充图案的公制常规模型	2018/1/28 ...	Autodesk Revit ...	288 KB
基于屋顶的公制常规模型	2018/2/5 2...	Autodesk Revit ...	340 KB
基于线的公制常规模型	2018/2/5 2...	Autodesk Revit ...	340 KB

图9-3

2. 默认族类别

不同的族样板默认定义相应的族类别，族类别用于在项目中对族进行分类管理。以"公制常规模型"为例（默认的类别为常规模型）讲解族的创建方式。打开Revit，通过新建族选择"公制常规模型"样板，单击"打开"按钮，如图9-4所示，即可进入"公制常规模型"的族编辑器。

图9-4

在"创建"选项卡中单击"族类别和族参数"按钮，弹出"族类别和族参数"对话框。在"族类别"列表框中，默认的类别为"常规模型"（也可修改为其他类别），在"族参数"选项区中默认勾选了"总是垂直"选项，因此只能以垂直的形式放置族文件，如果需要修改为其他放置方式，则需取消勾选该选项。我们还可以勾选其他选项以启用更多族参数，如"基于工作平面""加载时剪切的空心"等，最后单击"确定"按钮退出设置，如图9-5所示。

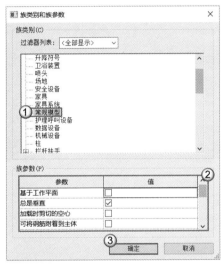

图9-5

提示 选择了合适的族类别，即可将该族类别的参数添加到默认的属性参数中。例如将默认的"常规模型"修改为"门"，就会在"属性"面板下的"族类型"选项区中自动添加"高度""宽度""厚度"等参数，单击"族类型"按钮可打开对话框进行查看，如图9-6所示。

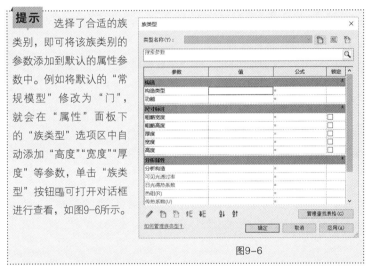

图9-6

3. 默认族创建环境

不同的族样板具有不同的初始环境，以"公制常规模型"样板为例，该样板默认提供了3个相交的参照平面和一个参照标高。在平面视图中仅能看到两个参照平面，分别为"中心（左/右）"和"中心（前/后）"。选中任意一个参照平面，即可在"属性"面板内显示参照平面的属性，如图9-7所示。同时，"定义原点"选项会被默认勾选，表示参照平面被定义为原点，被定义为原点的参照平面的交点即为放置族文件时的定位点。此外，默认的参照平面为锁定状态，我们无法对其进行移动或编辑，如果需要修改该参照平面，需要单击"禁止改变图元位置"按钮进行解锁，将对应的图标变为"允许改变图元位置"状态。

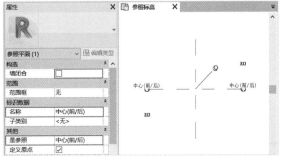

图9-7

打开不同的族样板，默认的初始环境也有所区别。以打开的"公制门样板"为例，可以看到除了定义了原点的参照平面外，还定义了门的宽度、高度等默认参数标签，以及预留的门洞墙体、"双向水平翻转控件"按钮⇆和"双向垂直翻转控件"按钮⇕，如图9-8所示。

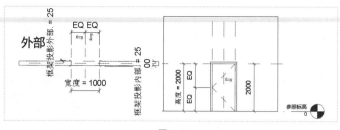

图9-8

9.1.2 机电族的组成

机电族一般包括三维模型、构件参数、连接件和控件等。

1. 三维模型

三维模型族是由一个或多个几何形状组成的族文件，例如风机盘管族，主要由长方体和圆柱体组成，如图9-9所示。

2. 构件参数

构件参数可分为几何参数、材质参数和其他参数。

⊙ 几何参数

几何参数可用于控制构件的尺寸和形状，一般包括构件的长度、角度、半径、直径和数量等信息，如图9-10所示。几何参数可直接通过注释标签添加。

⊙ 材质参数

材质参数可控制构件各组成部分的材质属性。材质参数被默认分组到"材质和装饰"选项区中，如图9-11所示。

⊙ 其他参数

其他参数根据族类别的不同而有所区别，以风机盘管为例，其他参数包括"电气""机械""电气-负荷""机械-流量"等，如图9-12所示。

图9-9

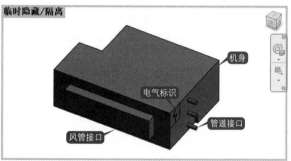

图9-10

图9-11

参数	值	公式	锁定
材质和装饰			
电气			
电压	220.00 V	=	
极数	1	=	
负荷分类	HVAC	=	
电气 - 负荷			
输入功率	30.00 W	=	
尺寸标注			
机械			
水压损	8.00000 kPa	=	
水流量	0.3300 CMH	=	
噪声	33 dB	=	
热量	3140.00 W	=	
盘管工作压力	1600.00000 kPa	=	
冷量	1850.00 W	=	
冷凝水流量(默认)	0.0000 CMH	=	
空气压降(默认)	0.00000 kPa	=	
机械 - 流量			
送风风量	340.0000 CMH	=额定风量	
回风风量	340.0000 CMH	=额定风量	
额定风量	340.0000 CMH	=	

图9-12

设置完这些参数后，可基于同一个族创建不同的构件类型或构件实例。这些参数值也是模型数据的载体，构成了BIM模型的大数据库，在特定条件下可输出为项目的基本信息或用作其他分析进行计算。

3. 连接件与控件

机电连接件是创建管道、风管和线管等构件的接口，因此对于机电族的创建，系统提供了对应的管道连接件、风管连接件和线管连接件等连接件。控件是对构件进行翻转的控制按钮，可在项目中对构件的位置进行调整。Revit中连接件和控件的选项位置如图9-13所示。

图9-13

对于不同的连接件，其默认参数的设置方式各不相同。管道的连接件有x、y和z方向，同时还包括管道的"半径""系统分类"等参数，如图9-14所示；风管的连接件和风管的构造类型有关，如矩形风管包括"高度""宽度""系统分类"等参数，如图9-15所示；电气连接件具有圆形的接口，一般包括"系统类型""功率系数"等参数，如图9-16所示。

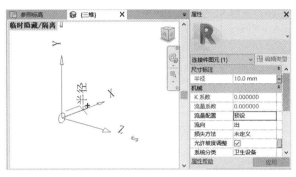

图9-14

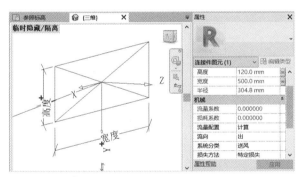

图9-15

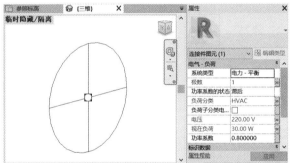

图9-16

> **提示** 在添加机电连接件时，连接件的尺寸设置和系统分类对于项目中的管道连接来说非常重要。如果连接件的尺寸设置和项目中的管道尺寸不匹配，那么就有可能会导致连接失败；系统分类决定了连接件可连接的管道系统，例如设置的系统分类如果为卫生设备，那么就不能和家用冷水、循环回水等管道系统进行连接。

9.1.3 族形状创建工具

Revit提供了5种创建族的工具，分别为"拉伸""融合""旋转""放样""放样融合"，如图9-17所示。

扫码观看视频

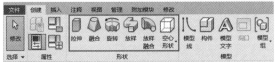

图9-17

通过这5种工具，我们可以创建实心形状和空心形状，从而搭建完整的参数化模型。下面将基于"公制常规模型"族样板新建一个族文件，用于练习族形状创建工具。

1. 拉伸

"拉伸"是在工作平面上绘制闭合的轮廓并指定拉伸的起点、终点，然后沿着与轮廓垂直的方向生成几何模型。下面介绍"拉伸"工具🔲的使用方式。

在"创建"选项卡中单击"拉伸"按钮🔲，如图9-18所示。

这时将自动激活"修改|创建拉伸"上下文选项卡，其中可分别通过绘制工具、绘制拉伸轮廓、修改拉伸约束、完成或放弃拉伸及生成拉伸模型这5个步骤对几何模型进行创建，最后单击"完成编辑模式"按钮✔完成拉伸模型的创建，如图9-19所示。

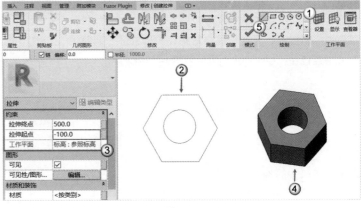

图9-18　　　　　　　　　　　　　　　　图9-19

> **提示**　拉伸的要素为拉伸的工作平面、拉伸轮廓和拉伸约束。工作平面可以为模型的表面、参照标高确定的平面和参照平面确定的平面；拉伸轮廓必须为一个或多个闭合的轮廓，但是轮廓线条不能相交；拉伸约束的起点和终点的数值是相对参照的工作平面而言，既可以为正值，也可以为负值，但应保证起点和终点不在同一位置。

2. 融合

"融合"可将两个同一法线方向、不同位置的闭合轮廓生成几何模型。融合的方式较为复杂，下面介绍"融合"工具🔲的使用方式。

图9-20

在"创建"选项卡中单击"融合"按钮🔲，如图9-20所示。

在激活的"修改|创建融合底部边界"上下文选项卡中选择"绘制"栏内合适的工具绘制底部轮廓，如正六边形，接着在"属性"面板中设置"第一端点"为0mm、"第二端点"为300mm，最后单击"编辑顶部"按钮🔲，如图9-21所示。

这时将自动激活"修改|创建融合顶部边界"上下文选项卡，同时绘制完成的底部轮廓显示为灰色，选择适当的命令绘制顶部的形状，如圆形，最后单击"完成编辑模式"按钮✔完成融合模型的创建，如图9-22所示。

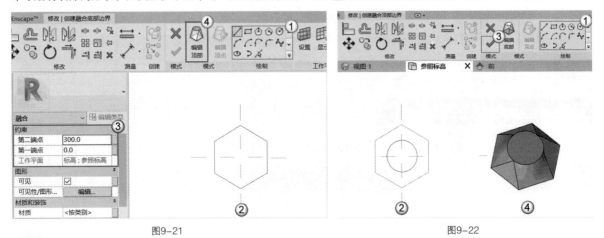

图9-21　　　　　　　　　　　　　　　　图9-22

> **提示**　融合模型的要素包括对工作平面、第一端点的位置及轮廓、第二端点的位置及轮廓的设置。切记不要在未单击"编辑顶部"🔲的情况下直接绘制顶部轮廓，否则将出现错误提示。

3. 旋转

"旋转"可通过闭合的轮廓和旋转轴线生成指定角度的几何模型。下面介绍"旋转"工具的使用方式。

在"创建"选项卡中单击"旋转"按钮，如图9-23所示。

这时将激活"修改|创建旋转"上下文选项卡，单击"边界线"按钮并选择合适的工具绘制旋转轮廓，再单击"轴线"按钮绘制旋转的轴线，然后在"属性"面板内设置旋转的"结束角度"为270°、"起始角度"为0°，最后单击"完成编辑模式"按钮完成模型的创建，如图9-24所示。

图9-23

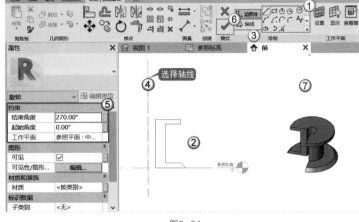

图9-24

> **提示** 旋转模型的要素包括对旋转的轮廓、旋转的轴线和旋转的角度的设置。

4. 放样

"放样"可将轮廓按照指定的路径生成几何形状，相比拉伸而言，放样可对路径进行编辑。下面介绍"放样"工具的使用方式。

在"创建"选项卡中单击"放样"按钮，如图9-25所示。

在激活的"修改|放样"上下文选项卡中单击"绘制路径"按钮并选择合适的工具绘制放样的路径，路径绘制完成后单击"编辑轮廓"按钮切换至和路径垂直的平面并绘制垂直轮廓，最后单击"完成编辑模式"按钮完成放样模型的创建，如图9-26所示。

图9-25

图9-26

> **提示** 若要成功完成放样，需要把握好放样轮廓和放样路径的使用条件。放样的路径既可以是平面路径，又可以是通过"拾取路径"工具创建的三维立体路径；放样的轮廓既可以在族中直接绘制，又可以通过"选择路径"工具选择内嵌到当前族样板中的轮廓族。创建轮廓时需注意轮廓必须和路径相匹配，如果轮廓的尺寸过大，那么可能因不满足几何条件而造成创建放样失败。

5. 放样融合

"放样融合"是通过指定路径将两个轮廓生成几何模型。放样融合的方式非常复杂，下面介绍"放样融合"工具的使用方式。

在"创建"选项卡中单击"放样融合"按钮，如图9-27所示。

图9-27

在激活的"修改|放样融合"上下文选项卡中单击"绘制路径"按钮✍，如图9-28所示，激活"修改|放样融合>绘制路径"上下文选项卡，选择合适的工具绘制放样融合的路径，然后单击"完成编辑模式"按钮✔完成路径的绘制，如图9-29所示。

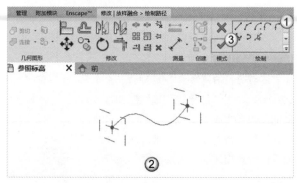

图9-29

图9-28

单击"选择轮廓1"按钮，将激活"编辑轮廓"按钮，继续单击"编辑轮廓"按钮，如图9-30所示。在激活的"修改|放样融合>编辑轮廓"上下文选项卡中使用绘制工具绘制第1个端点的轮廓，最后单击"完成编辑模式"按钮✔完成轮廓的编辑，如图9-31所示。

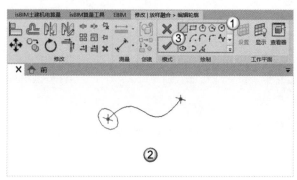

图9-31

图9-30

按照同样的方式单击"选择轮廓2"按钮，然后使用"编辑轮廓"工具绘制第2个端点的轮廓，如图9-32所示。绘制完路径和轮廓后，依次单击"完成编辑模式"按钮✔退出设置，完成放样融合的模型创建，如图9-33所示。

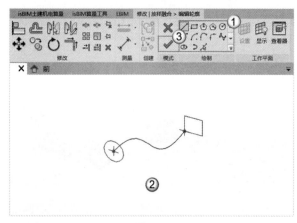

图9-32

图9-33

提示 放样融合综合考虑了放样和融合两种要素，不仅具有可变路径，还要考虑两个路径在非平行平面，即在和放样融合的两个端点法线垂直的方向绘制轮廓。

6. 空心形状

空心心形状是对实心形状的剪切，一般使用空心拉伸、空心融合、空心旋转、空心放样和空心放样融合5种工具的空心形状剪切实心形状模型，如图9-34所示。

图9-34

创建之前先设置空心形状的基准工作面,在"创建"选项卡中单击"显示"按钮🔲显示当前的工作平面,如图9-35所示。

单击"设置"按钮🔲,在弹出的"工作平面"对话框中设置"指定新的工作平面"为"拾取一个平面",然后单击"确定"按钮,接着拾取需要创建的空心形状的工作平面,如三维模型的表面,如图9-36所示。

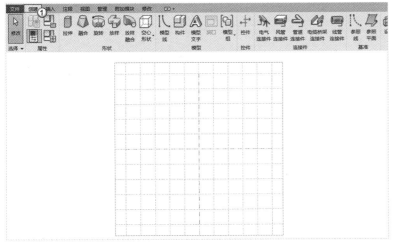

图9-35

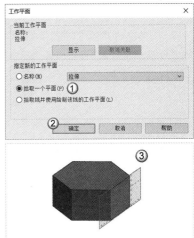

图9-36

在"创建"选项卡中执行"空心形状>空心拉伸"命令🔲,如图9-37所示。

图9-37

在激活的"修改|创建空心拉伸"上下文选项卡中选择合适的工具绘制空心轮廓,并在它的"属性"面板中设置空心拉伸的"拉伸终点"为6000mm,最后单击"完成编辑模式"按钮✔完成模型的创建,如图9-38所示,最终效果如图9-39所示。

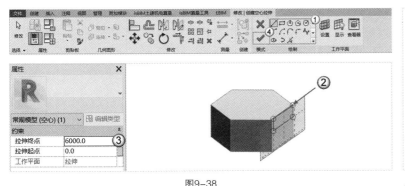

图9-38

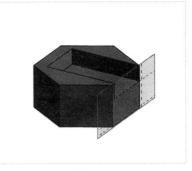

图9-39

提示 除了使用上述方式直接创建空心形状剪切实心模型外,还可以先创建实心模型,然后选中该模型并在"属性"面板中设置"实心/空心"为"空心",接着在"修改"选项卡中通过"剪切"工具🔲对与之相交的实心模型进行剪切。在使用第2种方法时需要注意,虽然实心模型可转换为空心模型,但是空心模型不可转换为实心模型。

项目案例：创建并放置参数化支吊架

素材位置	素材文件>CH09>项目案例：创建并放置参数化支吊架
实例位置	实例文件>CH09>项目案例：创建并放置参数化支吊架
视频名称	项目案例：创建并放置参数化支吊架.mp4
学习目标	熟练掌握族形状创建工具

扫码观看视频

创建图9-40所示的支吊架构件，并将支吊架模型放置到"项目案例：创建并放置参数化支吊架.rvt"项目中的管道位置，通过调整参数使其满足支吊架的安装要求（图示尺寸仅作参考），如图9-41所示。

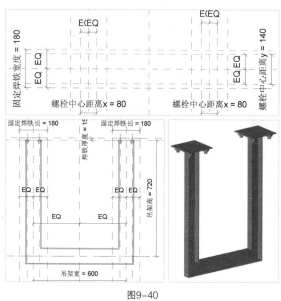

图9-40

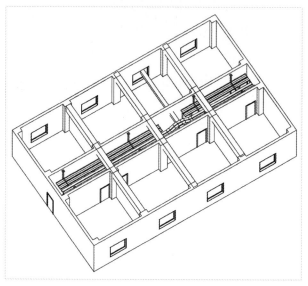

图9-41

1. 建模分析

支吊架是管道、风管和桥架的支撑受力构件，一般可归类为常规模型类，在项目中一般可基于楼板、梁底、墙面和管道等构件进行创建。综合考虑建议采用基于面的"公制常规模型"来创建支吊架。

建立模型前需考虑放置的基准面，如果是基于楼板底部放置，那么应将焊接铁片的表面定义为原点；如果是将管道底部作为放置面，那么需将槽钢的内侧定义为原点。确定好原点后，创建参照平面并添加尺寸参数，大致确定支吊架的高度参数，并检测其中的参数是否随参数值的变化而改变。

2. 创建定位参数

在创建族时，可通过参照平面对构件进行定位。

⊙ 选择样板

打开Revit，单击"族"列表中的"新建"选项，并在弹出的"新族–选择样板文件"对话框中选择"公制常规模型.rft"族样板，然后单击"打开"按钮，如图9-42所示，即可进入公制常规模型的族编辑界面，如图9-43所示。

图9-42

图9-43

⊙ 创建支吊架外形

01 切换至"前"立面视图,然后在"创建"选项卡中单击"参照平面"按钮 ⚑,如图9-44所示。

图9-44

02 在激活的"修改|放置 参照平面"上下文选项卡中使用"直线"工具 ✐,以默认的中心线为参照分别在两侧创建3条垂直的参照平面,并在底部绘制一条水平的参考面,确定好偏移量和角度后单击即可,然后在"注释"选项卡中使用"对齐"工具 ✐ 对参照平面进行标注,位置关系如图9-45所示。

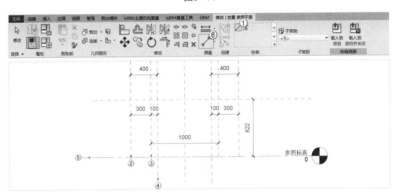

图9-45

> **提示** 除此之外,还可以使用"拾取线"工具 ✐ 创建参照平面,然后在选项栏中输入"偏移"的具体数值即可,如图9-46所示。

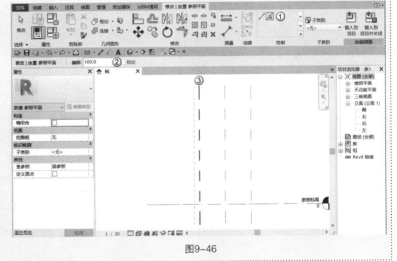

图9-46

03 添加尺寸约束参数。选择连续标注的尺寸标签,然后单击 ⚏ 图标,使其变为等分状态 **EQ**,连续标注的尺寸即可被均分,如图9-47所示。

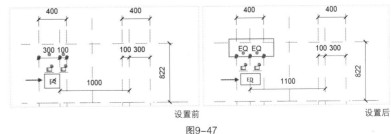

设置前   设置后

图9-47

04 选中非连续标注的尺寸标签，在"修改|尺寸标注"上下文选项卡中单击"创建参数"按钮，如图9-48所示。

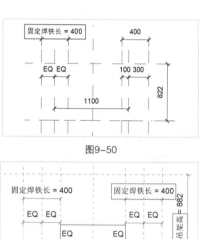

图9-48

在弹出的"参数属性"对话框中设置"参数类型"为"族参数"、"名称"为"固定焊铁长"，然后选中"类型"选项，单击"确定"按钮，如图9-49所示，效果如图9-50所示。

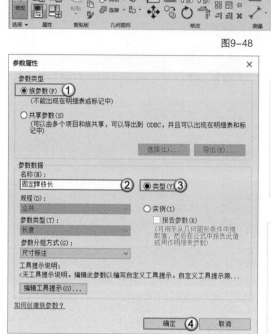

图9-49

05 按照同样的方法，在"前"立面视图中，关联右侧的"固定焊铁长"参数，并为"吊架宽"和"吊架高"添加参数，如图9-51所示。

图9-50

图9-51

06 切换至"参照标高"平面，在平面视图中创建定位参照平面，并对平面进行标注和均分处理（变为等分状态EQ），然后添加"螺栓中心距离y""螺栓中心距离x""固定焊铁宽度"参数标签，如图9-52所示。

07 设置完成后，在"创建"选项卡中单击"族类型"按钮，在弹出的"族类型"对话框中设置"吊架宽"为600mm、"吊架高（默认）"为720mm、"固定焊铁宽度"为180mm、"固定焊铁长"为180mm、"螺栓中心距离x"为80mm、"螺栓中心距离y"为140mm，如图9-53所示。修改完成后，对应的参数平面尺寸也会发生改变，如图9-54所示。

图9-53

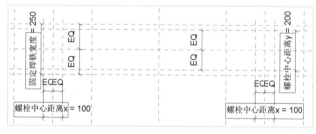

图9-52

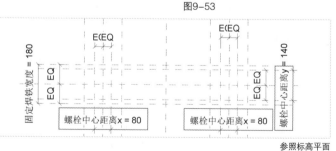

前立面　　　　　　　　　　　　　　　　　　　参照标高平面

图9-54

3. 创建形状

案例中的支吊架主要由3部分组成，分别为槽钢、固定焊铁和螺栓，接下来逐一对其进行创建。

⊙ 创建槽钢

01 在"项目浏览器"中切换至"前"立面视图，如图9-55所示。

02 在"创建"选项卡中单击"放样"按钮🔄，激活"修改|放样"上下文选项卡，然后单击"绘制路径"按钮✍，如图9-56所示。在激活的"修改|放样>绘制路径"上下文选项卡中使用"线"工具✍绘制图9-57所示的轮廓，单击"完成编辑模式"按钮✔完成轮廓的创建。

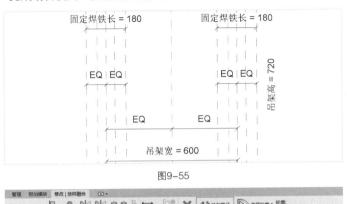

图9-55

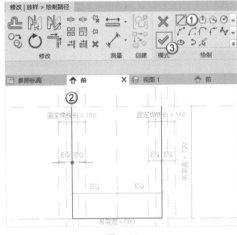

图9-57

图9-56

03 在"修改|放样"上下文选项卡中依次单击"选择轮廓"按钮🔄和"编辑轮廓"按钮🔄对轮廓继续进行编辑，如图9-58所示，然后在弹出的"转到视图"对话框中选择"楼层平面：参照标高"选项，接着单击"打开视图"按钮，如图9-59所示。

图9-58

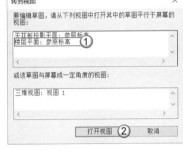

图9-59

04 这时将切换至"参照标高"视图，同时激活"修改|放样>编辑轮廓"上下文选项卡，然后使用"线"工具✍在视图中绘制图9-60所示的轮廓，绘制完成后依次单击"完成编辑模式"按钮✔完成轮廓的创建。

05 切换至三维视图进行查看，效果如图9-61所示。

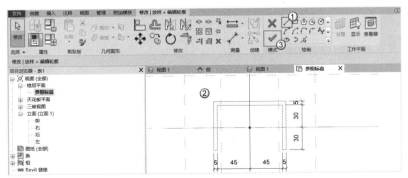

图9-60

图9-61

⊙ 创建固定焊铁

01 槽钢末端共有两块焊铁，可通过拉伸进行创建，切换至"参照标高"平面，然后单击"拉伸"按钮，激活"修改|创建拉伸"上下文选项卡，并基于固定焊铁的参照平面边界使用"矩形"工具绘制两个封闭的矩形，然后单击"完成编辑模式"按钮✔完成拉伸的创建，如图9-62所示。

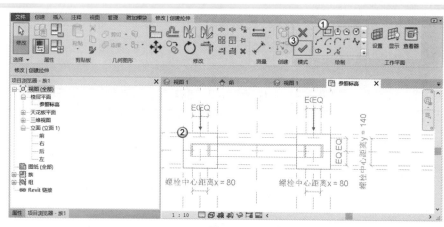

图9-62

02 切换至"前"立面视图，可以看到创建的焊铁如图9-63所示，然后在槽钢顶部创建一个参照平面，并添加名称为"焊铁厚度"的标签参数，如图9-64所示。

03 选中焊铁，并分别拖曳顶部的▲图标，使其分别和控制焊铁厚度的两个参照平面对齐。拖曳后单击图标，使其变为锁定状态，焊铁的厚度即可通过添加的参数进行控制，如图9-65所示。

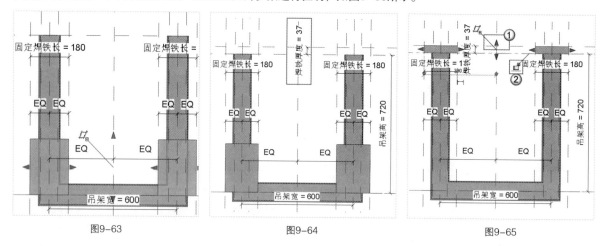

图9-63   图9-64   图9-65

⊙ 创建螺栓

01 切换至"参照标高"视图，然后在"插入"选项卡中单击"载入族"按钮，将"素材文件>CH09>项目案例：创建并放置参数化支吊架>螺栓.rfa"载入项目，如图9-66所示。

图9-66

02 在"创建"选项卡中单击"构件"按钮📦，然后将螺栓移动到参照平面的交点处进行放置，并单击📌图标使其变为锁定状态📌，将螺栓与参照平面进行锁定，如图9-67所示。按照同样的方式，在立面视图中，将螺栓移动到焊铁底部并锁定，如图9-68所示。

03 按照同样的方式，完成8个螺栓的创建，效果如图9-69所示。

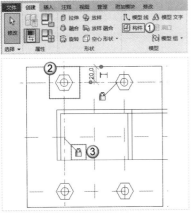

图9-67

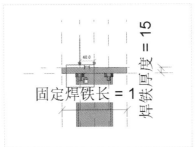

图9-68

图9-69

⊙ 添加材质

01 选择创建的槽钢、焊铁模型，在"属性"面板中单击"材质"右侧的📦按钮，弹出"材质浏览器"对话框，然后选择材质为"铁，铸锻"，如图9-70所示。

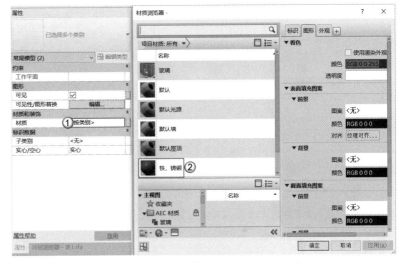

图9-70

02 在视图控制栏中将"视觉样式"切换为"真实"🔲，即可显示真实的样式，单击"确定"按钮，即可将材质附着到对应的构件上，如图9-71所示。

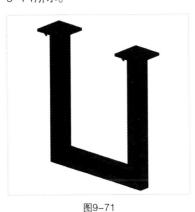

图9-71

提示 需要注意添加了材质参数标签的构件将不能在"属性"面板中修改材质。添加后"属性"面板的"材质和装饰"选项将显示为灰色，无法对其进行编辑，如图9-72所示。此时的"材质"只能通过单击"族类型"按钮📳打开"族类型"对话框进行修改，如图9-73所示。

图9-72　　　　图9-73

⊙ **保存族**

创建完成后，单击快速访问工具栏中的"保存"按钮 **圖**，在弹出的"另存为"对话框中浏览所需位置，将创建的族保存为"支吊架.rfa"备用，如图9-74所示。

图9-74

4. 放置支吊架

01 打开"素材文件>CH09>项目案例：创建并放置参数化支吊架>项目案例1 创建参数支吊架.rvt"，将项目中的管道、风管和桥架的底高度调成同一高度，也就是2750mm（高度的调整方法参照前面章节的内容，或根据在线视频进行调整），如图9-75所示。

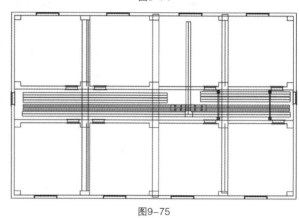

图9-75

02 单击"载入族"按钮，将本例创建的"支吊架"族载入项目。执行"构件>放置构件"命令 **圖**（快捷键为C+M），然后在支吊架的"属性"面板中设置"标高"为"标高1"、"偏移"为2700mm、"吊架高"为1135mm，接着单击"编辑类型"按钮，在弹出的"类型属性"对话框中设置"吊架宽"为1700mm，其他参数保持默认设置，如图9-76所示。

03 设置完成后，将支吊架放置在管道下方（可通过空格键调整支吊架的方向），如图9-77所示。

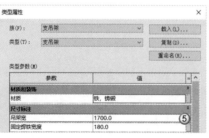
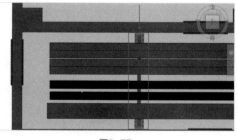

图9-76   图9-77

04 选中放置的支吊架，使用"修改"选项卡中的"复制"工具 **圖**，将创建的第1个支吊架复制到其他位置，如图9-78所示，三维效果如图9-79所示。放置完成后保存项目，完成本例的制作。

> **提示** 支吊架的放置距离应根据实际情况而定。

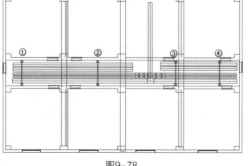
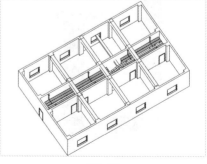

图9-78   图9-79

9.2 给排水族

给排水类的族文件常用于卫浴、消防等系统中。给排水族文件由构件的三维模型、尺寸（材质）参数、流量参数、水管连接件、文字和图例符号等构成，本节将以消火栓模型为例进行讲解，如图9-80所示。

图9-80

9.2.1 创建给排水族案例形状

本节以给排水中常用的消火栓为例，讲解给排水族的创建步骤。

1. 样板选择及创建准备

消火栓属于给排水中的设备，可以通过"公制机械设备"族来创建。打开Revit，通过新建族新建"公制机械设备"样板，即可打开公制机械设备的族编辑器，如图9-81所示。

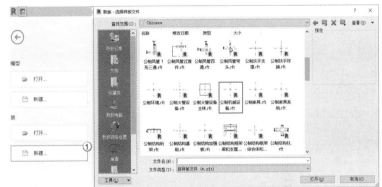

图9-81

> **提示** 除了使用上述的方式之外，还可以选择其他样板进行创建，如"基于面的公制常规模型"样板。但是在进入该样板后，需要单击"族类型和族参数"按钮，在弹出的"族类型和族参数"对话框中将"族类别"修改为"机械设备"。

在"公制机械设备"样板中仅创建了参照平面和确定放置的原点。单击"参照平面"按钮，然后切换至"前"立面视图，在参照标高的上方绘制一个参照平面，如图9-82所示。

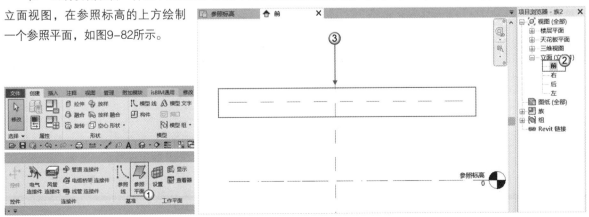

图9-82

选择该参照平面，并单击├┤图标，将临时尺寸标注转换为尺寸标注，如图9-83所示。

选中尺寸标注线，在激活的"修改|尺寸标注"上下文选项卡中单击"创建参数"按钮□可添加尺寸参数，如图9-84所示。

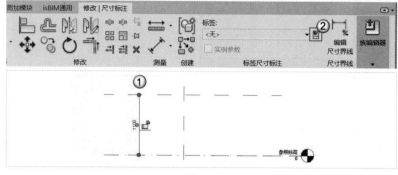

图9-83   图9-84

在弹出的"参数属性"对话框中选中"族参数"选项，然后设置"名称"为"安装高度"，并选中"实例"选项，单击"确定"按钮，如图9-85所示。单击"族类型"按钮□，在弹出的"族类型"对话框中修改"安装高度（默认）"为1100mm，单击"应用"按钮，设置完成后，调整参照平面的高度，效果如图9-86所示。

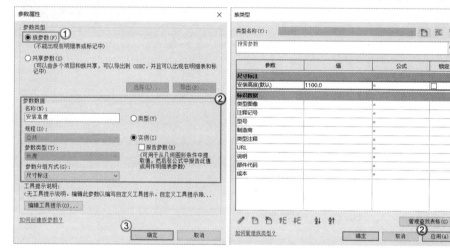

图9-85   图9-86

按照同样的方法在立面创建模型，并设置高度和宽度的参数。除了使用临时尺寸标注外，还可以在"注释"选项卡中选择"对齐"工具✏添加尺寸标签。如果需要使尺寸以中心线为基准随参数值均等变化，那么可以连续标注3个参照平面的尺寸生成连续的尺寸标签，然后单击EQ图标使其变为等分状态EQ，如图9-87所示。

选中被均分的总尺寸标签，然后单击"创建参数"按钮□创建对应的参数，如"宽度"和"高度"，如图9-88所示。

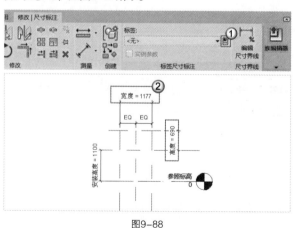

图9-87   图9-88

同一型号的构件的安装高度可能不同，但是由于其尺寸一般相同，因此可将长度、宽度的参数设置为类型参数，添加完成后单击"族类型"按钮，在弹出的"族类型"对话框进行查看，如图9-89所示。

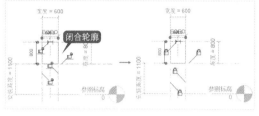

参数	值	公式	锁定
尺寸标注			
安装高度(默认)	1100.0	=	☐
宽度	1176.6	=	☐
高度	689.8	=	☐
标识数据			

图9-89

> **提示**　一个尺寸标签仅可添加一个尺寸参数，在添加时应保证各尺寸参数之间的逻辑关系正确，否则会出现超出约束限制条件的错误提示。可先添加尺寸参数再建模，也可以先建模再添加参数。建议每添加一次参数，就习惯性地修改一次参数值，观察修改后的参数值是否能驱动（尺寸会不会跟着变化）参照平面或模型的尺寸，避免后期修改参数。

2. 创建模型并关联参数

使用"拉伸"工具在立面创建闭合的轮廓，单击图标，将编辑的轮廓和参照平面锁定，调整完成后单击"完成编辑模式"按钮，如图9-90所示。

> **提示**　如果绘制后忘记锁定，可通过"修改"选项卡中的"对齐"工具，将轮廓线和需要锁定的边线对齐，这时将会出现图标，单击后即可完成锁定。

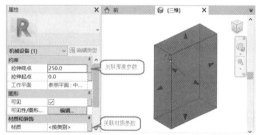

图9-90

切换至三维视图，选择创建的拉伸模型，在"属性"面板中可修改"拉伸起点""拉伸终点""材质"等参数的属性，如图9-91所示。此外，还可以通过单击对应选项右侧的按钮添加对应参数的名称，如"拉伸终点"可关联为"消火栓箱厚度"，"材质"可关联为"消火栓箱材质"。

> **提示**　如果需要修改拉伸的轮廓，那么可以在"修改|拉伸"上下文选项卡中单击"编辑拉伸"按钮，待返回轮廓编辑状态后，即可再次对轮廓进行编辑。

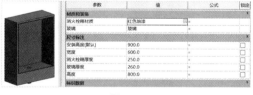

图9-91

单击"显示"按钮，设置消火栓箱的表面为工作平面，然后拾取该表面并通过创建空心形状对内部进行剪切，接着在剪切位置创建遮罩板，再通过"拉伸"工具在底部创建管道接口，并设置管道接口的管径为50mm，最后为遮罩板添加材质参数，如图9-92所示。

参数	值	公式	锁定
材质和装饰			
消火栓箱材质	红色油漆	=	☐
玻璃	玻璃	=	☐
尺寸标注			
安装高度(默认)	900.0	=	☐
宽度	600.0	=	☐
消火栓箱厚度	250.0	=	☐
玻璃厚度	260.0	=	☐
高度	800.0	=	☐
标识数据			

图9-92

选中进水口构件，对进水口的轮廓进行修改。使用"半径"工具标注进水口的半径，并设置半径标注的"标签"为"进水口半径"，如图9-93所示。打开"族类型"对话框，单击下方的"新建参数"按钮，添加名称为"进水口直径"的尺寸参数，并在"进水口直径"后方的"公式"列中输入"=2×进水口半径"，即可将半径参数和直径参数进行关联（修改其中任意一个参数的值，另一个值也会随之改变），如图9-94所示。

图9-93

参数	值	公式
材质和装饰		
消火栓箱材质	红色油漆	=
玻璃	玻璃	=
尺寸标注		
安装高度(默认)	900.0	=
宽度	600.0	=
消火栓箱厚度	250.0	=
玻璃厚度	260.0	=
进水口半径	25.0	=
进水口直径	50.0	= 2 * 进水口半径
高度	800.0	=
标识数据		

图9-94

除此之外，也可以通过"新建参数"按钮📄创建其他参数，如文字参数、机械流量参数等。添加的方法和尺寸参数添加的方法相似，在此不再赘述。

9.2.2 添加管道连接件

创建的模型仅为构件的形状，如果需要在项目中和管道进行连接，那么还需要创建相应的管道连接件。

1. 添加管道连接件

在"创建"选项卡中单击"管道连接件"按钮🔗，如图9-95所示。

图9-95

这时将自动激活"修改|放置 管道连接件"上下文选项卡。在"放置"面板中有两种放置选项，分别为"面"和"工作平面"，选择"面"🖑放置时可直接将连接件放置到构件的表面，选择"工作平面"◈放置时需设置工作平面后进行放置。选择其中一种方式（如"面"🖑）进行放置，然后将连接件放置到管道的末端，如图9-96所示。

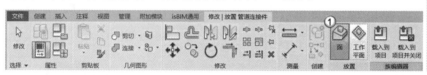

图9-96

2. 连接件参数设置

选中放置的管道连接件，在"属性"面板中显示了该管道连接件的属性，可修改"系统分类"为"其他消防系统"。如果连接件的管道直径为固定值，那么可直接在"直径"后输入管道的值；如果直径随进水口的直径改变，那么应单击右侧的📄按钮，待弹出"关联族参数"对话框后，选择已创建的"进水口直径"参数，然后单击"确定"按钮，如图9-97所示，连接件的直径即可和模型中构件的直径进行关联，效果如图9-98所示。

提示 建立关联后，若修改进水口的直径数值，同样会影响到连接件的半径。

图9-97

图9-98

连接件添加完成后，即可在项目中将对应系统的管道连接到机械设备，也可以直接通过连接件创建对应系统的管道。

9.2.3 文字及图例

在创建族时，还需要设置一些其他内容，如构件表面的文字标识、平立面表达的图例等。默认创建的消火栓在平面会显示为图9-99左侧的样式，而在出图时往往需要显示为图9-99右侧所示的样式，这就需要对消火栓实体构件的可见性进行处理。

图9-99

1. 模型文字

模型文字是三维的文字注释,可基于构件的表面进行创建。通过"显示"工具🖳,设置工作平面为消火栓的表面,并勾选"显示工作平面"选项。在"创建"选项卡中单击"模型文字"按钮🅰,弹出"编辑文字"对话框,然后在对话框中输入文字内容,确定后将鼠标指针移动到目标位置并单击,即可生成模型文字,如图9-100所示。

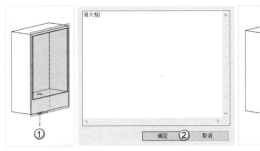

图9-100

放置完模型文字后,单击"编辑类型"按钮🖭,弹出"类型属性"对话框,单击"重命名"按钮,将类型名称重命名为"消火栓文字",然后设置"文字字体"为Arial、"文字大小"为60,如图9-101所示。在"属性"面板中对模型文字的其他参数进行编辑,如设置模型文字的"水平对齐"为"左"、"材质"为"白色涂料"、"深度"为10mm,修改完成后即可将属性应用到模型文字,效果如图9-102所示。

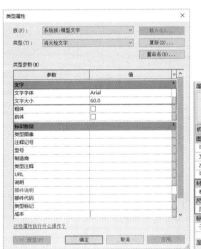

图9-101

图9-102

> **提示** 对于值可变的文字,可在"属性"面板中单击"文字"选项右侧的▯按钮来添加对应的文字参数,如图9-103所示。
>
>
>
> 图9-103

2. 图例

项目中的图例可用符号线和详图构件来创建。切换至"参照标高"视图,选择视图中可见的实心模型(可配合过滤器进行选择),然后在"属性"面板中单击"可见性/图形替换"选项右侧的"编辑"按钮,如图9-104所示。

在弹出的"族图元可见性设置"对话框中取消勾选"平面/天花板平面视图""前/后视图""左/右视图"选项,单击"确定"按钮,如图9-105所示。设置完成后,当族载入项目中时仅在三维视图中可见。

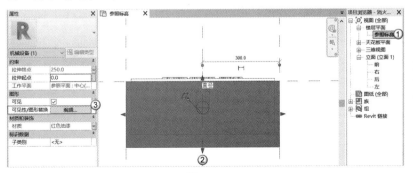

图9-104

图9-105

> **提示** 如果需要按照视图的详细程度确定构件是否显示,那么也可以在"详细程度"一栏中勾选需要显示构件的视图属性。

通过符号线创建矩形线框。在"注释"选项卡中单击"符号线"按钮，如图9-106所示。

这时将自动激活"修改I放置 符号线"上下文选项卡，然后设置该构件的"子类别"为"机械设备"，接着选择工具进行绘制，如选择"矩形"工具。绘制完成后单击图标将其变为锁定状态，即可完成符号线的边界和模型边界的锁定，如图9-107所示。

图例中的实体填充部分可以通过嵌套族的形式创建。在"插入"选项卡中单击"载入族"按钮，载入详图项目族文件，如图9-108所示。

在"注释"选项卡中单击"详图构件"按钮，如图9-109所示。

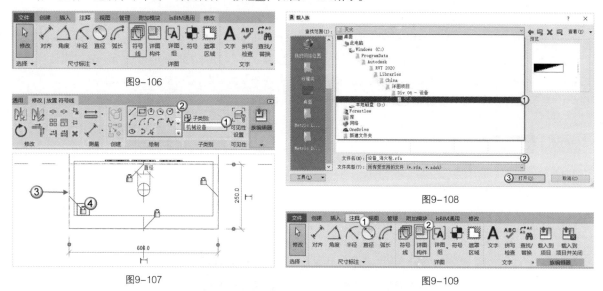

图9-106

图9-107

图9-108

图9-109

在激活的"属性"面板中设置"宽度"为250mm、"长度"为600mm，然后在"修改I放置 详图构件"上下文选项卡中使用"放置在工作平面上"工具对构件进行放置，如图9-110所示。

放置后将详图项目的边界和消火栓的轮廓边界锁定，如图9-111所示。锁定完成后，由于在"设备_消火栓"详图族的"属性"面板中将对应的尺寸和当前消火栓族的尺寸关联到一起，因此当修改消火栓的尺寸时，详图项目的尺寸也会随之变化。单击空白位置，放弃对详图族的选择，即可查看消火栓在平面视图中的视觉样式，如图9-112所示。

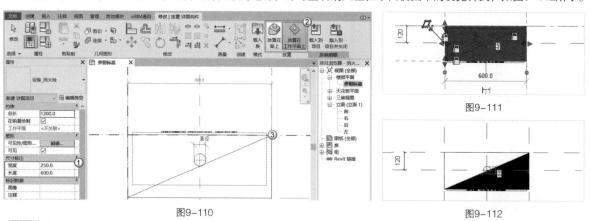

图9-110

图9-111

图9-112

提示 嵌套族是在建族时将其他族载入当前族进行使用并和参数关联，使之成为当前族的组成部分的一种创建族的方式。使用嵌套族可以简化对复杂族的创建，被嵌套的族文件可以为默认族库中的族文件，也可以为自定义创建的族文件。

符号线仅在当前视图中可见，在其他视图不可见，而模型线属于三维图形，在平面图、立面图、剖面图及三维视图中均可见。模型线也可作为放样的路径，在一定条件下可相互转化。

创建消火栓族文件后，将其保存为RFA格式的文件，并载入项目中使用。

项目案例：创建并放置参数化水龙头

素材位置	素材文件>CH09>项目案例：创建并放置参数化水龙头
实例位置	实例文件>CH09>项目案例：创建并放置参数化水龙头
视频名称	项目案例：创建并放置参数化水龙头.mp4
学习目标	掌握给排水族中水龙头的创建方法

创建图9-113所示的水龙头构件和进水口管件，并将水龙头构件放置到"项目案例2 创建参数化水龙头.rvt"项目中的管道位置，通过调整参数使其满足水龙头的放置要求（图示尺寸仅作参考），如图9-114所示。

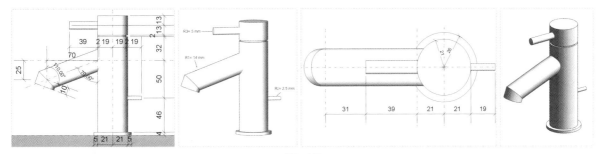

图9-113

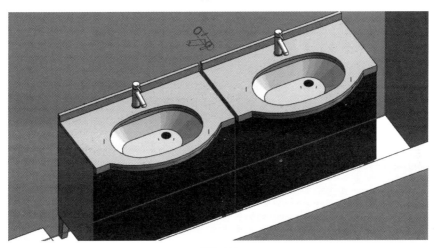

图9-114

1. 建模分析

水龙头一般是管道末端的连接构件，属于管道附件族类别，根据其他的功能特点又可以将其归类为卫浴装置。本例所创建的水龙头常见于卫生间洗手池，一般附着在洗手池的表面。因此在选择样板时可选择"公制常规模型""基于面的公制常规模型"等样板进行创建，"族类型"可修改为"卫浴装置"或"管道附件"。

本例选择的构件虽然看似复杂，但是可以分为3个部分进行创建，分别为主体、手柄和出水口，需要熟练运用"放样" 、"拉伸" 、"旋转" 和"空心形状"命令。

2. 创建形状

水龙头安装在洗手台上，因此可通过"基于面的公制常规模型"族样板创建。

⊙ **选择样板**

　　打开Revit，单击"族"列表中的"新建"选项，打开"新族－选择样板文件"对话框，选择"基于面的公制常规模型.rft"族样板，单击"打开"按钮，如图9-115所示。此时将进入基于面的公制常规模型的族编辑界面，如图9-116所示。

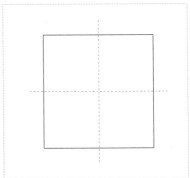

图9-115　　　　　　　　　　　　　　　　　　图9-116

⊙ **创建主体**

01 切换至"前"立面视图，如图9-117所示。

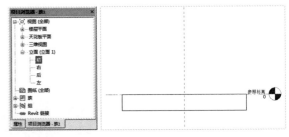

图9-117

02 在"创建"选项卡中单击"旋转"按钮，在激活的"修改|创建旋转"上下文选项卡中单击"边界线"按钮，创建图9-118中③所示的轮廓，创建完成后单击"轴线"按钮，在图9-118中⑤所示的位置绘制旋转的中心线。

03 轴线和边界线绘制完成后，单击"完成编辑模式"按钮✓完成水龙头主体的创建，如图9-119所示。

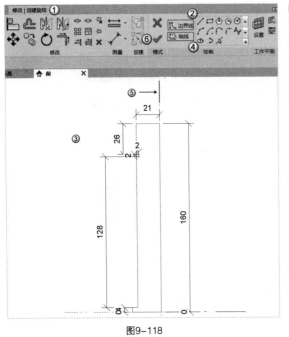
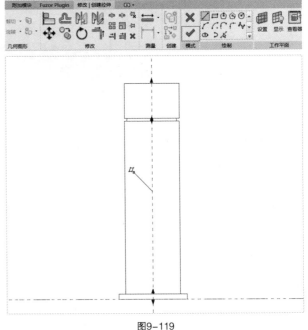

图9-118　　　　　　　　　　　　　　　　　　图9-119

⊙ 创建手柄

01 切换至"右"立面视图，然后在"创建"选项卡中单击"拉伸"按钮 ⬚，在激活的"修改|创建拉伸"上下文选项卡中使用"圆形"工具 ⊘ 绘制手柄的轮廓部分，接着在距离放置面50mm的位置（可通过参照平面确定）绘制一个半径为2.5mm的圆形轮廓，最后在选项栏中设置拉伸的"深度"为40mm，单击"完成编辑模式"按钮 ✔ 完成第1个手柄的创建，效果如图9-120所示。

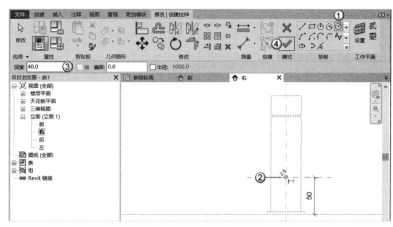

图9-120

02 按照同样的方法，使用"拉伸"工具 ⬚ 在距离顶部13mm的位置绘制一个半径为5mm的圆，在选项栏或"属性"面板内设置拉伸的"深度"或"拉伸终点"为-60mm，单击"完成编辑模式"按钮 ✔ 完成第2个手柄的创建，效果如图9-121所示。

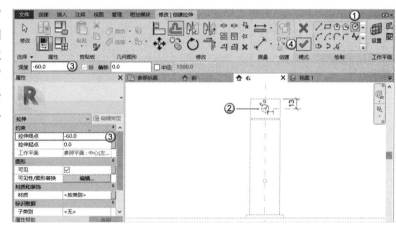

图9-121

⊙ 创建出水管

01 切换至"前"立面视图，先创建图9-122所示的定位参照平面（快捷键为R+P），然后在"创建"选项卡中单击"放样"按钮 ⊕，在激活的"修改|放样"上下文选项卡中使用"绘制路径"工具 ⌒ 绘制图9-123所示的放样路径，单击"完成编辑模式"按钮 ✔。

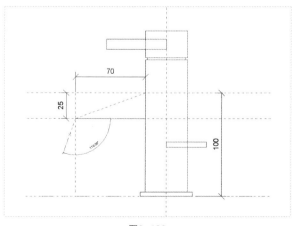

图9-122

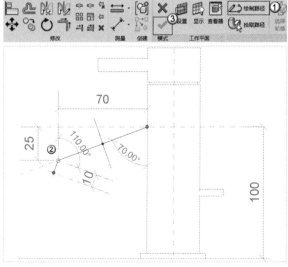

图9-123

02 在"修改|放样"上下文选项卡中先单击"选择轮廓"按钮，再单击"编辑轮廓"按钮，然后在弹出的"转到视图"对话框中选择"三维视图：视图 1"选项，最后单击"打开视图"按钮，如图9-124所示。

图9-124

03 这时将自动跳转至三维视图，在放样路径的轮廓控制点绘制一个半径为14mm的圆，单击"完成编辑模式"按钮完成轮廓的编辑，如图9-125所示。

04 单击"完成编辑模式"按钮完成放样模型的编辑，效果如图9-126所示。

图9-125

图9-126

05 如果创建的形状不能与主体准确连接，那么可以选择放样模型，通过"编辑放样"命令重新编辑路径，将路径延伸至主体内部，如图9-127所示。编辑完成后的效果如图9-128所示。

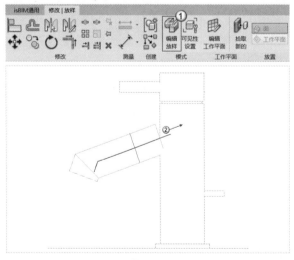

图9-127

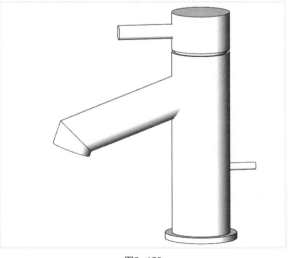

图9-128

06 框选创建的所有构件，在"属性"面板中单击"材质"右侧的  按钮，可在弹出的"材质浏览器"对话框中选择材质，如"层压板，白色"，如图9-129所示。选择完成后，构件的效果如图9-130所示。

> **提示** 如果需要将模型制作得更精细，那么还可以在水管龙头的内部创建空心模型。可以先创建实心形状，然后将属性栏标识数据中的"实心/空心"选项修改为空心，即可生成空心形状，如图9-129右图所示。

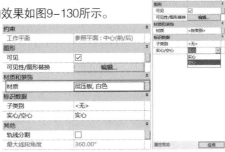

图9-129

图9-130

3. 添加参数化连接件

前面完成了形状的创建，接下来添加管道的连接件。

⊙ 添加连接件

01 在"创建"选项卡中单击"管道连接件"按钮 ，如图9-131所示。

02 在激活的"修改|放置 管道连接件"上下文选项卡中单击"面"按钮 ，并单击水龙头的底部，完成连接件的添加，如图9-132所示。

图9-131

图9-132

03 选择放置的管道连接件，并在"属性"面板中设置"直径"为25mm、"系统分类"为"家用冷水"，如图9-133所示，此时连接件即可变为图9-134所示的样式。

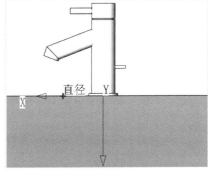

图9-133

图9-134

⊙ 保存族

单击快速访问工具栏中的"保存"按钮 ，在弹出的"另存为"对话框中浏览所需位置，将创建的族保存为"自定义水龙头.rfa"备用，如图9-135所示。

图9-135

4．放置水龙头

01 打开"素材文件>CH09>项目案例：创建并放置参数化水龙头>项目案例2 创建参数化水龙头.rvt"，如图9-136所示。

02 单击"载入族"按钮，将本节创建的"自定义水龙头.rfa"族载入项目。在"创建"选项卡中执行"构件>放置构件"命令，在激活的"修改|放置 构件"上下文选项卡中使用"放置在面上"工具将水龙头依次放置到洗手池的台面，如图9-137所示。放置完成后保存项目，完成本例的制作。

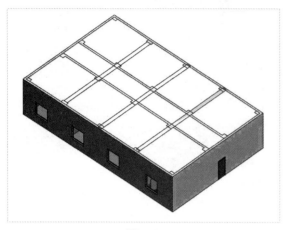

图9-136

图9-137

9.3 暖通族

暖通专业涉及的族文件种类较多，如风机盘管、散热器和风管管件等。本节将以风机盘管为例进行讲解，其模型如图9-138所示。

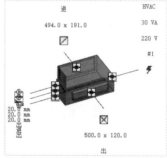

图9-138

9.3.1 创建暖通族案例形状

该风机盘管为卧式风机盘管，它由机身、风口、水管件接口和电气接口等构件组成，这些构件形状比较简单，通过"拉伸"工具即可创建全部的几何形状。

扫码观看视频

1．风机盘管族样板选择

风机盘管族属于机械设备类，在创建时可选择"公制机械设备"族样板。除此之外，也可以基于"公制常规模型"族样板进行创建。但是需要注意，创建完成后还需要在"族类别和族参数"对话框中修改"族类别"为"机械设备"，否则载入项目中后不会自动分类到机械设备类。

2. 风机盘管族机身创建

风机盘管的机身形状可以通过"拉伸"工具 🗌 来创建。

⊙ 创建定位参数

在机械设备族样板中提供了3个参照平面，并且定义了放置的原点。先在参照标高平面创建控制机身尺寸的参照平面，并添加图9-139所示的参数。

在"创建"选项卡中单击"拉伸"按钮 🗌，并将轮廓和参照平面进行锁定（锁定的方法参照本章"项目案例：创建并放置参数化支吊架"中的方法），锁定完成后单击"完成编辑模式"按钮 ✔，完成拉伸的创建，如图9-140所示。

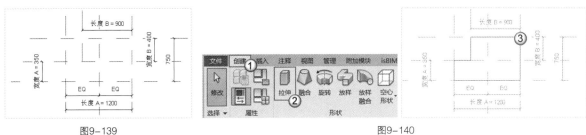

图9-139　　　　　　　　　　　　　　　　　　图9-140

切换至"前"立面视图，创建参照平面并添加高度参数，然后拖曳拉伸模型的 ▶ 图标，使边界和参照平面对齐，最后单击 🔓 图标将其变为锁定状态 🔒，如图9-141所示。

切换至三维视图可查看拉伸的三维模型，如图9-142所示，还可以调整族参数，改变拉伸的尺寸。

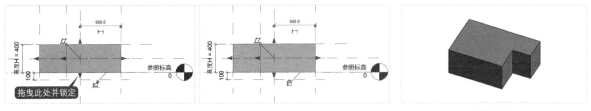

图9-141　　　　　　　　　　　　　　　　　　图9-142

使用"拉伸"工具 🗌 创建底座，如图9-143所示，然后通过"设置"工具 🗐 将"工作平面"设置到风口位置，接着创建风口并添加风口的尺寸参数（拉伸厚度均设置为50mm），得到进风口、出风口，效果如图9-144和图9-145所示。

同样切换至水管连接件所在的平面位置，然后使用"拉伸"工具 🗌 创建3个水管接口，并设置水管的半径为20，接着分别命名为"循环回水管半径""循环供水管半径""冷凝管半径"，如图9-146所示。

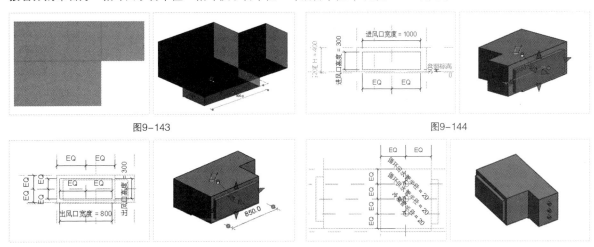

图9-143　　　　　　　　　　　　　　　　　　图9-144

图9-145　　　　　　　　　　　　　　　　　　图9-146

⊙ **绘制电气标识**

电气标识可以通过模型线直接在表面绘制，下面详细讲解模型线的绘制。在"创建"选项卡中单击"设置"按钮，然后选中连接件所在的平面，将其设置为创建电气连接件的"工作平面"，如图9-147所示。

在"创建"选项卡中单击"模型线"按钮，使用"线"工具绘制电气标识，如图9-148所示。

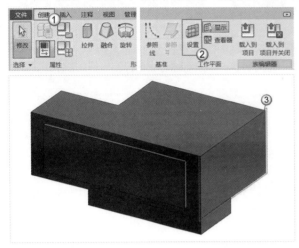

图9-147

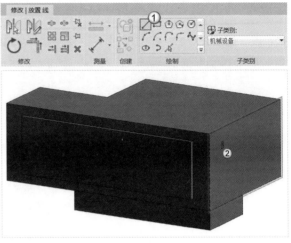

图9-148

⊙ **编辑参数**

模型创建完成后，还需对创建的参数进行编辑。例如添加管道的直径参数，并使之与对应的半径参数进行关联。在"创建"选项卡中单击"族类型"按钮，可在弹出的"族类型"对话框中查看全部的参数和参数值。单击下方的"新建"按钮，在弹出的"参数属性"对话框中可对风机盘管进行进一步的编辑，如设置"名称"为"冷凝管直径"、"参数分组方式"为"机械"，单击"确定"按钮即可添加新的管道，如图9-149所示。（使用同样的方法可分别创建其他管道参数，并以公式的形式和对应的半径参数进行关联，如设置"冷凝管直径"为"冷凝管半径×2"。）

图9-149

9.3.2 添加风管连接件

风机盘管的连接件包括"风管连接件""管道连接件""电气连接件"，本节将逐一添加。

1. 添加风管连接件

在"创建"选项卡中单击"风管连接件"按钮，如图9-150所示。

图9-150

这时将自动激活"修改|放置 风管连接件"上下文选项卡，选择放置的方式为"面"🔷，然后将该连接件移动到需要添加连接件的位置，如图9-151所示。在"属性"面板中设置"系统分类"为"送风"、"造型"为"矩形"，然

后分别单击"高度"和"宽度"右侧的▪按钮，并在弹出的"关联组参数"对话框中关联对应的参数值，即"进风口宽度"和"进风口高度"，如图9-152所示。使用同样的方法还可为出风口添加连接件。

图9-151

图9-152

2. 添加管道连接件

风机盘管的管道连接件的添加方法和风管连接件的添加方法相似，可通过"管道连接件"工具🔷进行添加，如图9-153所示。添加后仍需逐一关联管道的尺寸参数，注意管道的系统设置需和对应的管道接口保持一致，添加完成后效果如图9-154所示。

图9-154

图9-153

3. 添加电气连接件

电气连接件可通过"电气连接件"工具🔷进行添加，如图9-155所示。添加到电气标识位置后，可对电气的属性进行修改，如设置"系统类型"为"电力-平衡"、"极数"为3、"电压"为220V等，如图9-156所示。在"属性"面板对应选项的右侧的▪按钮，可设置参数为可变参数。

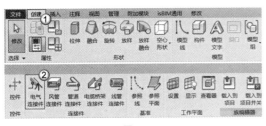

图9-155

图9-156

9.3.3 添加翻转控件

扫码观看视频

翻转控件是用于对构件的位置进行调整的功能。在"创建"选项卡中单击"控件"按钮⊹，如图9-157所示。

图9-157

这时将自动激活"修改|放置 控制点"上下文选项卡，然后选择合适的控件工具（如"双向垂直"工具），在需要放置控件的位置处单击，即可完成控件的放置，如图9-158所示。

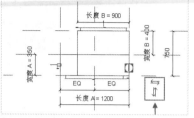

图9-158

> **提示** 控制点有单向垂直↑、双向垂直↕、单向水平→和双向水平⇄4种类型，应根据需要选择具体的方式进行添加。除此之外，也可以在项目中使用空格键翻转构件。

项目案例：创建并放置参数化百叶风口

素材位置	素材文件>CH09>项目案例：创建并放置参数化百叶风口
实例位置	实例文件>CH09>项目案例：创建并放置参数化百叶风口
视频名称	项目案例：创建并放置参数化百叶风口.mp4
学习目标	掌握暖通族中百叶风口的创建方法

扫码观看视频

创建图9-159所示的百叶风口构件，并将百叶风口放置到"项目案例3 创建参数化风口.rvt"项目中，通过调整参数使其满足百叶风口的放置要求（图示尺寸仅作参考），如图9-160所示。

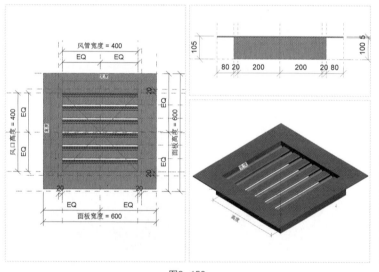

图9-159

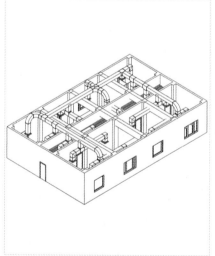

图9-160

1. 建模分析

风口族是风道或风机的末端，在Revit的"族类型和族参数"对话框中可将其归类为风管附件或风道末端。由于风口在放置时一般需基于风管或风机等构件，因此一般可选择"基于面的公制常规模型"样板进行创建，然后将"族类型"修改为"风道末端"。

风口族的形状包括风口的外围和内部的百叶扇，外围构件可通过拉伸创建，百叶可通过嵌套族的方式将创建好的百叶扇载入到风口族进行放置。

2. 创建形状

本例中，百叶风口的形状由风口外形、风道末端、百叶扇组成，下面创建百叶风口的形状。

⊙ 选择样板

01 打开Revit，单击"族"列表中的"新建"选项，弹出"新族 – 选择样板文件"对话框，选择"基于面的公制常规模型.rft"，然后单击"打开"按钮，如图9–161所示。此时会进入基于面的公制常规模型的族编辑界面，如图9–162所示。

02 在"创建"选项卡中单击"族类别和族参数"按钮，在弹出的"族类别和族参数"对话框中设置"族类别"为"风道末端"，单击"确定"按钮将修改后的族类别应用到当前样板，如图9–163所示。

图9–161

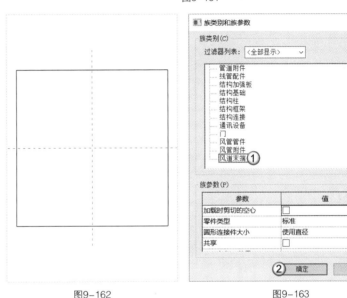

图9–162　　　　　　　　　　　图9–163

⊙ 创建风口外形

01 切换至"参照标高"平面，通过参照平面对面板和风口的尺寸进行定位。单击"参照平面"按钮，在激活的"修改|放置 参照平面"上下文选项卡中使用"拾取线"工具，以默认中心线为参照创建一个600mm×600mm的参照平面，然后创建一个400mm×400mm的参照平面，接着基于400mm×400mm的参照平面的4个边分别向外偏移20mm创建新的参照平面，如图9–164所示。

最外侧参照　　　　　　　　最内侧参照　　　　　　　中间层参照

图9–164

02 使用"注释"选项卡中的"对齐"工具✎对参照平面进行连续标注，然后选中图示连续标注的尺寸标签，单击🔐图标，使其变为等分状态**EQ**，这时连续标注的尺寸被均分，如图9-165所示。

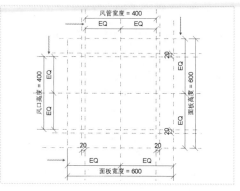

图9-165

⊙ 创建风口

01 在"创建"选项卡中单击"拉伸"按钮🔲，在激活的"修改|创建拉伸"上下文选项卡中使用"矩形"工具🔲绘制图9-166所示的轮廓，最后单击"完成编辑模式"按钮✔。

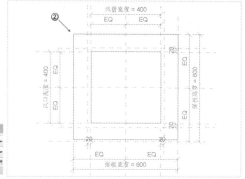

图9-166

02 在"属性"面板中设置"拉伸终点"为100mm、"拉伸起点"为105mm，并单击"材质"右侧的🔲按钮，在弹出的"关联族参数"对话框中单击"新建"按钮🔲，在弹出的"参数属性"对话框中设置"名称"为"材质"，最后单击"确定"按钮完成材质参数的添加，如图9-167所示。

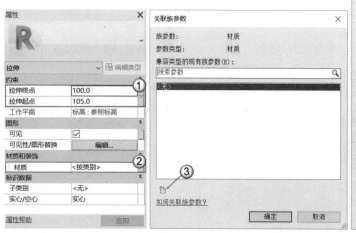

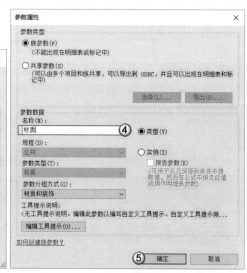

图9-167

> **提示** 　一般在未添加材质之前，材质默认显示为"按类别"，单击<按类别>右侧的🔲按钮可直接指定材质，单击🔲按钮可以添加材质参数，添加后🔲按钮变为关联状态，并且材质选项显示为灰色，因此不可被编辑。图9-168所示的是材质参数添加前后的属性对比。

图9-168

03 单击"完成编辑模式"按钮 ✔ 完成风口的创建，如图9-169所示，然后切换至三维视图进行查看，如图9-170所示。

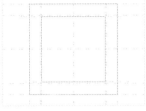

图9-169

图9-170

⊙ 创建末端风管

01 按照同样的方式，使用"拉伸"工具 🔲 创建末端的风管形状，最后单击"完成编辑模式"按钮 ✔ 完成末端风管的创建，如图9-171所示。

02 切换至三维视图进行查看，如图9-172所示。

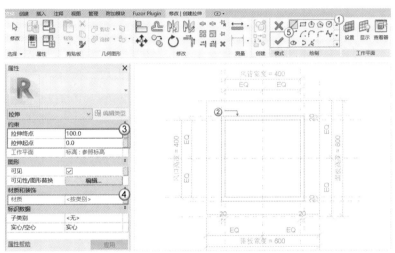

图9-171

图9-172

⊙ 创建百叶扇

01 百叶扇通过嵌套族的方式来创建。在"插入"选项卡中单击"载入族"按钮，将"素材文件>CH09>项目案例：创建并放置参数化百叶风口>叶片.rfa"载入当前编辑的族中，如图9-173所示。

图9-173

02 在叶片的"属性"面板中单击"编辑类型"按钮，弹出"类型属性"对话框，然后单击 🔲 按钮，将百叶窗材质与当前项目中的材质进行关联，使其变为关联状态 🔳，接着单击"宽度"右侧的 🔲 按钮，在弹出的参数列表中选择"风管宽度"，使其也变为关联状态 🔳，这样"宽度"与"风管宽度"即可进行关联（修改风管宽度，百叶的宽度也会发生改变），继续设置"高度"为60mm、"深度"为40mm，单击"确定"按钮，最后在"属性"面板中设置"偏移"为100mm，完成叶片的属性设置，如图9-174所示。

03 将设置好的叶片沿风口的宽度方向进行放置，如图9-175所示。

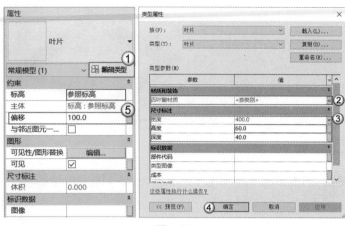

图9-174

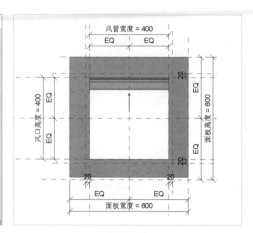

图9-175

⊙ 添加数量参数

01 在叶片的下边界创建一个参照平面（作为阵列的起点），然后在"修改"选项卡中单击"对齐"按钮，将叶片的下边界对齐到参照平面，接着单击图标使其变为锁定状态，即可将百叶扇与创建的参照平面锁定到一起，如图9-176所示。

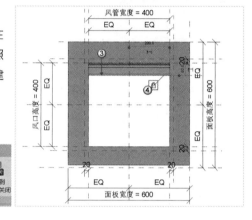

图9-176

02 选中创建的参照平面和叶片，在"修改"选项卡中单击"阵列"按钮，可激活"修改I常规模型"选项栏，然后在选项栏内勾选"成组并关联"选项，并设置"项目数"为3、"移动到"为"最后一个"，最后依次单击阵列的起点和终点，完成叶片的阵列，如图9-177所示。

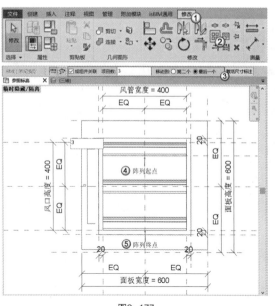

图9-177

> **提示**　在阵列的起点参照平面与风口边界的参照平面之间添加尺寸标注，然后选择尺寸标注，单击图标，即可将起点和风口边界的位置关系锁定，如图9-178①所示。阵列终点和风口边界重合，此时距离为0。为保证调整参数时不出现超出限制条件的情况，同样需要用尺寸标注注释边界和参照平面的值，如图9-178②所示。

图9-178

03 阵列后的叶片和参照平面会自动形成一个模型组，选择任意阵列的模型组，然后单击阵列的数量标签，即可在激活的选项栏中设置"标签"为"添加参数"，如图9-179所示。

04 在弹出的"参数属性"对话框中设置"名称"为"叶片数量"，单击"确定"按钮，完成数量参数的添加，如图9-180所示。

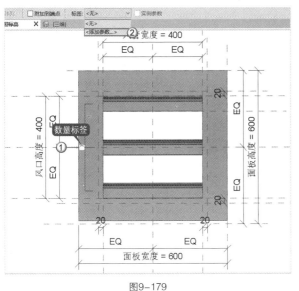

图9-179

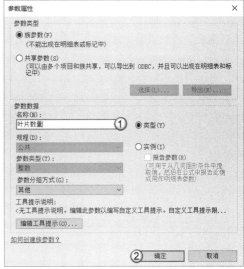

图9-180

3. 连接件与参数的运算

连接件的尺寸也可以通过函数公式和构件的尺寸进行关联。

⊙ 设置参数公式

01 切换至"创建"选项卡，单击"族类型"按钮，然后在弹出的"族类型"对话框中设置"材质"为"金属贴面"，"面板宽度"的公式为"=风管宽度+200 mm"，"面板高度"的公式为"=风口宽度+200 mm"，"叶片数量"的公式为"=round(风口高度 / 70 mm)"，最后单击"确定"按钮，如图9-181所示，这时该属性已经应用到模型中。

02 创建完成后，切换到三维视图中进行查看，如图9-182所示。

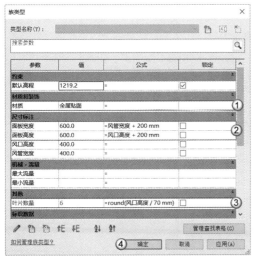

图9-181

图9-182

03 在"创建"选项卡中单击"风管连接件"按钮，然后在百叶风口和风管连接的一侧添加风管连接件。添加后选择风管连接件，在"属性"面板中单击按钮，将"高度""宽度"分别和"风口高度""风管宽度"进行关联，最后设置"系统分类"为"送风"，单击"应用"按钮将实例属性应用到风管连接件，如图9-183所示。

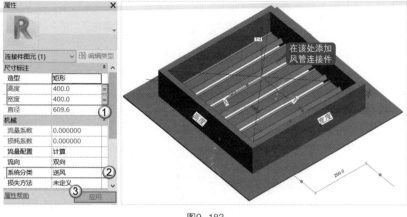

图9-183

⊙ **保存族**

单击快速访问工具栏中的"保存"按钮，在弹出的"另存为"对话框中浏览所需位置，将创建的族保存为"百叶风口.rfa"备用，如图9-184所示。

图9-184

4. 放置风口

在放置风口前，还需要设置工作平面，并隐藏不相关的构件。

⊙ **设置工作平面**

01 打开"素材文件>CH09>项目案例：创建并放置参数化百叶风口>项目案例3 创建参数化风口.rvt"，如图9-185所示。

02 单击"载入族"按钮，将本例创建的"百叶风口.rfa"族载入项目。切换至任意一个立面视图，然后在"创建"选项卡中单击"参照平面"按钮，创建一个距离"标高1"为2600mm的参照平面，如图9-186所示。

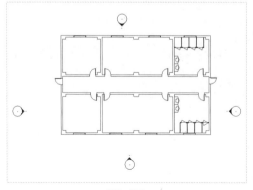

图9-185

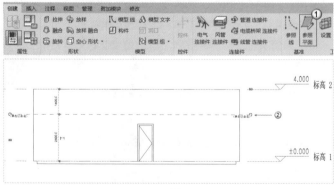

图9-186

03 单击"设置"按钮 ⊞，在弹出的"工作平面"对话框中选择"指定新的工作平面"为"拾取一个平面"选项，单击"确定"按钮退出设置，如图9-187所示。

04 选择之前创建的参照平面，即可弹出"转到视图"对话框，然后选择"三维视图：{三维}"选项，并单击"打开视图"按钮，即可将工作平面设置为放置构件的参照平面，如图9-188所示。

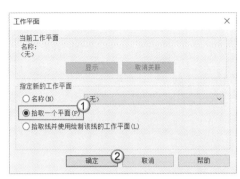

图9-187   图9-188

⊙ 隐藏构件

01 此时将自动切换至三维视图，框选视图中的全部构件，如图9-189所示。

02 在激活的"修改|选择多个"上下文选项卡中单击"过滤器"按钮 ▽，然后在弹出的"过滤器"对话框中勾选"楼板""风管""风管管件"选项，最后单击"确定"按钮，如图9-190所示。

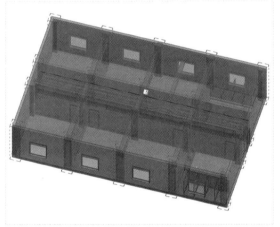

图9-189   图9-190

03 选中楼板、风管和风管管件，按快捷键H+H将其隐藏，如图9-191所示。

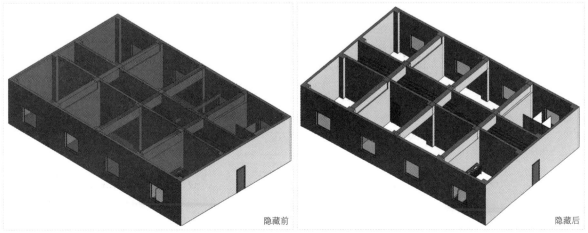

图9-191

⊙ 放置风口

01 在"系统"选项卡中单击"风道末端"按钮▦，待激活"修改|放置 风道末端装置"上下文选项卡后，单击"放置在工作平面上"按钮◈，如图9-192所示。

02 在"属性"面板中单击"编辑类型"按钮，在弹出的"类型属性"对话框中单击"复制"按钮新建一个"名称"为400×400(命名的方式为风口的具体尺寸)的风口类型，然后调整风道末端的尺寸参数，使其与名称保持一致，这里设置"面板宽度"为600mm、"面板高度"为600mm、"风口高度"为400mm、"风管宽度"为400mm，单击"确定"按钮退出设置，如图9-193所示。

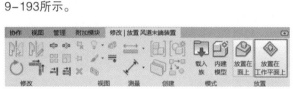

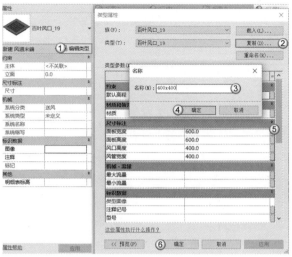

图9-192   图9-193

03 选择百叶风口，并在房间内部拾取一个合适的位置进行放置，然后单击⤢图标，将风口接口翻转到上方，如图9-194所示。

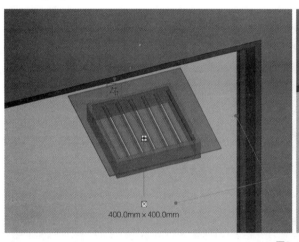

图9-194

04 按照同样的方式，将放置的风口复制到项目中的其他位置，如图9-195所示。

05 选择放置的所有百叶风口，在"修改|风道末端"上下文选项卡中单击"风管"按钮⬛，在弹出的"创建风管系统"对话框中设置"系统类型"为"送风"、"系统名称"为"送风系统"，单击"确定"按钮，如图9-196所示。

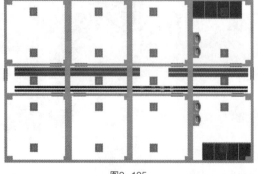
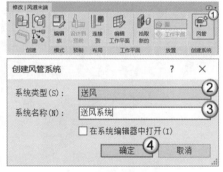

图9-195   图9-196

06 在激活的"修改|风管系统"上下文选项卡中单击"生成布局"按钮，待激活"生成布局"上下文选项卡后，单击"解决方案"按钮，可在激活的选项栏中单击"设置"按钮，如图9-197所示。

图9-197

> **提示** 既可以在选项栏中设置解决方案的类型，又可以通过"上一个"按钮◄ 和"下一个"按钮► 切换布局方案。

07 在弹出的"风管转换设置"对话框中对管道的类型和偏移进行设置。选择"支管"选项，设置"偏移"为3000mm、"软风管最大长度"为1828.8mm，单击"确定"按钮，如图9-198所示。

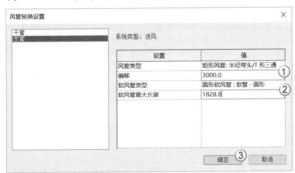

图9-198

08 按照同样的方式调整布局，直至解决方案中的管道布局线条中没有黄色部分，单击"完成编辑模式"按钮，即可自动基于风道末端创建管道系统，如图9-199所示。

> **提示** 在调整布局时，预览显示的线条分为黄色、蓝色和绿色3种。蓝色表示干管，绿色表示支管，黄色表示无法生成正确的方案。通过调整支管、干管的偏移值来解决黄色布局线条，当方案调整为仅有蓝色和绿色线条后，才能正确生成管道系统。

09 切换至三维视图进行查看，如图9-200所示。放置完成后保存项目，完成本例的制作。

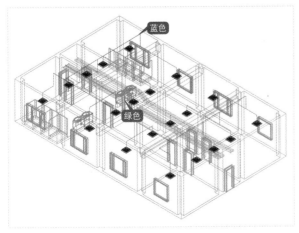

图9-199

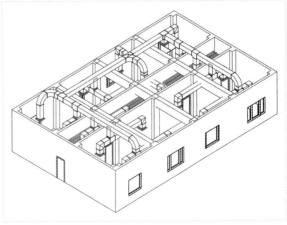

图9-200

9.4 电气族

电气族主要是指电气系统中的构件、连接件和电气设备，如灯具、开关、插座、配电箱和桥架过渡件等设备。对于电气中的常规设备，创建方法和前面的暖通族、给排水族相似。为尽可能介绍更多的功能，本节将以灯具的创建方式为例进行讲解，其模型如图9-201所示。灯具的创建除了设置几何形状、电气连接件和参数，还应包括灯光的属性。

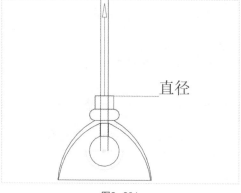

图9-201

9.4.1 创建电气族案例形状

本节以一个简单的灯具为例讲解电气族的创建方法。

1. 样板选择

灯具属于照明设备，一般基于楼板底部、天花板和墙面放置。由于灯具具有特殊的灯光参数，因此需选择和照明设备相关的样板进行创建，如基于"公制照明设备"样板新建照明设备族文件，如图9-202所示。

图9-202

> **提示** 照明设备的族样板包括基于墙、基于面和基于天花板等主体的族文件。

打开公制照明设备的族编辑器，可以看到样板中默认提供了一个球形光源，选中光源时将弹出"修改|光源"上下文选项卡，在"照明"面板下提供了"光源定义"选项 💡，如图9-203所示，这是在其他非照明样板中没有的选项。

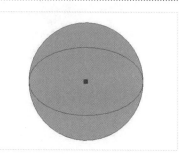

图9-203

2. 创建吊杆

吊杆是灯具上部的受力构件，用于将灯具和附着的主体进行连接，可通过"拉伸"工具 进行创建。创建时将吊杆的底部作为确定值，吊杆的长度设置为可变实例参数，即在"属性"面板中设置"拉伸起点"为1500mm、"拉伸终点"为3000mm，最后单击"完成编辑模式"按钮 ，如图9-204所示。

图9-204

3. 创建灯罩

灯罩的结构比较复杂，应分别创建各组成构件，创建成功后再添加尺寸和材质的参数。切换至立面视图，在"创建"选项卡中单击"旋转"按钮 ，待激活"修改|创建旋转"上下文选项卡后，选择合适的工具绘制边界线和轴线，并设置"结束角度"为360°，如图9-205所示。

绘制完成后单击"完成编辑模式"按钮 ，完成灯罩的创建，如图9-206所示。

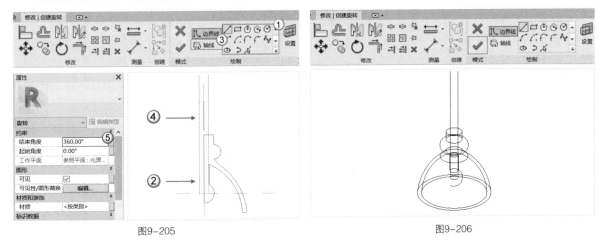

图9-205   图9-206

9.4.2 灯光参数设置

扫码观看视频

轮廓绘制完成后，还需对灯光的光源，如亮度、形状等参数进行设置。选中样板中的球形光源，将弹出"修改|光源"上下文选项卡，单击"光源定义"按钮 ，如图9-207所示。

> **提示** 根据灯光的发光形状，提供了球形光源、线光源、面光源和单光源4种类型的发光样式；根据灯光的光线分布，也提供了4种样式。可自由组合这8种样式，创建不同效果的光源。

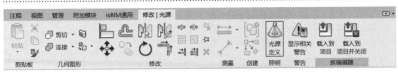

图9-207

在弹出的"光源定义"对话框中，这样光源根据形状发光的类型和光线分布的类型，如设置"根据形状发光"为"点"形状 ⚙、"光线分布"为"半球形"形式 🔆，最后单击"确定"按钮，如图9-208所示。将设置后的属性应用到光源后，效果如图9-209所示。

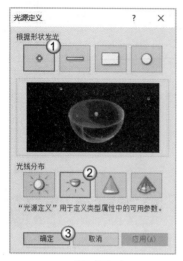

图9-208

图9-209

在"创建"选项卡中单击"族类型"按钮 🗔，弹出当前吊灯族的"族类型"对话框，可修改参数值调整灯具的属性，如设置"光源符号尺寸"为50、"颜色过滤器"为"白色"（其他参数可逐一编辑，也可以创建其他的参数分组），最后单击"确定"按钮，如图9-210所示。将参数属性应用到灯具族，效果如图9-211所示。

图9-210

图9-211

9.4.3 添加电气连接

扫码观看视频

灯具在项目中需要和供配电的线路进行连接，如线管、桥架。这些线路一般通过导线连接，因此需要在接线位置添加和电气相关的连接件。

1. 添加连接件

在"创建"选项卡中单击"线管 连接件"按钮▦，如图9-212所示。

图9-212

这时将自动激活"修改|放置 线管连接件"上下文选项卡，单击"面"按钮▧，并在需要添加连接件的位置处单击，如图9-213所示。

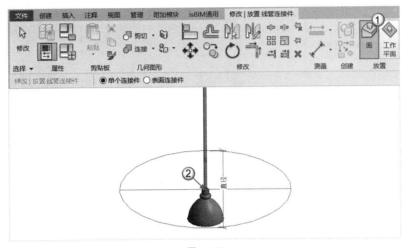

图9-213

2. 编辑连接件

选中放置的连接件，在"属性"面板中将显示当前连接件的属性，默认"直径"为600mm，如图9-214所示。将参数应用到光源，视图中的光源将会发生变化，其尺寸变为10mm，如图9-215所示。

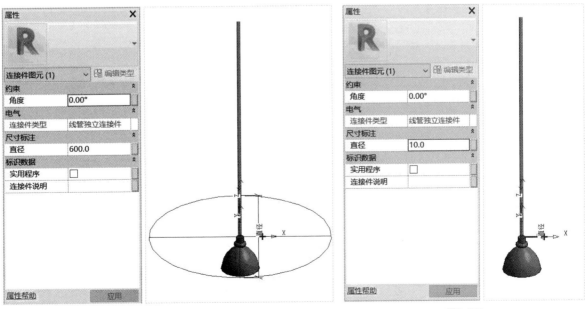

图9-214   图9-215

项目案例：创建并放置参数化壁灯

素材位置	素材文件>CH09>项目案例：创建并放置参数化壁灯
实例位置	实例文件>CH09>项目案例：创建并放置参数化壁灯
视频名称	项目案例：创建并放置参数化壁灯.mp4
学习目标	掌握电气族中壁灯的创建方法

扫码观看视频

创建图9-216所示的壁灯族，然后定义光源参数和材质参数，并将壁灯放置到"项目案例：创建并放置参数化壁灯>项目案例4 创建参数化壁灯.rvt"项目中（图示尺寸仅作参考），如图9-217所示。

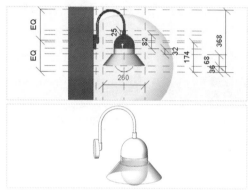

图9-216

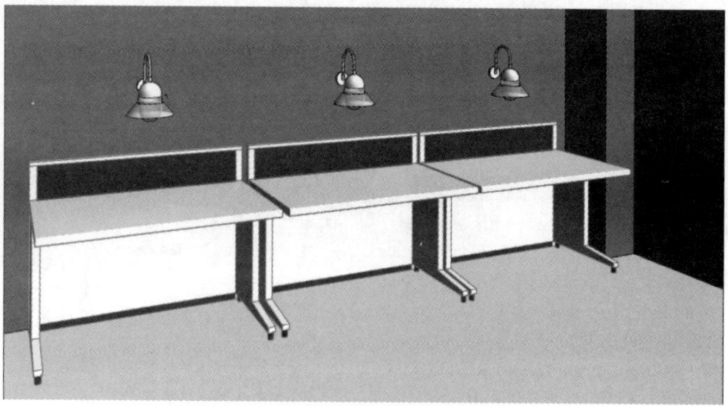

图9-217

1. 建模分析

壁灯族一般基于墙面安装，在选择样板时，建议使用"基于墙的公制照明设备"族样板进行创建。如果仅需创建形状，那么就不需要创建光源，因此可以使用"基于面的公制常规模型"进行创建。

在创建本例的壁灯时，根据壁灯的形状，通过"拉伸"📄、"放样"🔁和"旋转"🔁工具即可完成模型的创建。灯罩部分虽然较为复杂，但是通过"旋转"工具🔁可全部创建完成，需要注意为各部分创建独立的旋转模型，并制定不同的材质参数。构件中透明的部分可通过调整材质的透明度实现；灯座（与墙连接位置）可通过"拉伸"工具📄创建，创建时需注意工作平面的设置。连接灯座和灯罩的构件是一段曲线构件，可通过"放样"工具🔁进行创建，此外还需调整光源，保证光源的中心位于灯芯处。

2. 创建形状

⊙ 选择样板

01 打开Revit，单击"族"列表中的"新建"选项，弹出"新族-选择样板文件"对话框，选择"基于墙的公制照明设备.rft"族样板，然后单击"打开"按钮，如图9-218所示。此时会进入基于墙的公制照明设备的族编辑器界面，如图9-219所示。

图9-218

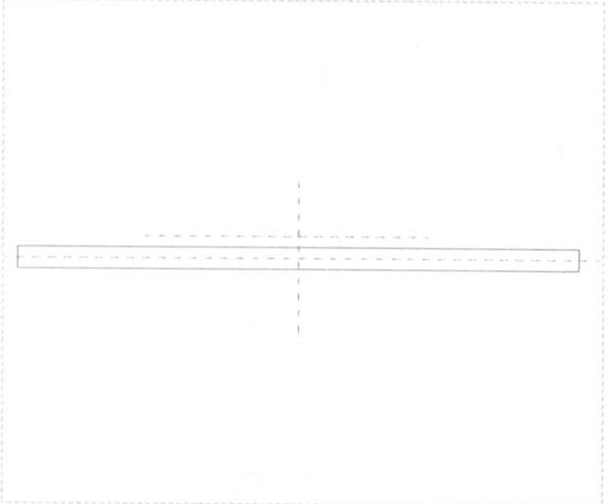

图9-219

02 切换至"右"立面视图，单击"参照平面"按钮🖌，激活"修改|放置 参照平面"上下文选项卡，然后使用"拾取线"工具🖊，以默认的光源高度为中心，在距离墙319mm的位置创建一个光源，接着根据壁灯的结构，依次创建参照平面，其位置关系如图9-220所示。

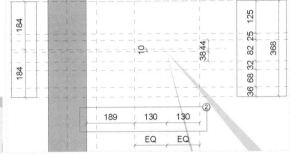

图9-220

⊙ 创建底座

01 在"项目浏览器"中切换至"放置边"立面视图，然后在"创建"选项卡中单击"拉伸"按钮🗐，接着使用"椭圆"工具⊙ 绘制底座，并设置长轴为41mm、短轴为25mm、底座的圆心距离光源3mm，如图9-221所示。

02 在"右"立面视图中调整拉伸的起点为主体（墙）表面，调整拉伸终点距离主体边界为18，如图9-222所示。

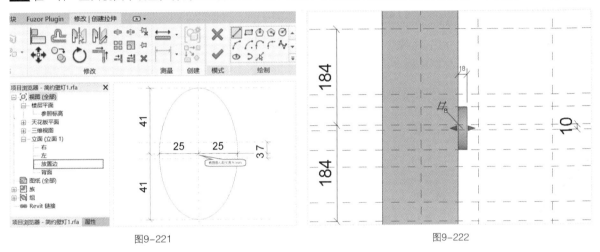

图9-221

图9-222

⊙ 创建灯罩

01 根据灯罩的材质组成，可拆分为灯头、灯芯和灯罩3部分，均可通过"旋转"工具🔄创建。先创建灯头，单击"旋转"按钮🔄，选择合适的工具绘制边界线和轴线，并根据图9-223②所示的轮廓创建灯头的轮廓，最后单击"完成编辑模式"按钮✔完成灯头的创建，效果如图9-224所示。

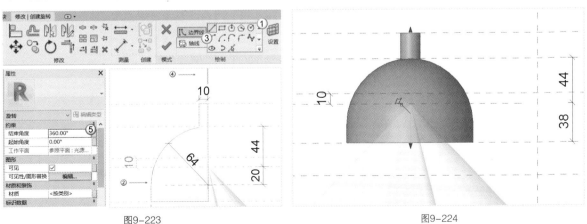

图9-223

图9-224

02 按照同样的方式创建灯芯。根据图9-225所示的轮廓和轴线创建灯芯的轮廓和轴线，完成灯芯的创建后，效果如图9-226所示。

03 按照同样的方式创建灯罩。根据图9-227所示的轮廓和轴线创建灯罩的轮廓和轴线，完成灯罩的创建后，效果如图9-228所示。

| 图9-225 | 图9-226 | 图9-227 | 图9-228 |

⊙ **创建连接杆**

01 连接杆分为两部分，可通过"放样"工具🔧和"旋转"工具🔧创建。先根据图9-229所示的轮廓和轴线使用"旋转"工具🔧创建连接件的轮廓和轴线，如图9-230所示。

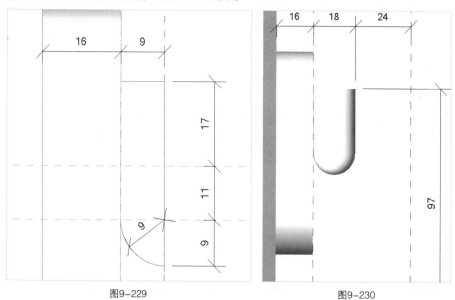

图9-229

图9-230

02 单击"放样"按钮🔧，根据图9-231②所示的放样路径，绘制放样轮廓半径为6.4mm的圆形截面连接杆，绘制完路径和轮廓后，单击"完成编辑模式"按钮✔，完成连接杆的创建。

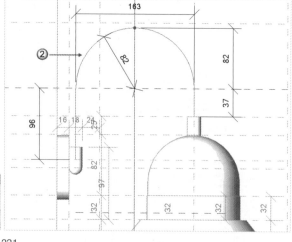

图9-231

03 绘制完成后，切换至三维视图，效果如图9-232所示。

图9-232

3. 壁灯参数

壁灯需要调整光源的参数，并分别为灯罩、灯芯和连接件添加材质参数，制定相应的材质。

⊙ **调整灯光参数**

移动光源至灯芯位置，然后选中光源，并在"修改|光源"上下文选项卡中单击"光源定义"按钮📎，在弹出的"光源定义"对话框中按照默认的方式设置即可，如图9-233所示，效果如图9-234所示。

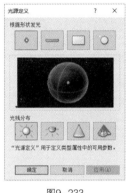

图9-233

图9-234

⊙ **设置材质参数**

在"创建"选项卡中单击"族类型"按钮🔲，在弹出的"族类型"对话框中，设置"灯泡"为"暖色发光体"、"瓦特备注"为150，此外还可以为灯具添加其他参数，最后单击"确定"按钮，如图9-235所示。

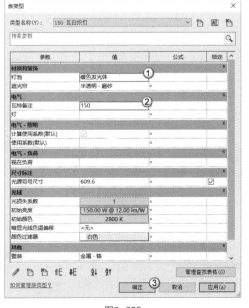

图9-235

> **提示** 在关联材质时，可打开"材质浏览器"对话框，在搜索框中搜索所需的材质。一般族样板中可直接使用的材质较少，因此需单击"新建材质"按钮，并为新建的材质命名，然后单击"打开或关闭材质浏览器"按钮，在弹出的"资源浏览器"对话框中搜索或直接查找需要的材质资源。除此之外，还可以直接在"着色"一栏中指定材质颜色，如果需要创建半透明材质，那么可以通过调整透明度来实现，如图9-236所示。

图9-236

⊙ 保存族

　　壁灯的参数和形状创建完成后，单击快速访问工具栏中的"保存"按钮🖫，在弹出的"另存为"对话框中浏览所需位置，将创建的族保存为"简约壁灯.rfa"备用，如图9-237所示。

图9-237

4. 放置壁灯

01 打开"素材文件>CH09>项目案例：创建并放置参数化壁灯>项目案例4 创建参数化壁灯.rvt"，并切换至"标高1"楼层平面，如图9-238所示。

02 单击"载入族"按钮🖳，将本例创建的"简约壁灯.rfa"族载入到项目中。单击"放置构件"按钮🖳，在"属性"面板中单击"编辑类型"按钮🖳，弹出"类型属性"对话框，单击"复制"按钮新建一个"名称"为"150瓦白炽灯"的壁灯类型，最后依次单击"确定"按钮，如图9-239所示。

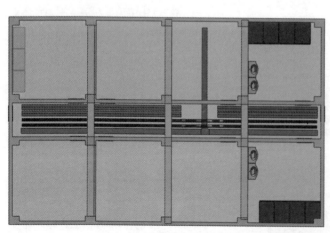

图9-238

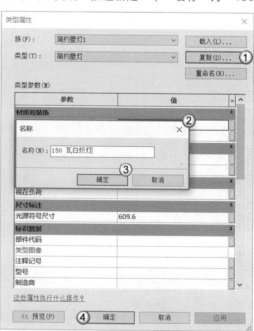

图9-239

03 将创建的壁灯放置到办公桌的墙上（高度可随意选择，保证所有的灯具高度一致即可），如图9-240所示，三维效果如图9-241所示。放置完成后保存项目，完成本例的制作。

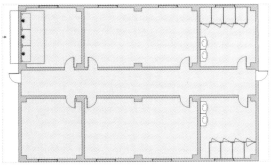

图9-240

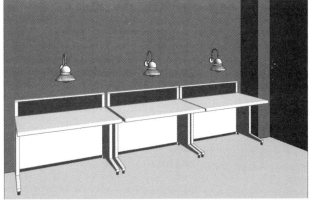

图9-241

提示 如果在平面中放置壁灯后，壁灯不可见，那么可调整楼层平面的视图范围或降低壁灯的放置高度，如将壁灯的"立面"高度设置为1100mm，便能使其出现在平面视图中。放置完成后可根据本书第7章的方法创建透视图，并按照第8章中的方法进行渲染，渲染后的效果如图9-242所示。

图9-242

9.5 本章小结

族是Revit的核心内容，也是项目的基本组成单元。本章以常见的构件为例介绍族的创建方法。在创建族之前，需分析族的特性和功能，然后选择合适的样板进行创建，以便提高建模的效率。Revit的族编辑器中提供了"拉伸""放样""融合""放样融合""旋转"5种创建形状的工具，这5种创建形状的工具还可通过实心和空心组合创建出各种形状的几何模型。族参数是构件信息的载体，可将构件的材质、尺寸等以参数的方式和对应的几何模型进行关联，然后修改参数改变几何模型构件的属性。对于机电族来说，还需要注意添加连接件，不同的连接件决定了不同管道连接的类型，对设备的放置有较大的影响。除了本章中列举的族，还有体量、自适应构件和RPC族，这些族类型的创建方式在本书中未作详细介绍，读者可根据自己的兴趣爱好自行研究学习。总之，掌握族的创建方法能解决项目中的一些非标准构件的设计，对提升建模能力有着非常大的帮助。

附录 Revit常用快捷键参考表

序号	命令	快捷键		序号	命令	快捷键
1	墙	W+A		1	图元属性	P+P / Ctrl+1
2	门	D+R		2	删除	D+E
3	窗	W+N		3	移动	M+V
4	柱	C+L		4	复制	C+O
5	梁	B+M		5	定义旋转中心	R+3 / 空格键
6	板	S+B		6	旋转	R+O
7	放置构件	C+M		7	阵列	A+R
8	房间	R+M		8	镜像	M+M
9	房间标记	R+T		9	创建组	G+P
10	轴线	G+R		10	锁定位置	P+P
11	文字	T+X		11	解锁位置	U+P
13	标高	L+L		12	匹配对象类型	M+A
14	工程点标注	E+L		13	线处理	L+W
15	绘制参考平面	R+P		14	填色	P+T
16	按类别标记	T+G		15	拆分区域	S+F
17	模型线	L+I		16	对齐	A+L
18	详图线	D+L		17	锁定	P+N
19	参照平面	R+P		18	解锁	U+P
20	风管	D+T		19	拆分图元	S+L
21	风管管件	D+F		20	修剪／延伸	T+R
22	风管附件	D+A		21	全部实例	S+A
23	风道末端	A+T		22	偏移	O+F
24	机械设备	M+E		23	重复上一个命令	R+C / Enter
25	管道	P+I		24	恢复上一次选择集	Ctrl+←
26	管件	P+F		1	区域放大	Z+R
27	管路附件	P+A		2	缩放配置	Z+F
28	喷头	P+X		3	上一次缩放	Z+P
29	卫浴装置	S+K		4	动态视图	F8 / Shift+W
30	导线	E+W		5	线框显示模式	W+F
31	电缆桥架	C+T		6	隐藏线显示模式	W+F
32	线管	E+N		7	带边框着色显示模式	S+D
33	电缆桥架配件	T+F		8	细线显示模式	T+L
34	线管配件	N+F		9	视图图元属性	V+P
35	电气设备	E+E		10	可见性图形	V+V / V+C
36	照明设备	L+F		11	临时隐藏图元	H+H
1	捕捉远距离对象	S+R		12	临时隔离图元	H+I
2	象限点	S+Q		13	临时隐藏类别	H+C
3	垂足	S+P		14	临时隔离类别	I+C
4	最近点	S+N		15	重设临时隐藏	H+R
5	中点	S+M		16	隐藏图元	E+H
6	交点	S+I		17	隐藏类别	V+H
7	端点	S+E		18	取消隐藏图元	E+U
8	中心	S+C		19	取消隐藏类别	V+U
9	捕捉到云点	P+C		20	切换显示隐藏图元模式	R+H
10	点	S+X		21	渲染	R+R
11	工作平面网络	S+W		22	快捷键定义窗口	K+S
12	切点	S+T		23	视图窗口平铺	W+T
13	关闭替换	S+S		24	视图窗口层叠	W+C
14	形状闭合	S+Z				
15	关闭捕捉	S+O				

第一列区块标题（纵向）：建模与绘图常用快捷键 / 捕捉替代常用工具快捷键

第二列区块标题（纵向）：标记修改工具常用快捷键 / 控制视图常用快捷键